HUAXUE

工科基础化学实验汇编（第2版）

陈 志 王 敏 葛淑萍 林 勇 王胜胜◎编

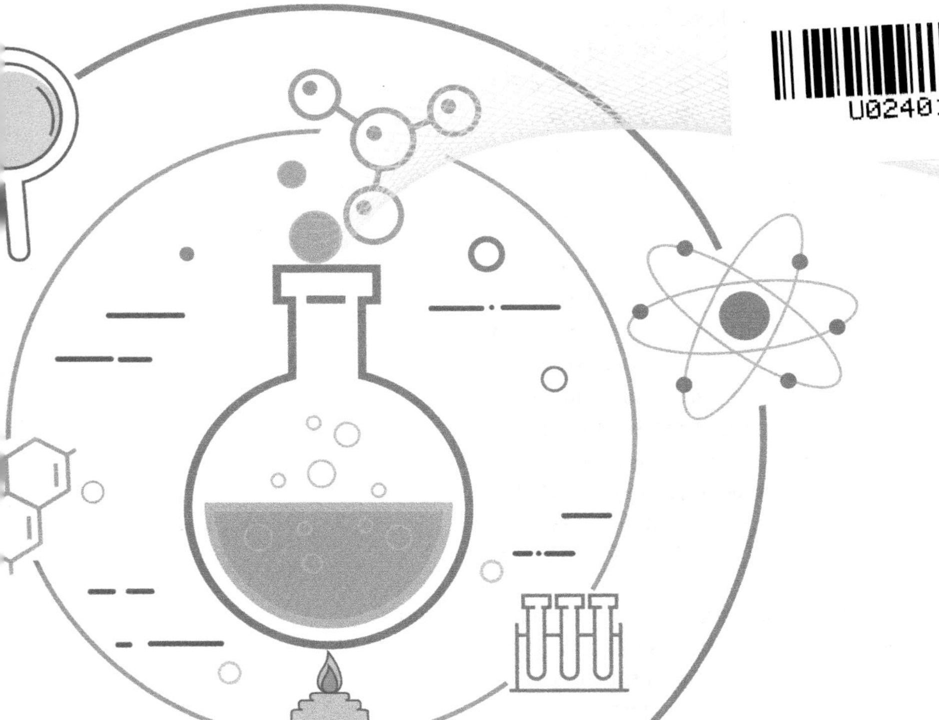

重庆大学出版社

内容提要

本书根据化工、应用化学、生物、药学、材料及相关专业工科基础化学实验课程教学大纲的要求，以实验小量化、微型化和绿色环保为指导思想编写而成。全书共分6章，涵盖了基础化学中无机化学实验、分析化学实验、有机化学实验和物理化学实验的一般知识、基本操作、物质制备、化学分析方法、物质性质、基本物理量及物理化学参数的测定等，书末还有相关附录。全书充分考虑了化学基础实验与其他专业课程的衔接与联系。

本书可作为工科院校化学、化工及其他相关专业的本科实验教材与参考用书。

图书在版编目(CIP)数据

工科基础化学实验汇编 / 陈志等编. --2 版.-- 重庆：重庆大学出版社，2021.8(2023.7 重印)
新工科系列. 化学工程类教材
ISBN 978-7-5689-1257-0

Ⅰ. ①工… Ⅱ. ①陈… Ⅲ. ①化学实验—高等学校—教材 Ⅳ. ①O6-3

中国版本图书馆 CIP 数据核字(2021)第 135434 号

工科基础化学实验汇编
(第 2 版)
陈　志　王　敏　葛淑萍
林　勇　王胜胜　编
策划编辑：范　琪
责任编辑：张红梅　　版式设计：范　琪
责任校对：王　倩　　责任印制：张　策
*
重庆大学出版社出版发行
出版人：饶帮华
社址：重庆市沙坪坝区大学城西路 21 号
邮编：401331
电话：(023)88617190　88617185(中小学)
传真：(023)88617186　88617166
网址：http://www.cqup.com.cn
邮箱：fxk@cqup.com.cn (营销中心)
全国新华书店经销
POD：重庆愚人科技有限公司
*
开本：787mm×1092mm　1/16　印张：14.5　字数：364 千
2018 年 8 月第 1 版　2021 年 8 月第 2 版　2023 年 7 月第 3 次印刷
印数：5 501—6 200
ISBN 978-7-5689-1257-0　定价：38.00 元

第2版前言

《工科基础化学实验汇编(第2版)》在第1版的基础上，参照在使用过程中师生反馈的意见和建议，对不符合现行国家标准的名词和表述等进行了修订。编写体系构架与第1版一致，实验内容仍保持工科四大化学相对独立编排，便于与四大化学理论同步。修订主要结合工科基础化学实验的教学实际，增加了部分与新技术、新方法相关的实验内容，强化实验操作的规范性和可操作性。特别校正了实验步骤中与试剂用量和单位有关的数据，对文字表述进行全面修订，使本书更加严谨和规范，实用性更强。

全书由陈志编写大纲，统筹安排，共分为六章。参与编写此书的有：王敏(第1章，第2章，第5章)，葛淑萍(第3章)，林勇(第4章)，王胜胜(第6章)。最后由陈志和王敏进行统稿、排版和校对。第1章主要介绍化学实验的基础知识，第2章主要介绍化学实验的基本操作技术，第3章到第6章，分别是无机化学实验、分析化学实验、有机化学实验和物理化学实验的相关具体实验项目。本书可作为一般工科院校化工与制药类、材料与化工类、环境类、轻工类等相关专业学生的基础化学实验课程教材。

书中难免存在疏漏和不当之处，恳请读者批评指正。

编者

2021年5月

第1版前言

化学是一门以实验为基础的学科，通过实验，既能发现和发展理论，又能检验和评价理论。随着科学技术的不断发展，各个学科的相互交叉渗透极大地促进了化学实验技术的进步。

化学实验的教学目的，是加强学生对化学实验仪器和实验装置的认知，使其掌握基础化学实验技术、规范化学实验操作，从而培养和提高学生的动手能力及发现问题、分析问题和解决问题的能力，让学生养成实事求是的科学态度、严谨细致的工作作风以及勇于探索的创新精神，为进一步应用化学知识和实验技术打下坚实的基础。为此，重庆理工大学基础化学实验教研组的老师结合多年的实际教学经验和教学改革需要，参考国内外相关化学实验教材和文献，结合实际，编写了本书。

本书由陈志总体规划和审阅。参与本书编写的有王敏（第1章、第2章、第5章），葛淑萍（第3章），林勇（第4章），王胜胜（第6章）。最后由陈志和王敏进行统稿和定稿。第1章介绍化学实验基础知识，第2章介绍化学实验基本操作，第3章到第6章，分别介绍无机化学实验、分析化学实验、有机化学实验和物理化学实验的相关具体实验项目。本书在汇编的过程中得到了学院领导与同事的大力支持，在此一并表示衷心的感谢。

由于编者水平有限，书中难免存在疏漏和不当之处，恳请专家同行及读者批评指正。

编　者

2018年4月

目录

第 1 章

化学实验基础知识

1.1 化学实验室规则

在化学实验中，经常会使用易燃、易爆、有毒或有腐蚀性的药品以及易碎的玻璃器材，如果处理不当，就容易发生各种事故。为了保证化学实验正常安全地进行，培养良好的实验习惯，学生必须严格遵守以下化学实验室规则。

(1)必须按实验室要求着装，不得穿拖鞋、背心、短裤等，长头发必须盘起来。

(2)切实做好实验前的准备工作。实验前的准备工作包括实验预习和检查所需要的器材。

(3)进入实验室后，应熟悉实验室中灭火器材、急救药箱的放置地点和使用方法。严格遵守实验室的安全守则和具体实验操作中的安全注意事项。若发生意外，应及时处理并报请教师进一步处理。

(4)实验时应遵守纪律，保持安静，不随意走动。实验过程中应集中精神、认真操作、细致观察、积极思考、如实记录。

(5)遵从教师指导，按照实验教材规定的步骤、仪器及试剂的规格和用量进行实验。若要更改，须征求教师同意。

(6)保持实验室的整洁。不要将暂时不用的器材放在桌面上。液体废液应倒入指定的容器中；固体垃圾和玻璃碎片等应放在指定的地点，不得随意丢弃。

(7)爱护公共仪器和设备，并在指定的地点使用，节约用水、电和药品。如有仪器损坏，要及时报告老师，并办理登记换领手续。

(8)实验完毕，值日生打扫实验室，关好水、电、门、窗，在教师指导下妥善处理废物，经同意后方可离开实验室。

1.2 化学实验室安全知识

化学实验室中存在着一系列不安全因素,在进行化学实验时,若粗心大意就容易发生事故,如割伤、烧伤、中毒、爆炸等。因此,实验人员必须认识到化学实验室的潜在危险并重视安全问题、提高警惕,实验时严格遵守操作规程,加强安全措施。下面介绍实验室的安全守则和实验室事故的预防和处理。

1.2.1 实验室的安全守则

(1)实验室内严禁吸烟、吃东西、大声喧哗和打闹。

(2)实验开始前检查仪器是否完整无损、装置是否正确,在征得教师同意后,才可进行实验。

(3)实验进行中,不得离开实验操作台,要注意观察实验进行的情况以及装置有无漏气或破裂等现象。

(4)进行有可能发生危险的实验时,要根据实验情况采取必要的安全措施,如戴防护眼镜、面罩、橡皮手套等。

(5)使用易燃、易爆药品时,应远离火源。实验试剂不得入口,实验结束后要仔细洗手。

(6)熟悉安全用具,如灭火器材、沙箱及急救药箱的放置地点和使用方法,并妥善管理。安全用具和急救药品不能挪作他用。

(7)禁止随意混合各种试剂,以免发生安全事故。

1.2.2 实验室安全事故的预防与处理

1)火灾

实验室中使用的有机试剂大多是易燃的,着火是有机实验室最容易发生的事故之一。防火的基本原则有下列几点:

(1)使用易燃试剂时要特别注意:

①远离火源。

②勿将易燃试剂放在敞口容器(如烧杯)中直接加热;加热必须在水浴中进行,且勿使容器密闭,否则,易造成爆炸。

③附近有露置的易燃试剂时,切勿点火。

(2)在进行明火加热实验时,应养成先将酒精一类易燃物质移开的习惯。

(3)有机试剂的蒸馏装置不能漏气,若发现漏气,应立即停止加热,查找原因。若因塞子被腐蚀而漏气,则待装置冷却后更换塞子。接收瓶不宜用敞口容器,如广口瓶、烧杯等,而应用窄口容器,如三角烧瓶等。从接收瓶出来的尾气的出口应远离火源。

(4)回流或蒸馏低沸点易燃液体时应注意:

①向蒸馏瓶中加入数粒沸石或素烧瓷片或一端封口的毛细管,以防止暴沸。若加热时发现未放这类物质,不能立即揭开塞子补放,而应停止加热,待被蒸馏的液体冷却后再加入。

②严禁直接加热。

③瓶内液体体积不能超过瓶容积的2/3。

④加热速度宜慢，不宜快，以免局部过热。

总之，回流或蒸馏易燃低沸点液体时，一定要谨慎小心，不能粗心大意。

(5)油浴加热蒸馏或回流时，必须注意避免由于冷凝用水溅入热油浴中致使油外溅到热源上而引起火灾的危险。通常发生危险的原因是橡皮管未紧密套上冷凝管而漏水，或开动水阀过快，水流过猛将橡皮管冲出来。所以，橡皮管要紧密套入冷凝管，开动水阀时动作也要慢，使水流慢慢流入冷凝管内。

(6)当处理大量的可燃性液体时，应在通风橱中或在指定地点进行，室内应无火源。

(7)不得将燃着的或带有火星的火柴梗或纸条等乱抛乱掷乱扔。否则，易发生危险。

实验室一旦失火，室内全体人员应积极而有秩序地灭火：一方面防止火势蔓延，即立即关闭煤气灯，熄灭其他火源，断开总电闸，搬开易燃物质；另一方面立即灭火。有机化学实验室灭火，常采用使燃着的物质隔绝空气的办法，通常不能用水，否则，会引起更大火灾。在失火初期，不能用口吹，必须使用灭火器、沙、毛毡等灭火器材。具体措施举例如下：

①若仪器着火且火势小，可用数层湿布把着火的仪器包裹起来。

②如果在小器皿内着火(如烧杯或烧瓶内)，可盖上石棉板或瓷片等，使之隔绝空气而灭火，绝不能用口吹。

③如果油类着火，用沙或灭火器灭火，也可撒上干燥的固体碳酸氢钠粉末。

④如果电器着火，应切断电源，然后用二氧化碳灭火器或四氯化碳灭火器灭火(注意，四氯化碳蒸气有毒，故在空气不流通的地方使用有危险)。另外，绝不能用水或泡沫灭火器处理电器着火。

⑤如果衣服着火，切勿奔跑，应立即就地打滚，邻近人员可用毛毡或棉胎一类东西盖在身上，使之隔绝空气而灭火。

总之，失火时，应根据起火的原因和火场周围的情况，采取不同的灭火方法。若采用灭火器灭火，则将灭火器的喷射口对准火焰根部，从火的四周开始向中心扑灭。在灭火过程中切勿犹豫。

2)爆炸

化学实验室里的一般防爆措施如下：

(1)蒸馏装置必须正确，不能造成密闭体系，应使装置与大气连通；减压蒸馏时，要用圆底烧瓶作接收器，不可用三角烧瓶。否则，易发生爆炸。

(2)切勿使易燃易爆的气体接近火源，有机溶剂(如醚类和汽油一类)的蒸气与空气相混时极为危险，可能会因一个热的表面或者一个火花、电花而引起爆炸。

(3)使用乙醚等醚类时，必须检查有无过氧化物存在，如果有，则应立即用硫酸亚铁除去(除去乙醚中过氧化物的方法详见附录13)。同时，使用乙醚时应在通风较好的地方或在通风橱内进行。

(4)对于易爆炸的固体，如重金属乙炔化物、重氮化合物、三硝基甲苯等都不能重压或撞击，以免引起爆炸，对于这些易爆物的残渣必须小心处理。例如，重金属乙炔化物可用浓盐酸或浓硝酸分解，重氮化合物可加水煮沸使其分解，等等。

(5)卤代烷勿与金属钠接触，因二者反应剧烈易发生爆炸。钠屑须放在指定的地方。

3)中毒

(1)剧毒物质应妥善保管,不准乱放,实验中所用的剧毒物质应由专人负责收发,并向使用剧毒物质者提出必须遵守的操作规程。实验后的有毒残渣必须作妥善而有效的处理,不能乱丢。

(2)有些剧毒物质会渗透皮肤,因此,接触这些物质时必须戴橡皮手套,操作后立即洗手,切勿让该类物质沾及五官或伤口。例如,氰化钠沾及伤口后就会随血液循环至全身,严重时会造成中毒死亡事故。

(3)在反应过程中可能生成有毒或有腐蚀性气体的实验应在通风橱内进行,实验开始后不要把头伸入橱内。使用后的器皿应及时清洗。

溅入口中但尚未咽下的有毒物质应立即吐出来,并用大量水冲洗口腔;如已吞下,则应根据有毒物质的性质服用解毒剂,并立即送医院救治。

①腐蚀性有毒物质:对于强酸,先饮大量的水,再服氢氧化铝膏等;对于强碱,同样先饮大量的水,然后服用醋、酸果汁等。不论是酸中毒还是碱中毒都需灌服牛奶,注意不要服用呕吐剂。

②刺激性及神经性中毒先服牛奶或鸡蛋白缓和,再服用硫酸铜溶液(0.5%~1%)催吐,有时也可以用手指伸入喉部催吐,之后立即到医院就诊。

③气体中毒时,应立即将中毒者移至室外,解开衣领及纽扣,吸入少量氯气或溴气者,还可用碳酸氢钠溶液漱口。

4)触电

在化学实验中,经常使用烘箱、搅拌器、电吹风、电加热水浴锅、电热套等各种带电设备,若使用不当,则易发生触电事故。使用电器时,应防止人体与电器导电部分直接接触,不能用湿手或用手握湿的物体接触电插头。为了防止触电,设备的金属外壳都应连接地线,实验结束后应先切断电源,再拔下插头。

遇人触电,应先切断电源再行救助,以防止自身触电。若不能切断电源时,要用干木条、干布带或戴上绝缘手套等,将触电者拉离电源,并迅速转移到附近适当的地方,适当解开衣服,使其全身舒展。无论有无外伤,都要立即找医生处理,如果触电者处于休克状态,并且心脏停搏或停止呼吸,则要先进行人工呼吸或心肺复苏。

5)玻璃割伤

玻璃割伤是常见的事故,受伤后要仔细查看伤口内有没有玻璃碎粒,若有,则应先取出玻璃碎粒。若伤势不重,则可先进行简单的急救处理,如涂上万花油后用纱布包扎;若伤口严重、流血不止,则可在伤口上部约 10 cm 处用纱布扎紧,压迫止血,并随即到医院救治。

6)药品灼伤

(1)酸灼伤。

①溅到皮肤上:立即用大量水冲洗,然后用5%的碳酸氢钠溶液洗涤,之后涂上油膏,并将伤口包扎好。

②溅到眼睛上:擦去眼睛外面的酸,立即用水冲洗,用洗眼杯或将橡皮管套接到水龙头上用慢水对准眼睛冲洗后,立即到医院就诊,或者再用稀碳酸氢钠溶液洗涤,最后滴入少许药用蓖麻油。

③溅到衣服上:依次用水、稀氨水和水冲洗。

④溅到地板上:撒上石灰粉,再用水冲洗即可。

(2)碱灼伤。

①溅到皮肤上:先用水冲洗,然后用饱和硼酸溶液或1%的醋酸溶液洗涤,再涂上油膏,并包扎好。

②溅到眼睛上:擦去眼睛外面的碱,用水冲洗,再用饱和硼酸溶液洗涤,然后滴入药用蓖麻油。

③溅到衣服上:先用水洗,然后用10%的醋酸溶液洗涤,再用氢氧化铵中和多余的醋酸,然后用水冲洗。

(3)溴灼伤。如溴溅到皮肤上,应立即用水冲洗,涂上甘油,敷上烫伤油膏,将伤处包扎好。如眼睛受到溴蒸气刺激,暂时不能睁开,可对着盛有酒精的瓶口尽力注视片刻。

上述各种急救法仅为暂时减轻疼痛的措施。若伤势较重,在急救之后,应立即送医院诊治。

1.2.3　急救用具

消防器材:泡沫灭火器、四氯化碳灭火器(弹)、二氧化碳灭火器、沙、石棉布、毛毡、棉胎和淋浴用的水龙头。

急救用品:碘酒、双氧水、饱和硼酸溶液、1%的醋酸溶液、5%的碳酸氢钠溶液、70%的酒精、玉树油、烫伤油膏、万花油、药用蓖麻油、硼酸膏或凡士林、磺胺药粉、洗眼杯、消毒棉花、纱布、胶布、绷带、剪刀、镊子、橡皮管等。

1.3　化学仪器介绍

1.3.1　常用玻璃仪器及器材

化学实验中常用玻璃仪器及器材如图1-1所示。

1.3.2　标准磨口玻璃仪器

在化学实验中,常用到由硬质玻璃制成的标准磨口玻璃仪器,部分常用标准磨口玻璃仪器见图1-2。常用的标准磨口玻璃仪器按磨口最大端直径分为10、14、16、19、24、29 mm等多种。有的磨口玻璃仪器也常用两个数字表示磨口大小,例如14/23表示此磨口最大处直径为14 mm,磨口长度为23 mm。相同编号的内外磨口可以紧密相连,不需要木塞或橡皮塞,连接简便,又能避免反应物或产物被塞子污染,而且气体通道较大。

磨口玻璃仪器使用后,应尽快清洗并分开放置,否则可能造成磨口接头的黏结。非标准磨口玻璃仪器的塞子不能随意调换,应垫上纸片配套存放。常压下使用磨口玻璃仪器时一般不涂润滑剂,以免污染反应物或产物。但是,当反应物中有强碱存在时,最好在磨口处涂抹润滑剂。减压蒸馏使用的磨口玻璃仪器需涂润滑剂。在涂润滑剂之前,应将玻璃仪器清洗干净,磨口表面一定要干燥。从涂有润滑剂的磨口玻璃仪器中倾出物料前,应先将磨口表面的润滑剂擦拭干净,以免物料受污染。

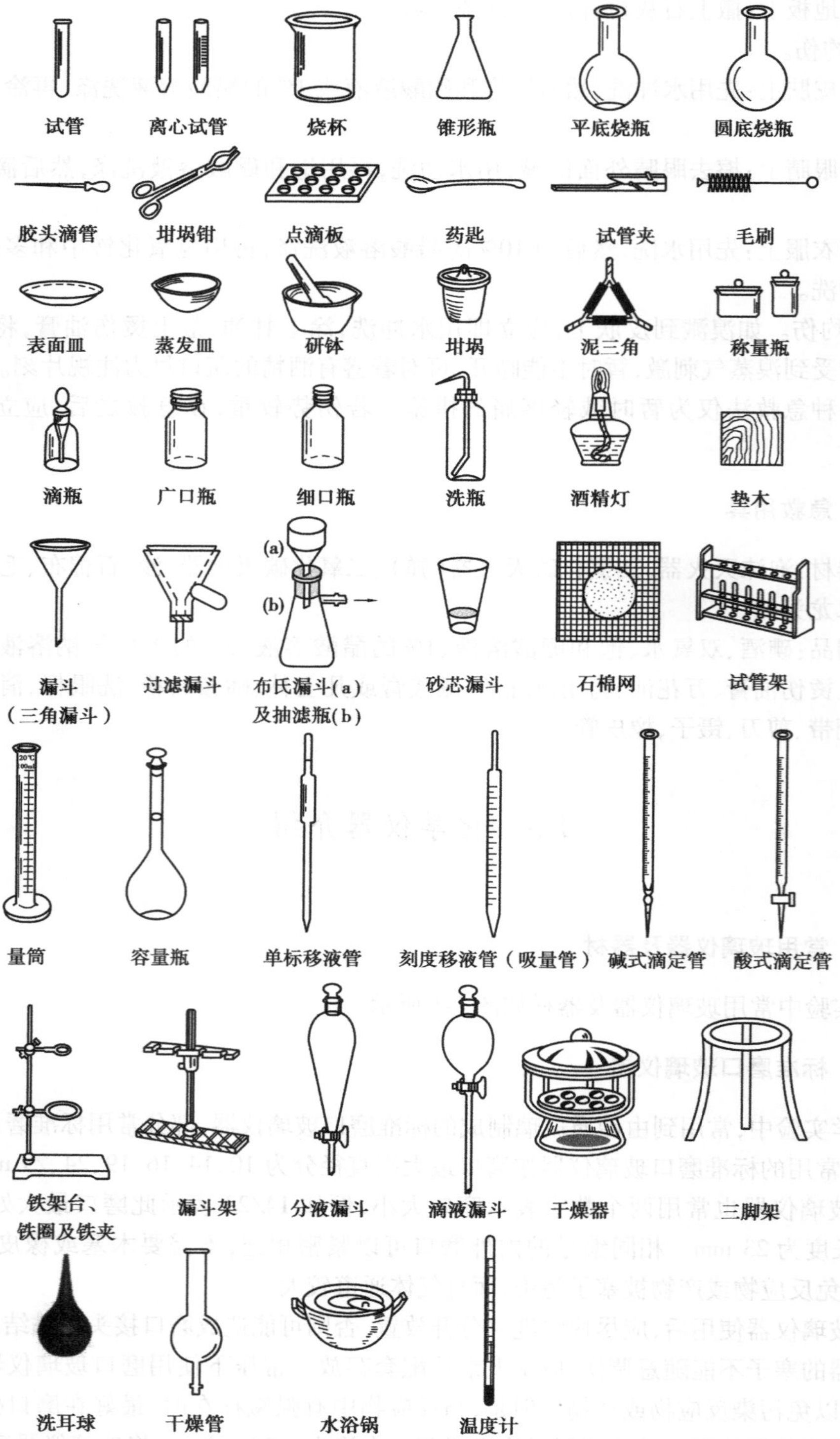

图 1-1　化学实验常用玻璃仪器及器材

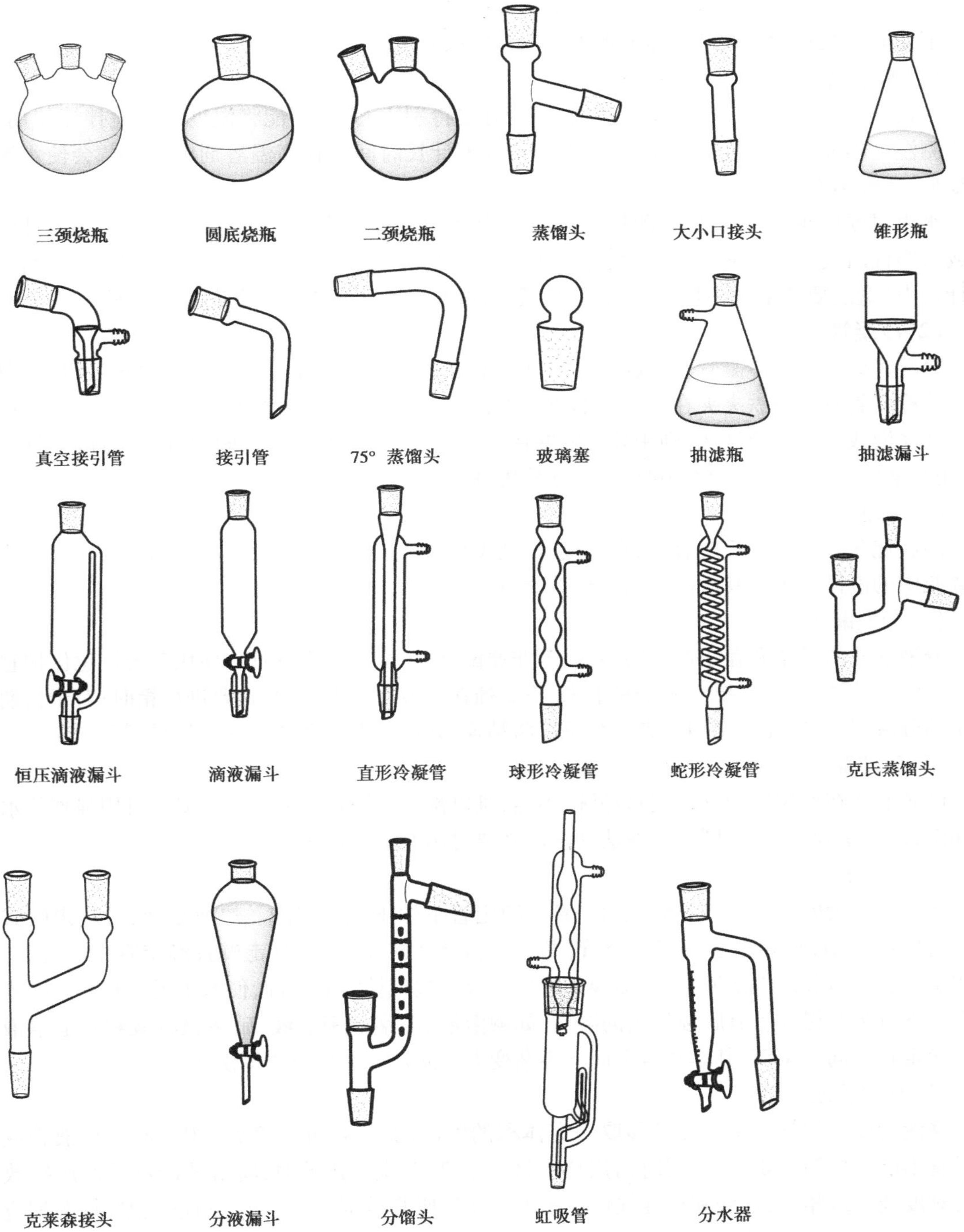

图 1-2　部分常用标准磨口玻璃仪器

1.3.3　玻璃仪器的使用注意事项

化学实验室中,各种常用玻璃仪器的性能是不同的,只有根据它们的性能,掌握它们的洗涤方法和保养方法，才能正确使用，提高实验成功率，避免不必要的损失。

下面介绍几种常用玻璃仪器的保养方法和洗涤方法。

(1)水银温度计

水银温度计的水银球部位容易破损，使用时要特别小心：①不能将温度计作搅拌棒使用；②所测温度不能超过温度计的量程；③不能将温度计长时间放在高温溶剂中，否则，会使水银球变形，读数不准。

水银温度计测温后，特别在测量高温之后，切不可立即用冷水冲洗，否则，会造成温度计破裂或水银柱断裂。正确的操作是：将温度计悬挂在铁架台上，待冷却后将其洗净擦干，放回温度计盒内(盒底要垫上一小块棉花，如果是纸盒，放回温度计时要检查盒底是否完好)。

(2)冷凝管

冷凝管分为直形冷凝管、空气冷凝管、球形冷凝管和蛇形冷凝管。冷凝管通水后很重，所以连接冷凝管时应将铁夹夹在冷凝管的重心处，以免翻倒。洗刷冷凝管时要用特制的长毛刷，如用洗涤液或有机溶液洗涤，则用软木塞塞住一端，从另一端伸入长毛刷刷洗，之后取下软木塞，用水清洗干净。冷凝管不用时，应直立放置，使之易干。

(3)圆底烧瓶

圆底烧瓶一般用作反应容器，在连接时，铁夹应当夹在瓶颈磨砂处。在蒸馏操作时，禁止将烧瓶中的液体蒸干。其洗涤方法参见玻璃器皿的洗涤。

(4)分液漏斗

分液漏斗的活塞和盖子都是磨砂的，若非原配，就可能不严密，所以，使用时要注意保护它们。分液漏斗洗干净后，要将塞子拿下来，不要插在分液漏斗上，尤其是要进烘箱时；对于长期不用的分液漏斗，应在活塞面加夹一纸条以防粘连，并用一橡筋套住活塞，以免失落。

(5)砂芯漏斗

砂芯漏斗在使用后应立即用水冲洗，不然，难以洗净。滤板不太稠密的漏斗可用强烈的水流冲洗，如果是较稠密的，则用抽滤法冲洗。必要时用有机溶剂洗涤。

(6)滴定管

滴定管分为碱式滴定管和酸式滴定管。滴定管下端不能有气泡。快速放液，可赶走酸式滴定管中的气泡；轻轻抬起尖嘴玻璃管，并用手指挤压玻璃珠，可赶走碱式滴定管中的气泡。酸式滴定管不得装碱性溶液，因为玻璃的磨口部分易被碱性溶液腐蚀，使塞子无法转动。碱式滴定管不宜装对橡皮管有腐蚀作用的溶液，如碘溶液、高锰酸钾溶液、硝酸银溶液和盐酸溶液等。滴定管不同于量筒，其读数自上而下逐渐变大。滴定管用后应立即洗净。

(7)移液管或吸量管

移液管或吸量管是用来准确移取一定体积的溶液的量器，可准确到0.01 mL。移液管或吸量管不能在烘箱中烘干，使用时需用待吸液润洗2~3次。读数时，将溶液的弯月面底线放至与刻度线上缘相切，视线和刻度线保持水平。使用吸量管时，为了减少测量误差，每次都应以最上面的刻度(0刻度处)为起始点，往下放出所需体积的溶液，而不是需要多少就吸取多少。用完后立即用自来水及蒸馏水冲洗干净，置于移液管或吸量管架上。

1.3.4　玻璃仪器的洗涤及干燥

1)玻璃仪器的洗涤

在实验中,洗涤玻璃仪器是一项技术性的操作。不同的分析实验对玻璃仪器有不同的洗净要求。若玻璃仪器的洗涤不符合要求,则对仪器的精密度和实验结果的准确性均有影响。实验操作人员应养成实验用过的玻璃仪器立即洗涤的习惯,因为污垢的性质在当时是最清楚的,用适当的方法进行洗涤是最容易办到的,但若放置时间久了,则会增加洗涤的难度。

洗涤玻璃仪器最常用的洁净剂是肥皂、肥皂液(特制商品)、洗衣粉、去污粉、洗液、有机溶剂等。肥皂、肥皂液、洗衣粉、去污粉等用于可用刷子直接刷洗的玻璃仪器,如量杯、量筒、烧杯、三角烧瓶、试剂瓶等。洗液多用于不便用刷子刷洗的玻璃仪器,如滴定管、移液管、容量瓶、蒸馏器等特殊形状的玻璃仪器,也用于洗涤长时间不用的玻璃仪器和刷子刷不掉的结垢。用洗液洗涤玻璃仪器是利用洗液本身与污物起化学反应而将污物去除,因此需要浸泡一定的时间使其充分作用。有机溶剂是针对污物所具有的某种油腻性,而借助相似相溶原理将油腻性污物洗去;或借助某些有机溶剂能与水混合且挥发快的特殊性将玻璃仪器洗净,如甲苯、二甲苯、汽油等可以洗油垢,酒精、乙醚、丙酮可以冲洗刚洗净而带水的玻璃仪器。

下面介绍几种常用洗液。

(1)铬酸洗液

通常所说的铬酸洗液是指重铬酸钾和浓硫酸的混合水溶液,这种洗液氧化性很强,对有机污垢破坏力很强。使用时倾去器皿内的水,慢慢倒入洗液,转动器皿,使洗液充分浸润不干净的器壁,数分钟后把洗液倒回洗液瓶中,用自来水冲洗。若壁上粘有少量炭化残渣,可再加入少量洗液,浸泡一段时间后在小火上加热,直至冒出气泡,炭化残渣即可被除去。铬酸洗液可重复利用,但当洗液颜色变绿时,则表示失效,应该弃去。

(2)盐酸

浓盐酸可以洗去附着在器壁上的二氧化锰或碳酸盐等污垢。

(3)碱液和合成洗涤剂

将碱液或合成洗涤剂配成浓溶液即可,用于洗涤油脂和一些有机物(如有机酸)。

(4)有机溶剂洗涤剂

当胶状或焦油状的有机污垢用上述方法不能洗去时,可选用丙酮、乙醚、苯或 NaOH 的乙醇溶液浸泡(要加盖以免溶剂挥发)。有机溶剂洗涤剂可重复使用。

用于精制或有机分析的仪器,除用上述方法处理外,还须用蒸馏水冲洗。

玻璃仪器洗净的标志是:加水倒置,水顺着器壁流下,内壁被水均匀润湿,有一层既薄又均匀的水膜,不挂水珠。

2)玻璃仪器的干燥

化学实验中经常要使用干燥的玻璃仪器,故应在每次实验后立即将玻璃仪器洗净并使之干燥,以便下次实验时使用。干燥玻璃仪器的方法有下列几种:

(1)自然风干

自然风干是指将已洗净的仪器放在干燥架上使其自然干燥,这是简单、常用的方法。但必须注意,若玻璃仪器洗得不够干净,水珠便不易流下,干燥就会较为缓慢。

(2)烘干

将玻璃器皿按顺序从上层往下层放入烘箱烘干,放入烘箱中干燥的玻璃仪器,一般要求不带有水珠。器皿口向上,带有磨砂口玻璃塞的仪器,必须取出活塞后,才能进行烘干操作。烘箱内的温度保持在100~105 ℃。烘干后,需待烘箱内的温度降至室温时才能取出玻璃仪器,切不可把很热的玻璃仪器取出,以免破裂。当烘箱已工作时则不能往上层放入湿的器皿,以免水滴下落,使下层热的器皿骤冷而破裂。

(3)吹干

有时仪器洗涤后需立即使用,此时则可用吹干的方法(即用气流干燥器或电吹风)使仪器干燥。将水尽量沥干后,加入少量丙酮或乙醇摇洗并倾出,先通入冷风吹1~2 min,待大部分溶剂挥发后,再吹入热风至完全干燥为止,最后吹入冷风使仪器冷却。

(4)有机溶剂干燥

对于急需干燥使用的仪器,将洗净的仪器沥去水分后,加入少量丙酮或者乙醇,转动仪器,使器壁上的水珠与有机溶剂互相溶解,然后将混合液倒入专用的回收瓶中,少量残留在仪器内的混合液,很快挥发而使仪器干燥。

1.4 实验数据的处理

由于实验方法的可靠程度、所用仪器的精密度以及实验者自身原因等的限制,化学实验所得的测量值和真实值之间就会存在一定差异,即实验误差。因此,了解实验误差产生的原因和规律,并对实验数据进行合理的分析和处理,方可获得可靠的实验结果。

1)准确度与误差

准确度是指测量值 x 与真实值 T 之间的接近程度。一般以误差来衡量,误差分为绝对误差(E)和相对误差(E_r)两种。

(1)绝对误差

绝对误差是指测量值和真实值之间的差值,即

$$E = x - T$$

当测量值大于真实值时,误差为正(实验结果偏高);当测量值小于真实值时,误差为负(实验结果偏低)。

(2)相对误差

相对误差是指绝对误差与真实值之比,即

$$E_r = \frac{E}{T} \times 100\%$$

在定量分析中,由各种原因造成的误差,按照性质可分为系统误差、偶然误差和过失误差三类。

①系统误差,又称可测误差,是实验方法、所用仪器、试剂、实验条件的控制以及实验者本身的一些主观因素造成的误差。这类误差具有重复性、单向性和可测性,即在多次测定中会重复出现;测定结果或者都偏高,或者都偏低;数值大小有一定的规律。

②偶然误差,又称随机误差或未定误差,是由一些偶然因素造成的,如测量时温度、气压的

微小变化。由于来源于随机因素，因此，这类误差数值不定，且方向也不固定（有时为正误差，有时为负误差）。系统误差在实验中无法避免，从表面看，也没有什么规律，但从多次测量的数据中可以找到它的统计规律。

③过失误差。这是实验者粗枝大叶、不按操作规程办事、过度疲劳或情绪不好等造成的。这类误差有时无法找到原因，但却是可以避免的。

2）精密度与偏差

精密度是指多次平行测量结果的接近程度，一般以偏差来衡量。

（1）偏差（绝对偏差）（d_i）

偏差是单次测量值 x_i 与平均值 $\bar{x}$ 之间的差值，也称单次测量值的绝对偏差，即

$$d_i = x_i - \bar{x}$$

（2）平均偏差（$\bar{d}$）

平均偏差是指各次测量偏差绝对值的平均值，即

$$\bar{d} = \frac{\sum_{i=1}^{n} |x_i - \bar{x}|}{n}$$

（3）相对平均偏差（$\bar{d}_r$）

相对平均偏差是指平均偏差与测量平均值的比值，即

$$\bar{d}_r = \frac{\bar{d}}{\bar{x}} \times 100\%$$

（4）标准偏差（S）

标准偏差是指各次测量偏差的平方和的平均值再开方，即

$$S = \sqrt{\frac{1}{N-1}\sum_{i=1}^{N}(X_i - \bar{X})^2}$$

标准偏差比平均偏差更灵敏地反映偏差的存在，在统计学上更有意义。

3）有效数字

（1）概念

有效数字是实际能够测量到的数字。物理量的测量结果到底应保留几位有效数字，应根据测量仪器的精度和观察的准确度来决定。把测量结果中能够反映被测量大小的带有一位存疑数字的全部数字称为有效数字。数字“0”在数字后面时是有效数字，若数字“0”在数字前面则只起定位作用，不能算作有效数字。在数学中，有效数字是指在一个数中，从该数的第一个非零数字起，到末尾数字止的数字，如0.618的有效数字有3个，分别是6，1，8。

（2）运算法则

在进行数字的运算之前要先确定应保留的有效数字位数，并对数字位数进行舍入，舍入采用“四舍六入五留双”的原则，即末位小于4则舍弃，末位大于6则进位，末位是5时，若进位后为偶数则进位，若进位后为奇数则舍弃。另外，不可采取递阶进位的办法对数字进行处理。如12.545 68，若要求保留3位，则应为12.5，而不是12.6。

①加减法。

加减运算中，所得结果的小数点后面的位数应以各加、减数小数点后位数最少的（绝对误

差最大)为准,先舍入再加减。如:28.3+0.18+6.58=28.3+0.2+6.6=35.1。

②乘除法。

乘除运算中,所得结果的有效数字的位数应以各乘、除数中有效数字位数最少的(相对误差最大)为准(自然数和某些常数不参与拟保留有效数字位数的确定),先舍入再乘除。例如:

$$0.018\ 1+25.3\div1.057\ 63=0.018\ 1+25.3\div1.06=23.886\ 0$$

$$0.121\times25.64\times1.057\ 82\div3=0.121\times25.6\times1.06\div3.00=1.09$$

③对数运算。

对数运算中,所取对数位数应与真数的有效数字位数相同,与首数无关,因为首数是用来定位的,不是有效数字。例如:5678 为 4 位有效数字,其对数 lg5678=3.7542,尾数部分保留 4 位,首数“3”不是有效数字,是 10 的幂数。

又如 lg 15.36 = 1.186 4(是四位有效数字),不能记为 lg 15.36 = 1.186 或 lg 15.36 = 1.186 39。

1.5 实验预习、实验记录和实验报告的基本要求

实验效果与正确的学习方法、端正的学习态度密切相关,化学实验的学习方法主要体现在预习、实验和报告 3 部分。

1.5.1 化学实验预习

实验预习是做好化学实验的重要环节。若实验者对即将进行的实验一无所知,在实验中慌张忙乱,则不仅做不好实验,还极易引发事故。充分、正确的预习是保证实验安全的前提之一,也是掌握实验技能、提高实验效率必不可少的一步。

实验预习的具体要求如下:

①仔细阅读实验教材,明确实验目的和要求。

②预习实验原理,写出主反应、副反应及可能的反应机理。

③预习实验步骤,了解实验装置搭接方法。

④查阅参考书,了解原材料、产品的物理常数。

⑤回答本实验涉及的思考题。

实验预习时应做好预习报告,报告应该包含实验预习的具体要求中的内容。没有预习报告,不得进入实验室进行实验操作。

1.5.2 化学实验要求

实验是教学的重点,是培养学生独立、创新的重要手段。实验过程中学生需要遵守以下课堂要求:

①认真听指导教师的讲解,服从指导教师及实验员的安排。

②严格按照实验步骤进行实验。

③仔细观察,并实事求是地记录实验数据及实验现象。

④不得随便走动,不大声喧哗,不看与实验无关的书籍、报纸等。

⑤实验过程中出现异常现象应及时报告指导教师。

⑥合理安排实验的先后次序和实验时间,做到既快又好,养成良好的工作作风。

⑦爱护实验仪器、实验设备和实验环境。

⑧实验结束后,将实验仪器清洗干净,打扫卫生,关好水、电、门窗。

⑨所有事项完成后,报请指导教师验收,验收合格方能离开实验室。

实验记录是实验的原始记载,是书写实验报告和研究论文的根本依据。实验记录的内容应该包括日期、温度、天气;仪器名称、规格型号及厂家单位;药品试剂的生产厂家、日期;加料方式、出现的化学现象(颜色变化,沉淀、气体生成等);实验中不正常的现象及处理方法;实验结果等。实验记录要求简明、清楚、整洁。

1.5.3　实验报告

实验报告是对实验的全面总结,主要包括以下部分:

①实验目的与要求。

②实验原理。介绍有关实验的基本理论,包括反应方程式、反应机理等。

③实验药品。规格与用量、原材料与产物及副产物的物理常数。

④实验仪器与装置图。

⑤实验步骤与现象记录。

实验步骤简单、明了、完整;实验现象如实记录,不主观臆造和抄袭;步骤和现象一一对应,表述专业准确、简明扼要,字迹清晰整洁。

⑥实验结果。所得到的实验数据、产品外观、数量、产率等。

⑦实验结果讨论。解释实验现象,针对实验结果分析实验成败的原因。另外可以写出自己的实验心得体会,以及对实验的改进意见,进一步培养分析问题和解决问题的能力。

1.6　化学实验文献和手册的查阅

化学实验涉及化学知识的方方面面,因此,在进行化学实验时,就有必要经常查阅相关手册和文献。通过查阅文献资料,实验操作者得以充实大脑、开阔视野、提高分析问题和解决问题的能力。因此,学会查阅文献资料十分必要。

有关化学的文献资料非常多,本书分工具书、期刊、化学文摘和网上资源等 4 部分作简单介绍。如果需要了解更详细的文献查阅知识,可参考专门的有关书籍。

1.6.1　工具书

1)***Handbook of Chemistry and Physics***

本书是一本全英文的《化学与物理手册》,于 1913 年首次出版,2017 年已经出版至第 97 版。全书分 6 个部分:数学用表;元素和无机化合物;有机化合物;普通化学;普通物理常数和其他;主题索引。书中第三部分是有机化合物,主要列出了15 031个常见有机化合物(有机化合物按照母体英文名称的字母顺序排列,母体名后的基团名称也按字母顺序排列)的物理常数,如有机化合物相对分子质量、结晶形状、颜色、折光率、沸点、熔点、溶解度和相对密度等。

2)***The Merck Index***

该书是一本美国 Merck 公司出版的在国际上享有盛名的化学药品大全。该书首次出版于1889 年,最初只是 Merck 公司化学品、药品的目录,只有 170 页,现已发展成一本 2 000 多页的包括化学药品、药物和生物制品的综合性百科全书。它介绍了一万多种化合物的性质、制法以及用途,注重对物质药理、临床、毒理与毒性研究情报的收集,并汇总了这些物质的俗名、商品名、化学名、结构式,以及商标和生产厂家名称等资料。

3)化工辞典(第五版)(化学工业出版社,2014 年出版)

这是一本综合性的化工工具书,收集了有关化学、化工名词 16 000 余条,列出了物质名词的分子式、结构式、基本的物理化学性质和有关数据,并有简要的制法和用途说明。

1.6.2 期刊

原始研究论文是定期发表于专业学术期刊上的重要的一手信息来源,一般以全文、研究简报、短文和研究快报的形式发表。目前世界各国出版的有关化学的期刊有近万种,直接的原始性化学杂志也有上千种,这里仅介绍有关的主要杂志。

1)中国科学

月刊,创刊于 1950 年,是自然科学综合性学术刊物,主要报道化学基础研究及应用研究方面具重要意义的创新性研究成果,涉及的学科主要包括理论化学、物理化学、无机化学、有机化学、高分子化学、生物化学、环境化学、化学工程等。

2)科学通报

半月刊,创刊于 1950 年,主要报道自然科学各学科基础理论和应用研究方面具有创新性、高水平和重要意义的研究成果,有中文和外文两种版本。

3)化学学报

月刊,创刊于 1933 年,曾用名《中国化学会会志》,中文学术期刊。主要刊载化学各学科领域基础和应用基础研究的原始性、首创性研究成果,促进中国化学学科的发展和学术交流、最新知识传播。

4)高等学校化学学报

月刊,创刊于 1980 年,是化学学科综合性学术期刊,除重点报道我国高校师生的创造性研究成果外,还反映我国化学学科其他各方面的最新研究成果。

5)有机化学

双月刊,创刊于 1981 年,是集中反映有机化学界的最新科研成果、研究动态以及发展趋势的学术类刊物。主要刊登有机化学领域基础研究和应用基础研究的原始性研究成果。

6)化学通报

月刊,创刊于 1934 年,是综合性学术期刊,主要刊登国内外化学及交叉学科的进展、新的知识和技术以及最新科技成果。

7)大学化学

双月刊,创刊于 1986 年,刊登化学教育中重要课题的研讨,交流教学改革经验,报道化学学科及相关学科研究的新知识、新技术。

8)化学教育

月刊,创刊于 1980 年,刊登化学教学改革动态、化学教育教学经验和化学学科的新成就。

9) ***Chinese Chemical Letters***

英文月刊,创刊于 1990 年,是刊登化学学科各领域重要研究成果的简报。

与化学有关的英文杂志非常多,重要的有 *Journal of the Chemical Society*(《英国化学会会志》),缩写为 *J Chem Soc*;*Journal of the American Chemical Society*(《美国化学会会志》),缩写为 *J Am Chem Soc*;*Journal of Organic Chemistry*(《有机化学杂志》),缩写为 *J Org Chem*;*Synthetic Communication*(《合成通讯》),缩写为 *Syn Commun*;*Tetrahedron*(《四面体》);*Tetrahedron Letters*(《四面体快报》)等。

1.6.3　化学文摘

化学文摘是将大量分散的各种文字的文献加以收集、摘录、分类整理而得到的一种杂志。在众多的文摘性刊物中以美国《化学文摘》(*Chemical Abstracts*,简称 CA)最为重要。CA 创刊于 1907 年,现在每年出两卷,每周一期。CA 的索引系统比较完善,有期索引、卷索引,每十卷有累积索引。累积索引主要有分子式索引(Formula Index)、化学物质索引(Chemical Substance Index)、普通主题索引(General Subject Index)、作者索引(Author Index)、专利索引(Patent Index)等。

1.6.4　网上资源

随着网络技术的迅速发展,网上的化学资源日益丰富,使用起来也愈加方便。一般来说,只要对网络知识有一定的了解,从网上查找有关的化学资料是非常方便、迅速的。这里对有关内容作简单的介绍。

①高校图书馆网站。进入有关学校的图书馆网站可以查阅中国期刊网的有关资料,绝大多数中国期刊都能在"中国期刊网"上找到。对有关期刊,可从主题词、作者、期刊名称等方面查找。此外,有关网络上还提供了 CA 检索功能。

②中国国家图书馆。

③化学信息网。该网站提供了"Internet 重要化学化工资源导航",可以说覆盖了目前网上所有的化学化工资源。

④万方数据资源系统。通过该系统可查阅包括基础科学、农业科学、人文科学、医药卫生和工业技术等众多领域的期刊。可查阅企业与产品、专业文献、期刊会议、学位论文、科技成果、中国专利等数据库。

⑤专利文献。

第2章 化学实验基本操作

2.1 试剂的取用

1）固体化学药品的取用

固体化学药品一般用药勺取用，药勺的材质有牛角、塑料和不锈钢等，药勺两端有大小两个勺，取用大量固体时用大勺，取用少量固体时用小勺。药勺要保持干燥、洁净，最好专勺专用。取用固体药品时，先取下试剂瓶盖，倒放在实验台上，取用试剂后，立即盖上瓶盖，并将试剂瓶放回原处，标签向外。

取用一定量固体药品时，可将固体药品放在称量纸上（不能放在滤纸上）或表面皿上，根据要求在台秤或天平上称量。具有腐蚀性或易潮解的固体药品不能放在称量纸上，而应放在玻璃容器内进行称量。称量后多余的药品不能放回原瓶，以防污染原药品。称取粉末状药品时，应用右手将盛有药品的药勺靠近称量纸，左手轻轻抖动右手手腕添加粉末，直至达到所需量。

往试管中加入粉末状药品时，可先将试管横放，再将盛有药品的药匙或纸槽送到试管底部，然后再将试管直立起来，如图2-1、图2-2所示。加入块状药品时，同样应先将试管横放，用镊子夹住药品放入试管口，然后再将试管慢慢直立起来，使块状药品沿管壁慢慢滑下，以免打破试管底。固体颗粒较大时，应在干燥的研钵中磨成小颗粒或粉末状，研钵中所盛固体体积不超过研钵容量的1/3。

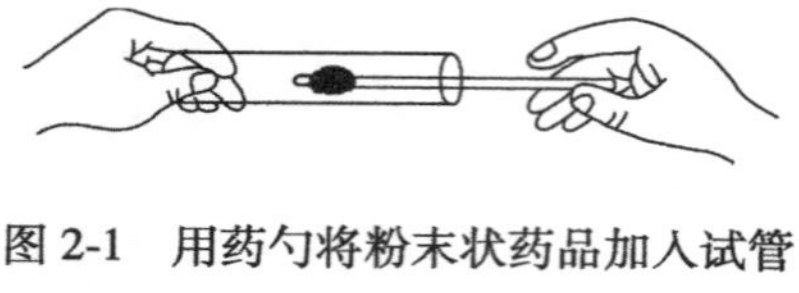
图2-1 用药勺将粉末状药品加入试管

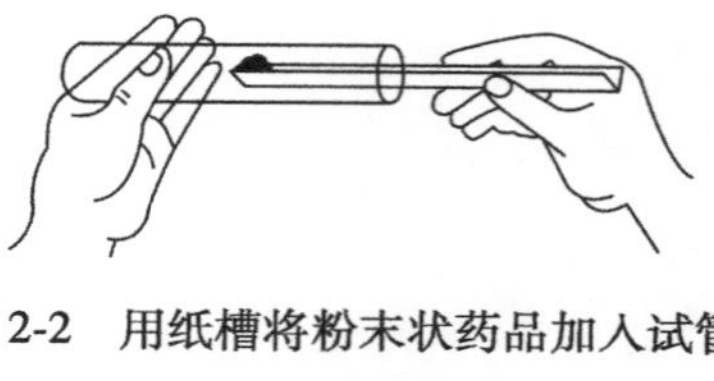
图2-2 用纸槽将粉末状药品加入试管

2）液体化学试剂的取用

从试剂瓶中取用大量试剂时，先取下瓶盖倒放在实验台上，用左手拿住容器（如试管等），呈45°，右手握住试剂瓶，掌心对着试剂瓶上的标签，倒出所需的试剂。倒完后，应将试剂瓶瓶口在容器口上靠一下再慢慢竖起,以免液滴沿外壁流下,如图 2-3(a)所示。

将液体试剂从试剂瓶中倒入烧杯时,右手握住试剂瓶,瓶上标签正对掌心;左手拿玻璃棒,使棒的下端斜靠在烧杯内壁上,将瓶口靠在玻璃棒上,使液体沿着玻璃棒流下,如图 2-3(b)所示。

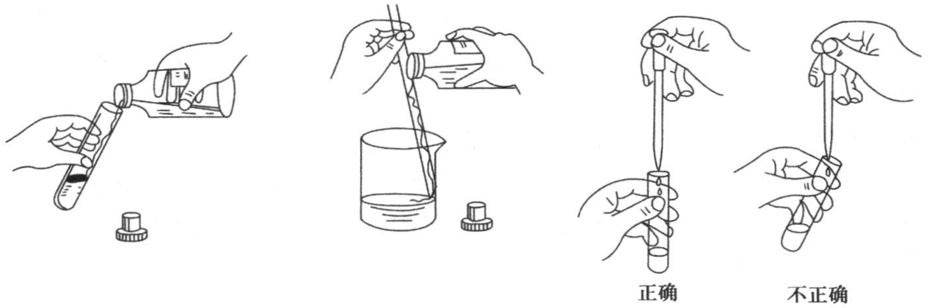

(a)往试管中倒取液体试剂 (b)往烧杯中倒取液体试剂 (c)胶头滴管的使用

图 2-3 试剂的取用方法

从滴瓶中取用少量试剂时,提起胶头滴管,使管口离开液面,用手指轻捏滴管上部的橡皮头排去空气,再把滴管伸入试剂瓶中,吸取试剂。往试管中滴加试剂时,只能将滴管尖头垂直放在管口上方滴加,严禁将滴管伸入试管中,如图 2-3(c)所示。滴加完毕后,应将滴管中剩余的试剂挤回原滴瓶,然后放松胶头滴管,插回原滴瓶,切勿插错。滴瓶上的滴管应专管专用,以免污染试剂。吸有试剂的滴管必须保持橡皮头在上,不能平放、斜放,更不能倒置,以防滴管中试剂流入橡皮胶头而腐蚀、损坏橡皮胶头。

从滴瓶中取用液体试剂时,若无须准确量取,则可通过滴下的滴数来估计取用量,一般以 20~25 滴为 1 mL。若需准确量取,则需用移液管或吸量管,并按移液管或吸量管的使用方法移取。

2.2 称 量

物质质量的准确测定是化学实验中的基本操作之一,在有较高精确度要求的称量中,常使用电子分析天平;对于一般要求的称量,可以使用普通电子天平。目前机械加码电光分析天平已经很少使用了。

1)普通电子天平

普通电子天平(图 2-4)在实验室最为常见,是一种精确度不是很高、但操作简便的称量仪器,一般的普通电子天平最大称量为 200 g,精度为 0.1 g。

图 2-4 普通电子天平

2)电子分析天平

电子分析天平(图 2-5)是新一代天平,精密度高,称量时可以精确到 0.000 1 g。可直接称量,全量程不需砝码,放上被称物品后,在几秒钟内即可达到平衡。

电子分析天平的使用:

• 检查　取下天平罩，戴上手套，检查天平的水平状态和清洁状态。观察天平后部的水平仪内空气泡是否位于圆环中央，如否，调整天平底部水平调节螺丝，使其位于圆环中央。如有灰尘，用毛刷轻拂干净。机体和称量台可用蘸有柔性洗涤剂的湿布擦洗。

• 预热　接通电源，开机，天平自检，预热 10 min，即可开始称量。

• 称量　加重法称量：打开天平拉门，置干燥的容器或称量纸于秤盘上，待读数稳定后，按调零键(去皮)，放入称量样品，关上拉门，待读数稳定后记录结果。减量法称量：见称量瓶的使用中介绍。

• 关机　称量完毕，长按开关键，关闭仪器。

• 清洁　清洁天平内部，关好拉门，盖上天平罩。天平应放在清洁、稳定的环境中，以保证测量的准确性。勿放在通风、有磁场或能产生磁场的设备附近，勿在温度变化大、有震动或存在腐蚀性气体的环境中使用。

图 2-5　电子分析天平

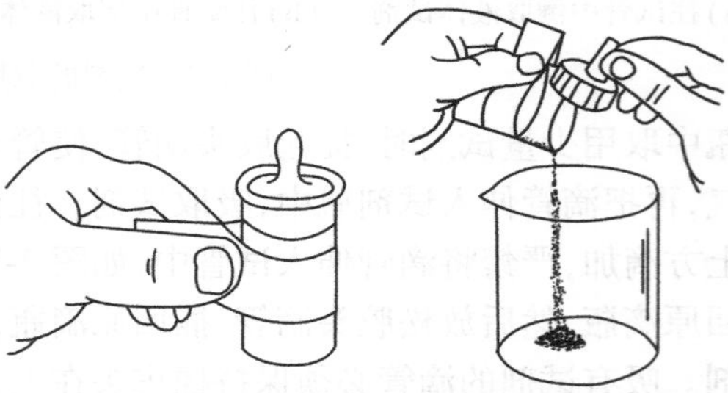

图 2-6　用称量瓶称量粉末状试剂

3）称量瓶

称量瓶是一种圆柱形玻璃容器，带有磨口玻璃塞，其质量较轻，可直接在天平上称量。通常，无论是空的还是装有试剂的称量瓶都存放在玻璃干燥器中，使用时才从干燥器中取出。称量易吸水、易氧化、易吸收二氧化碳的粉末状试剂以及同一试剂需要称量多份时，往往要使用称量瓶。取放称量瓶时，要戴细纱手套，以免手指上的油污沾污称量瓶，影响称量结果的准确度。从称量瓶中倒出粉末状试剂时，应在准备盛放试剂的实验容器上方操作。此时左手握住称量瓶，右手拿着瓶盖，让称量瓶口稍微倾斜向下，并用瓶盖轻轻敲打称量瓶口上缘，逐渐倒出(图 2-6)。当倒出的试剂量与要求的试剂量相当时，慢慢地把称量瓶竖起，瓶口向上，并用瓶盖轻轻敲打瓶口，使沾在瓶口、瓶壁的试剂全部返回称量瓶，盖好瓶盖，再放到天平上称量。如果倒出的试剂量不够，可以再倒，直至倒出的试剂满足所要求的量；如果倒出的试剂太多(远远超出实验要求的范围)，只能弃去，重新称量，千万不能将多倒出的试剂再倒回称量瓶，以免污染称量瓶内的试剂。

2.3　滴　定

滴定是一种定量分析的手段，通过两种溶液的定量反应来确定某种溶质的含量，采用的仪器主要有滴定管、容量瓶、移液管等玻璃量器。其中，滴定管分为酸式滴定管和碱式滴定管两种，下端装有玻璃活塞的为酸式滴定管，用来装酸性溶液；下端用乳胶管连接一个带尖嘴的小玻璃管的是碱式滴定管，胶管内有一玻璃珠控制溶液的流出，用来装碱性溶液，不能装对胶管有腐蚀作用的液体，如 $KMnO_4$溶液、$AgNO_3$溶液等。

掌握滴定操作是化学实验的基本操作要求之一。

1）检漏

在滴定管中盛装少许水，如果碱式滴定管在不挤压的情况下有水滴落，则表示该滴定管漏水；如果酸式滴定管在活塞水平的情况下有水滴落，则表示该滴定管漏水。

碱式滴定管漏水可更换乳胶管或玻璃珠。酸式滴定管漏水，应重新涂抹凡士林，然后再检查是否漏水。涂抹凡士林的方法：将酸式滴定管平放于实验台上，取下活塞，用滤纸将活塞及塞套内的水擦干，在旋塞的大头一侧和塞套的小头一侧各涂上一层薄薄的凡士林，再将活塞插入塞套中，沿着一个方向转动活塞，直至活塞转动灵活且外观达均匀透明状态为止，不能出现丝状环纹（图2-7，图2-8）。用小橡皮圈（可从乳胶管上剪取）套在活塞小头一端的凹槽上，有固定活塞位置、防止滑动的作用。若凡士林堵塞了尖嘴玻璃小孔，可将滴定管装满水，将活塞打开，用洗耳球在滴定管上部鼓气加压，或将尖嘴浸入热水中，再用洗耳球鼓气，即可将凡士林排出。

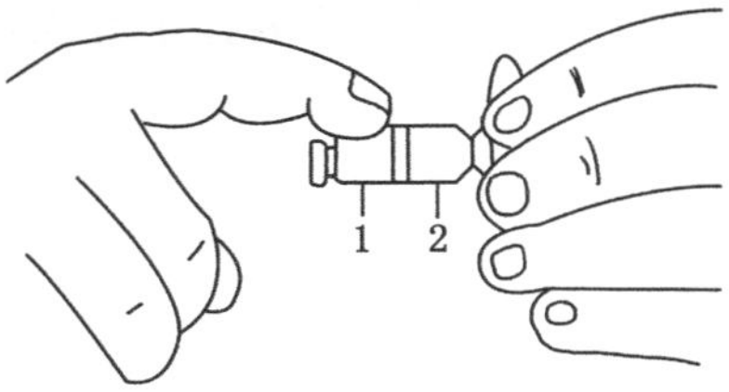

图2-7 玻璃活塞涂抹凡士林

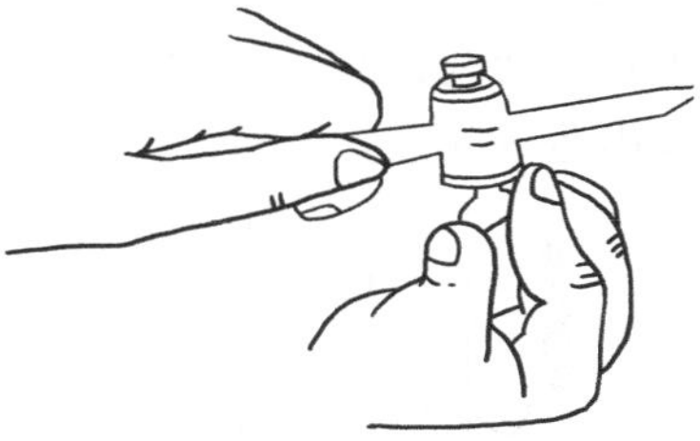

图2-8 转动活塞

2）滴定管洗涤

一般先用洗涤剂洗涤，再用自来水冲洗。如果有明显的油污，则需用洗液洗涤。洗涤碱式滴定管时可将乳胶管内的玻璃珠向上挤压封住管口，或将乳胶管换成乳胶滴头，再将滴定管逐渐向管口倾斜，并不断旋转，使管壁与洗液充分接触，洗涤后的洗液应倒回洗液瓶中，接着用大量自来水淋洗，最后用去离子水润洗3遍。

3）装液及赶气泡

在装液前，洗净的滴定管要用待装的溶液润洗2~3次，然后装入操作溶液至零刻度线以上。滴定管装入操作溶液后，应检查其下端尖头部分是否有气泡，若有气泡应及时排出。对于酸式滴定管，右手拿住滴定管上端无刻度部分并使其倾斜约30°，左手迅速打开活塞，使溶液冲出并带走气泡（图2-9）。对于碱式滴定管，应先将管身倾斜，再将乳胶管向上弯曲，捏起乳胶管使溶液从管口喷出，排出气泡（图2-10）。排出气泡后的滴定管补加操作溶液到零刻度线以上，再调整至零刻度线位置。

4）读数

滴定管应保持垂直，加入溶液或放出溶液后应等1~2 min，并使自己的视线与所读的液面处于同一水平线上。对于无色或浅色溶液，应读取弯月面下缘实线最低点所对应的刻度，对于深色溶液，应读取液面两边的最高点所对应的刻度。为读数方便，可使用读数卡。读数卡是用贴有黑纸或涂有黑色长方形（约3 cm×1.5 cm）的纸板制成的。读数时，将读数卡紧贴在滴定管后面，把黑色部分放在弯月面下约 1 mm 处，此时即可看到弯月面的反射层成为黑色，读取黑色弯月面最低点的刻度，读数应准确到 0.01 mL。

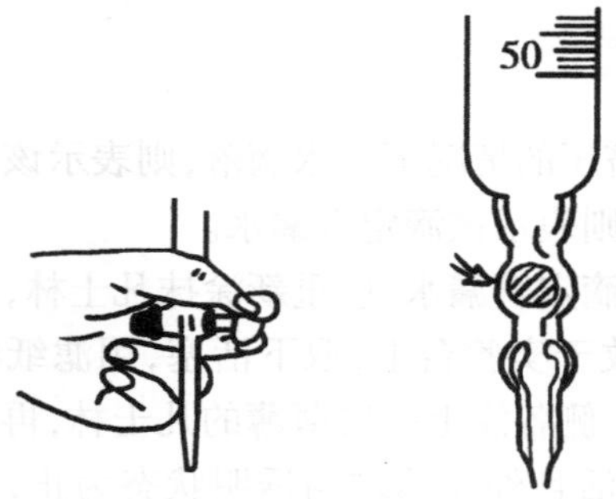

(a) (b)

图 2-9 玻璃活塞的控制

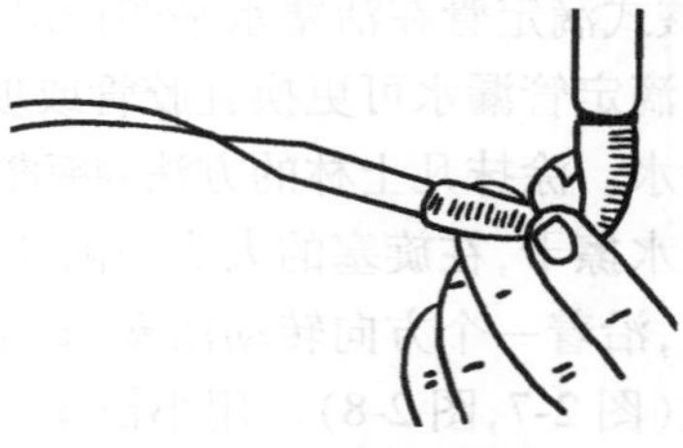

图 2-10 碱式滴定管赶气泡

5）滴定

使用酸式滴定管时，左手无名指和小指向手心弯曲，靠于尖嘴左侧，手心空握，其余 3 个手指轻轻向内扣住活塞，控制活塞的转动，如图 2-11 所示。注意，千万不要让手心顶住活塞，以免将活塞顶出造成漏液。

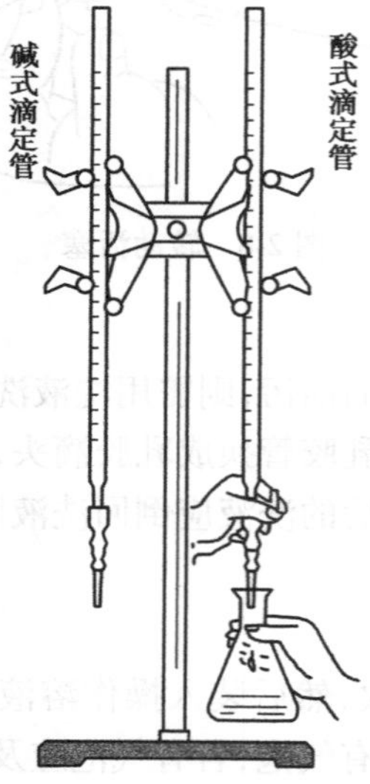

图 2-11 酸式滴定管的滴定操作

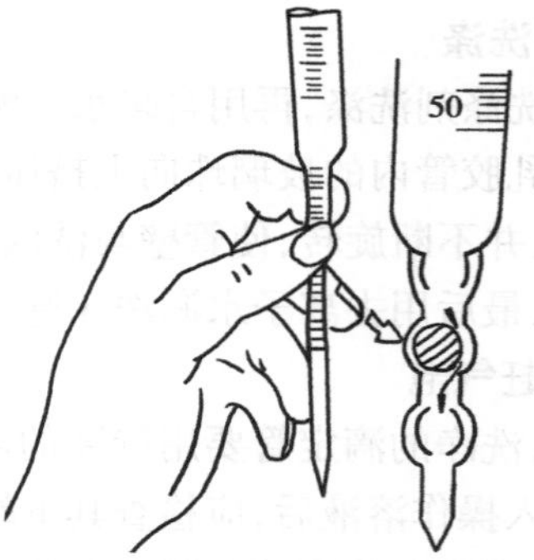

图 2-12 碱式滴定管的滴定操作

使用碱式滴定管时，左手的拇指与食指轻压玻璃珠外侧略偏上的橡胶管，形成一条缝隙，溶液即可流出，如图 2-12 所示。控制缝隙的大小即可控制流速，但不能捏玻璃珠下部的乳胶管以免形成气泡。滴定最好在锥形瓶中进行，必要时也可在烧杯中进行。滴定开始前，应将滴定管尖部的液滴用一洁净的小烧杯内壁轻轻碰下。在锥形瓶中滴定时，右手前 3 指（拇指在前，食指、中指在后）握住瓶颈，无名指、小指辅助在瓶侧，使锥形瓶底部离滴定台 2～3 cm，滴定管的尖端伸入瓶内 1～2 cm。左手按前述规范控制滴定管旋塞滴加溶液，右手用腕力摇动锥形瓶，注意左右两手默契配合，做到边滴定边摇动，使溶液随时混合均匀，以利于反应迅速进行完全。

若在碘量瓶等具塞锥形瓶中滴定时，瓶塞要夹在右手的中指与无名指之间（注意：不允许放在其他地方，以免沾污）。

在烧杯中进行滴定时，滴定管伸入烧杯左后方 1~2 cm（注意不要靠壁太近），右手持玻璃棒在烧杯的右前方搅拌，注意搅拌时要作圆周运动，但不要接触烧杯壁和烧杯底。左手控制滴定管滴加溶液，滴液速度控制在 3~4 滴/s。临近滴定终点时，应该一滴一滴或者半滴半滴地加入，并用洗瓶吹入少量水冲洗烧杯内壁，然后摇动直至滴定终点。读取终点读数，立即记录。

2.4　加热与冷却

2.4.1　加热

1）加热仪器

化学实验的基本操作中，蒸发、灼烧、蒸馏、回流等都需要加热；有的化学反应也需要在较高温度下才能进行，因此，加热是化学实验基本操作的重要组成部分。不同的温度需要不同的加热仪器，不同的化学反应要求不同的加热方式，故需要选择合适的加热方法。化学实验室中的加热仪器，一般可分为燃料加热仪器、电加热仪器和微波加热仪器。

燃料加热仪器是最传统的加热器，使用的燃料一般为酒精、煤气或天然气等。燃料加热仪器使用明火加热，不适宜在有较高蒸气压、易燃、易爆的有机实验中使用。燃料加热仪器一般包括酒精灯、酒精喷灯、煤气灯等。其中，酒精灯（图 2-13）是最传统、使用最方便和广泛的加热器。

常用电加热仪器主要有水浴锅、电炉、磁力搅拌加热器、电热套、管式炉、马弗炉等。

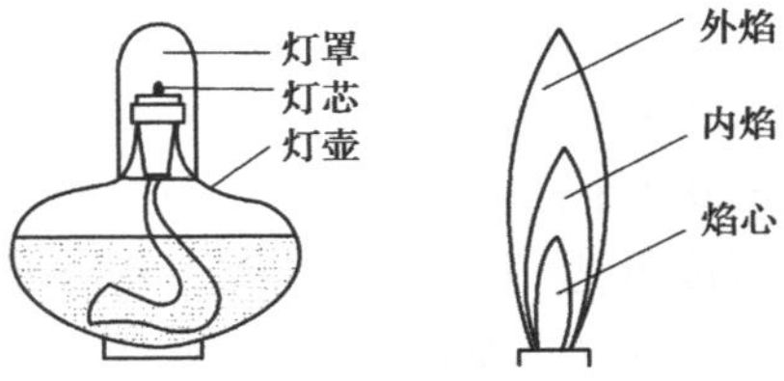

图 2-13　酒精灯构造

微波加热是近年来发展起来的。微波炉是实验室中的加热热源之一。

2）加热方法

（1）直接加热

在较高温度下不分解的液体或固体可以采用直接加热法。一般来说，盛有液体或固体的容器放在石棉网上，用酒精灯、煤气灯、马弗炉等加热，也可放在电热套中加热。加热时需注意以下几点：

①物质放在玻璃容器内加热时，应先将容器外面的水分擦干。

②试管可以直接在火焰上加热，但加热其他玻璃容器时，应垫上石棉网，使其受热均匀，盛装的液体体积不能超过容器容积的 1/2。

③加热后的器皿不能立即放在湿的或过冷的地方，以免温差太大而使器皿破裂。

（2）间接加热

当要求被加热的物体受热均匀而且要保持在一定的温度范围内时，可用各种热浴间接加热。例如，要求温度不超过 100 ℃时，可用水浴加热；要求温度高于 100 ℃时，可用油浴或沙浴加热。

①水浴加热。化学实验中常用带有温度控制装置的电热恒温水浴锅进行水浴加热。锅内底部金属盘管内装有电热丝,中间装有一多孔隔板,使用时电热丝加热,受热器皿置于水中隔板上。在加热过程中要注意随时补充水分,切忌烧干。当反应容器体积较小时,也可以用烧杯代替水浴锅,用酒精灯加热烧杯,从而达到水浴加热的目的。

②油浴加热。用油代替水浴中的水就是油浴,它适用的加热温度为100~250 ℃。常作油浴油料的有甘油、植物油、石蜡油、硅油等。甘油可加热到140~150 ℃,温度过高则容易分解。植物油,如菜油、蓖麻油和花生油等,可加热到220 ℃,温度过高时会分解,到达闪点时可能燃烧,故使用时要小心。固体石蜡可加热到220 ℃左右,由于它在室温时是固体,因此使用完毕后应先取出浸在油浴中的容器。石蜡油可加热到220 ℃,温度过高虽不易分解,但容易燃烧。硅油和真空泵油在250 ℃以上仍较稳定,透明度好,安全,但其价格较高,若条件允许,它们是理想的浴油。

③沙浴加热。加热温度在100 ℃以上时,可使用沙浴加热。在铁盘中放入清洁干燥的细沙,把盛有反应物的容器放入沙中,在铁盘下用电炉或煤气灯加热。由于沙子对热的传导能力较差,散热快,所以容器底部的沙层要薄一些,容器周围的沙层要厚一些。尽管如此,沙浴的温度仍不易控制,所以较少使用。

2.4.2 冷却

实验常用的冷却方法如下:

①自然冷却。即将热的物质在空气中放置一段时间,让其冷却至室温。

②自来水冷却。即将需冷却的物质用自来水(流)冷却。

③冰水冷却。即将需冷却的物质直接放在冰水中冷却到0 ℃。

④冰箱冷却。即将需冷却的物质直接放进冰箱的冷藏室或冷冻室中冷却。

⑤冷冻剂冷却。最简单的冷冻剂是冰盐溶液:100 g碎冰和30 g NaCl混合时,温度可降至-20 ℃;六水合氯化钙($CaCl_2 \cdot 6H_2O$)与碎冰按10:(7~8)均匀混合时,温度可达-40~-20 ℃;干冰(固体CO_2)与适当的有机溶剂混合时,可得到更低的温度,如干冰与乙醇混合时,温度可达-72 ℃,干冰与乙醚、丙酮或氯仿混合时,温度可达-77 ℃;液氮制冷温度为-100 ℃。为了保持冰盐浴的效率,要选择绝热较好的容器,如杜瓦瓶等。

2.5 溶解与结晶

2.5.1 溶解

溶解指的是一种物质(溶质)分散于另一种物质(溶剂)中成为溶液的过程。溶剂、温度和搅拌对溶解过程都有影响。因此,溶解固体时要选择合适的溶剂;要根据物质对热的稳定性选择加热方式(加热一般可以加速溶解过程);在溶解过程中,要用玻璃棒进行搅动以促进溶解。

在使用有机溶剂进行溶解时,为避免溶剂挥发或可燃性溶剂着火或有毒溶剂逸出,应在烧瓶上安装回流冷凝管。先加较需要量略少的溶剂,加热沸腾。若未完全溶解,可分次逐渐添加溶剂,再加热到沸腾并摇动,直至刚好溶解。但要注意判断是否有不溶或难溶的杂质存在,以免误加过多溶剂。若含有有色杂质,可加活性炭沸腾脱色。活性炭的脱色能力只在极性溶剂(特别是含羟基的溶剂)中才能充分发挥,在烃类溶剂(如石油酸)中效果甚差。加活性炭时应注意以下几点。

①在接近沸点的溶液中加入活性炭易引起暴沸,故在加活性炭前,应先将待结晶化合物溶液冷却到沸点以下。

②加入活性炭的量应视杂质的多少而定,一般为粗品质量的 1%~5%,过量的活性炭将吸附一部分产品。

③加入活性炭后,要煮沸 5~10 min,活性炭脱色后,趁热过滤。如一次脱色不完全,可重复进行。

2.5.2　结晶

1)概念

溶质以晶体形式从溶液中析出的过程称为结晶,实验室常用蒸发溶剂或冷却溶液的方法使晶体析出。晶体的大小与溶质的溶解度、溶液浓度、冷却速度等因素有关。

若溶液冷却后仍无晶体析出,可采用如下方法使晶体析出:

①用玻璃棒摩擦容器内壁。

②投入晶种(若无晶种,可用玻璃棒蘸取一些溶液,溶剂挥发后即会析出晶体)。

有时从有机物溶液析出的是油状物而不是结晶,油状物中常常含有大量杂质,因此要避免油状物的形成。若已形成油状物,则可将混合物加热到澄清后,一边冷却一边用玻璃棒剧烈搅拌,使油状物分散在溶液中,直至晶体析出。

2)重结晶

重结晶是纯化固体化合物的重要方法之一。它是利用被提纯物质及杂质在某溶剂中或同一溶剂中不同温度下的溶解度不同,而使它们相互分离,从而达到纯化物质的目的。

(1)重结晶过程

①将不纯的固体化合物在溶剂的沸点或接近沸点的温度下溶解在溶剂中,制成接近饱和的浓溶液。若固体有机化合物的熔点较溶剂沸点低,则应制成在熔点温度以下的近饱和溶液。

②若溶液含有有色杂质,可加活性炭煮沸脱色。

③将上述溶液进行热过滤,以除去其中的不溶物及活性炭。

④将滤液冷却,使晶体从过饱和溶液中析出,而可溶性杂质留在母液中。

⑤抽滤。从母液中分离出晶体,洗涤晶体以除去被吸附的母液。

⑥干燥。晶体干燥后测定熔点,以检验其纯度。如不符合要求,可重复上述操作,直至检验合格。

(2)溶剂的选择及用量

进行重结晶时,选择合适的溶剂是关键的一步。理想的溶剂应具备以下条件:

①不与被提纯物质发生化学反应。

②在较高温度下能溶解较多量的被提纯物质,而在室温或更低温度下只能溶解少量。

③对杂质的溶解度非常大(留在母液中除去)或非常小(热过滤除去)。

④容易挥发,易与晶体分离。

⑤能给出较好的晶体。

⑥无毒或毒性很小，便于操作。

⑦价廉易得。

重结晶常用溶剂见表 2-1。

表 2-1 重结晶常用溶剂

溶 剂	沸点/℃	冰点/℃	相对密度(D_4^{20})	与水的互溶性	易燃性
水	100	0	1.0	+	0
甲醇	64.96	<0	0.791 4	+	+
95%乙醇	78.1	<0	0.804	+	++
冰醋酸	117.9	16.7	1.05	+	+
丙酮	56.2	<0	0.79	+	+++
乙醚	34.5	<0	0.71	−	++++
石油醚	30~60	<0	0.64	−	++++
乙酸乙酯	77.06	<0	0.90	−	++
苯	80.1	5	0.88	−	++++
氯仿	61.7	<0	1.48	−	0
四氯化碳	76.54	<0	1.59	−	0
粗汽油	65~75	<0	0.7	−	+++
环乙烷	81	6.5	0.8	−	+++

注："+"表示与水的互溶性好或易燃性好。

"−"表示与水的互溶性差。

选择具体溶剂时，一般物质可查其溶解度。若无文献资料可查，则可用实验的方法确定，具体做法如下：取少量（约 0.1 g）试样放入试管中，慢慢滴入溶剂，振摇，当加入溶剂量约为 1 mL时，小心加热并摇动，观察加热和冷却时试样的溶解情况（加热时严防溶剂着火）。若物质在 1 mL 冷或温热的溶剂中已完全溶解，则此溶剂不适宜。若该物质不溶于 1 mL 沸腾的溶剂，可继续加热，再滴入溶剂，如超过 4 mL 仍不溶解，则此溶剂也不适宜。如果该物质能溶解在1~4 mL 沸腾的溶剂中，可将试管冷却，观察晶体析出情况。若晶体不能自行析出，则可用玻璃棒摩擦溶液液面以下的试管壁，或置于冰水中冷却，使晶体析出。若晶体仍不能析出，则此溶剂不适用。如果晶体能正常析出，可以用几种溶剂同法比较，选用结晶回收率高、操作容易、毒性小、价格便宜的溶剂来进行重结晶。如果 0.5~1 mL 溶剂能在加热时将 0.1 g 试样完全溶解，冷却时又能以 80%~90%的回收率获得良好的晶体时，一般即可认为该溶剂适宜。

当物质在一些溶剂中溶解度很大（这种溶剂被称为良溶剂），而在另一些溶剂中溶解度又很小（这种溶剂被称为不良溶剂），不能选到一种合适的溶剂时，用混合溶剂往往可得到满意的结果。所谓混合溶剂，就是把对该物质溶解度很大和溶解度很小且又互溶的两种溶剂混合起来而得到的溶剂。

用混合溶剂重结晶时，可先将待纯化物质放在接近沸腾的良溶剂中溶解。若有不溶物，则趁热过滤；若有色，则用活性炭煮沸脱色并趁热过滤。在此热溶液中小心地加入热的不良溶剂，直至出现浑浊并不再消失，再加入少量良溶剂或稍加热使其恰好透明，然后经冷却、结晶、抽滤，便得到纯化的物质。有时也可将两种溶剂先行混合，再按单一溶剂进行操作。常用的混合溶剂有乙醇—水，乙酸—水，丙酮—水，吡啶—水，乙醚—甲醇，乙醚—丙酮，乙醚—石油醚，苯—石油醚。溶剂加入量应比需要量多20%左右。

2.6　固液分离

化学实验中常需进行沉淀和溶液的分离，其方法主要有倾析法、过滤法、离心分离法等。

2.6.1　倾析法

当沉淀的相对密度较大或晶体颗粒较大，沉淀很容易快速沉降到容器底部时，可用倾析法进行固液分离。

倾析法的操作方法：待沉淀完全沉降后，用干净的玻璃棒引流，将上层清液慢慢地倾入另一容器中。如果需要洗涤沉淀，则另加适量溶剂搅拌均匀，静置沉降后再倾析，如此反复3次以上，可将沉淀洗净。

2.6.2　过滤法

过滤法是固液分离最常用的方法。溶液的黏度、温度、过滤时的压力、过滤器孔隙的大小和沉淀物的状态等，都会影响过滤的速度和分离效果。溶液的黏度越大，过滤越慢；热溶液比冷溶液更易过滤；减压过滤较常压过滤快；过滤器的孔隙太大会使沉淀透过，太小则易被沉淀堵塞，使过滤难以进行。沉淀呈胶状时，需加热破坏后过滤，以免沉淀透过滤纸。总之，要考虑各方面的因素来选用合适的过滤方法。

常用的过滤方法有3种，即常压过滤、减压过滤和热过滤。

1）常压过滤

常压过滤用滤纸和玻璃漏斗进行，玻璃漏斗的角度约为60°。

①准备：先把圆形滤纸对折两次（暂不折死），展开呈锥体，将三层滤纸一边的下面两层撕去一小角，放入漏斗中，使滤纸的圆锥面与漏斗吻合。再以手指轻压滤纸中三层的一边。以少量水润湿，轻压滤纸，使其紧贴漏斗壁，赶尽气泡。一般滤纸边缘应低于漏斗边缘约0.5 cm。

之后加水至滤纸边缘，若滤纸与漏斗壁之间无空隙，则水形成水柱。如果不能形成完整的水柱，一边用手指堵住漏斗下口，一边稍掀起三层滤纸一侧，用洗瓶在漏斗和滤纸之间加水，使漏斗颈和锥体的大部分被水充满，然后一边轻轻按下掀起的滤纸，一边断续放开堵在出口处的手指，即可形成水柱。将准备好的漏斗安放在漏斗板上，盖上表面玻璃，下接烧杯，烧杯的内壁与漏斗出口尖处接触，然后开始过滤。

②过滤：将玻璃棒下端对着三层滤纸的那边尽可能靠近，但不碰到滤纸。将上层清液沿着玻璃棒加入漏斗，漏斗中的液面至少要比滤纸边缘低0.5 cm。上层清液过滤完后，用少量洗涤液冲洗玻璃棒和杯壁并进行搅拌，澄清后，再按上法滤去清液。用洗涤液反复洗2~3次，使杯壁的沉淀洗下，而且使烧杯中的沉淀得到初步的洗涤。

用洗涤液冲下杯壁和玻璃棒上的沉淀，再把沉淀搅起，将悬浮液小心转移到滤纸上，如此反复几次,尽可能地将沉淀转移到滤纸上。烧杯中残留的少量沉淀,可用如下方法全部转移:左手将烧杯斜放在漏斗上方,杯嘴朝向漏斗,左手食指按住架在烧杯嘴上的玻璃棒上方,其余手指拿住烧杯,杯底略朝上,玻璃棒下端对着三层滤纸处,右手用洗涤剂冲洗黏附在杯壁上的沉淀,使沉淀和洗涤剂一起顺着玻璃棒流入漏斗中,进而使沉淀全部定量转移到滤纸上。

③沉淀:将沉淀全部转移到滤纸上后,应对它进行洗涤。其目的在于将沉淀表面所吸附的杂质和残留的母液除去。洗涤剂用量以少量多次为原则,即每次螺旋形往下洗涤时,用洗涤剂量要少,便于尽快沥干,沥干后,再行洗涤,如此反复多次,直至沉淀洗净为止。

2)减压过滤

减压过滤又称抽滤或吸滤,是采用真空泵或水泵抽气使过滤器两边产生压差而快速过滤的方法。减压过滤要用到布氏漏斗、抽滤瓶以及抽气泵(常用循环水真空泵)。过于细小的颗粒沉淀和胶状沉淀均因会堵塞布氏漏斗孔而难以过滤,故均不适宜用这种过滤方法。减压过滤装置如图 2-14 所示。

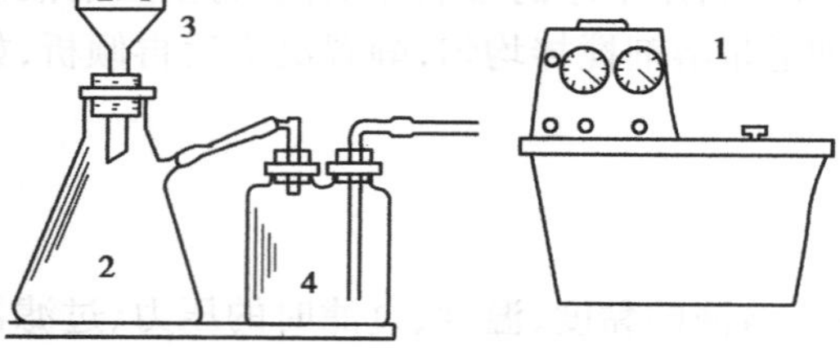

图 2-14 减压过滤装置图

1—循环水真空泵;2—抽滤瓶;3—布氏漏斗;4—缓冲瓶

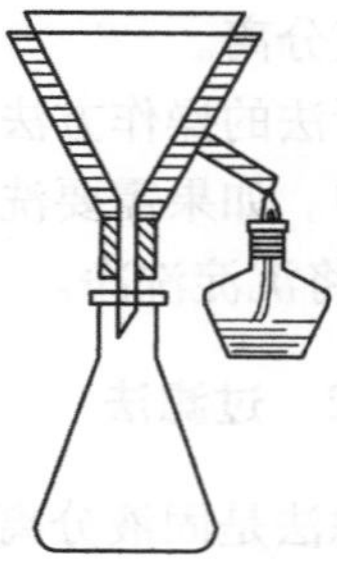

图 2-15 热过滤

减压过滤的操作步骤如下:

①剪滤纸。滤纸将布氏漏斗所有的小孔覆盖住并略小于布氏漏斗底部。

②连接仪器。布氏漏斗下端斜口正对吸滤瓶支管,并检查布氏漏斗与抽滤瓶之间连接是否紧密、抽气泵连接口是否漏气。

③滴加蒸馏水使滤纸与漏斗连接紧密,接通电源,先空抽使滤纸紧贴漏斗底部。

④将固液混合物转移到滤纸上,继续抽滤。

⑤待不再有液滴滴落时,先拔掉抽滤瓶接管,再关闭电源。

⑥滤饼经由玻璃棒转移出布氏漏斗,滤液从抽滤瓶上口倒出。

3)热过滤

如果溶质的溶解度明显地随温度的降低而降低,但又不希望在过滤过程中析出晶体,则可采用热过滤。热过滤使用热滤漏斗(保温漏斗),热滤漏斗是由金属套内加一个长颈玻璃漏斗组成的,如图 2-15 所示。使用时将热水(通常是沸水)倒入金属套的夹层内,加热侧管(如滤液溶剂易燃,过滤前务必将火熄灭)。玻璃漏斗中放入滤纸并用少量热溶剂润湿滤纸,之后立即将热溶液分批倒入漏斗中,注意不要倒得太满,也不要等滤完再倒。尚未加入的溶液和保温漏斗用小火加热,保持未加入溶液的温度。热过滤时一般不用玻璃棒引流,以免加速降温,接收滤液的容器内壁不要贴紧漏斗颈,以免滤液迅速冷却析出的晶体沿容器壁向上堆积而堵塞漏斗下口。进行热过滤时要求准备充分、动作迅速。

2.6.3　离心分离法

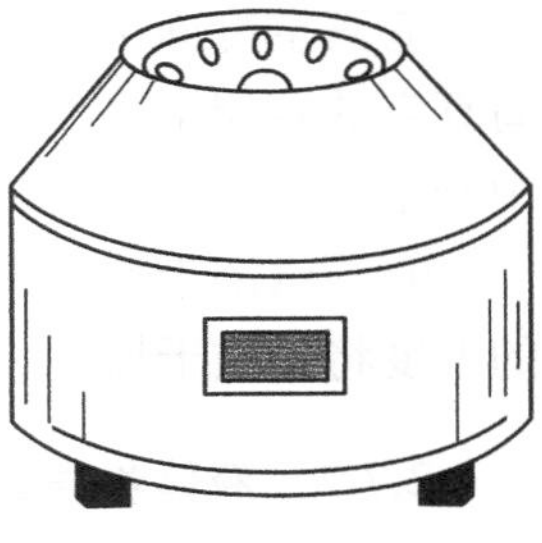

图 2-16　电动离心机

离心分离法利用离心机将少量沉淀和溶液分离，常用的离心机如图 2-16 所示。离心分离时，将沉淀和溶液一起放入离心试管中，然后将大小相同、内装混合物的量大致相等的离心试管对称地放在离心机套筒内，以保持离心机平衡，然后盖上盖子。启动离心机前，先将转速调到变速器的最低挡，启动后再逐渐加速，2~5 min 后逐渐减小转速，或断开电源，让离心机自然停止。然后轻轻取出试管（不能摇动），用干净的滴管排气后伸入离心管的液面下慢慢吸取清液。如果沉淀需要洗涤，则加入洗涤液，用玻璃棒搅拌均匀后再次离心分离，反复 2~3 次即可。

2.7　干　燥

实验室制备的药品以及工业生产的产品往往因反应、转移、储存等原因含有水分（水分存在的方式有两种：游离水分和结合水分）或有机溶剂。干燥是用来除去固体、液体或气体中含有的少量水分或少量有机溶剂的方法。

2.7.1　固体物质的干燥

1）固体无机物的干燥

无机及分析化学实验中所用的固体试剂常含有一定的水分，若称量前不对其进行干燥处理，则待测组分的含量就不能正确代表试样的组成。故应进行干燥处理后才能供实验用，常用的干燥方法有烘箱干燥和干燥器干燥。

①烘箱干燥。无腐蚀性、无挥发性、加热不分解的试样可用烘箱干燥。切忌将易挥发、易燃、易爆物放入烘箱内，以免发生危险。烘箱干燥一般是将试样放入电热烘箱中于 105~110 ℃进行烘干，既要赶走吸附的水，又要防止试样中组成水及一些其他挥发组分的损失。对于受热易分解的物质，应在真空干燥箱中，于较低温度下干燥。干燥的时间可视试样的数量和性质而定，一般为 2~4 h，达到恒重为止。干燥好的试剂应盖紧瓶塞，放干燥器中备用。

②干燥器干燥。干燥器是一种具有磨口盖子的厚质玻璃器皿，磨口上涂有一薄层凡士林。干燥器下室放干燥剂（约为干燥器下室体积的 1/2），其上架洁净的带孔瓷板，以便放坩埚、称量瓶、试剂瓶等。常用的干燥剂有无水氯化钙和变色硅胶等。

2）固体有机物的干燥

①晾干。将待干燥的固体有机物放在表面皿上或培养皿中，尽量平铺成一薄层，再用滤纸或培养皿盖上，以免灰尘沾污，然后在室温下放置到干燥为止。

②红外灯干燥。固体有机物中如含有不挥发的溶剂，为了加速干燥，常用红外灯干燥。干燥的温度应低于晶体的熔点，并随时翻动，以防止结块。但对于常压下易升华或热稳定性差的固体不能用红外灯干燥。

③烘箱干燥。与固体无机物干燥相同。

④干燥器干燥。与固体无机物干燥相同。

⑤真空冷冻干燥。该法适用于受热不稳定的有机物的干燥。有机物的水溶液或混悬液在高真空的容器中，先冷冻成固体状态，然后利用冰的蒸气压较高的性质，使水分从冰冻的体系中升华。

⑥蒸汽浴干燥。该法适用于高温易分解的物质的干燥，通过加热水产生水蒸气，利用蒸气的温度将物质干燥。

2.7.2 液体物质的干燥

这里的液体物质主要是指液体有机物，因为液体有机物的干燥程度将直接影响到有机反应本身以及产品的纯化和分析。

液体有机物的干燥方法大致可分为两种：

①物理方法。通常用吸附、恒沸蒸馏、真空冷冻、加热等物理过程达到干燥目的。

②化学方法。通常用干燥剂与水反应除去水，从而达到干燥目的。其中干燥剂可分为两类：一类是能与水可逆地结合成水合物的干燥剂，如氯化钙、硫酸镁、硫酸钠等；另一类是与水发生化学反应生成新化合物的干燥剂，如五氧化二磷、氧化钙等。常见干燥剂及其使用见表2-2。用干燥剂干燥液体有机物，只能除去少量的水分，若含有大量水，必须事先进行处理。

表 2-2 常见干燥剂及其使用

干燥剂	水合物形式	使用温度/℃	使用特点及适用对象
$CaCl_2$	$CaCl_2 \cdot 6H_2O$	<30	干燥作用比较慢。适用于烃类、卤代烃；不适用于醇、酚、胺、羧酸等
$MgSO_4$	$MgSO_4 \cdot 7H_2O$	<48	干燥效率高、效果佳。适用于烃类、酯、醛、酮、酰胺、腈等；不适用于醇、酚、胺、羧酸等
Na_2SO_4	$Na_2SO_4 \cdot 10H_2O$	<30	吸水量大，但干燥不彻底，一般用于含水量较大的体系。几乎对所有液体都适用
K_2CO_3	$K_2CO_3 \cdot 7H_2O$	—	干燥效率、吸水量中等，一般适用于腈、酮、酯、醇等，不适用于含酸、酚组分的有机物

干燥剂的选择须遵循不能与有机物发生反应的原则，含镁、钙等离子的干燥剂则要注意它们与有机酸，甚至是醇、酚、胺等进行络合的可能性。

干燥剂干燥液体有机物的方法如下：

①选择适当的干燥剂。选择干燥剂时，首先必须考虑干燥剂和被干燥物质的化学性质，不能选用能与被干燥物质反应的干燥剂。另外，干燥剂也不能溶解在被干燥的液体中。其次还要考虑干燥剂的干燥效能、干燥容量及价格。对于未知液体有机物的干燥，通常选用呈化学惰性的干燥剂，如无水硫酸钠。

②将被选用的干燥剂粉碎成较小颗粒，对于结晶好且分散度也好的干燥剂，则可直接使用。

③将选好的干燥剂（其加入量一般为被干燥物质量的5%左右）放入液体有机物中，一起振摇后静置一定时间（至少2 h）。若发现干燥剂附着于瓶壁且互相黏结，则表明干燥剂不够，应再添加，直到液体清澈透明。

④将液体和干燥剂分离(倾析法或过滤法)后,液体即可按要求使用。

⑤在蒸馏被干燥的液体时,必须将与水可逆结合成水合物的干燥剂滤除,对于与水发生化学反应生成新化合物的干燥剂,则不必滤除,可直接进行蒸馏。

2.7.3　气体物质的净化与干燥

实验制得的气体以及钢瓶内的压缩气体常含有若干杂质,将它们通过适宜的液体或固体试剂层以便净化和干燥,为此常使用洗涤瓶或吸收塔。最常用的洗涤瓶如图 2-17 所示,导入管浸在洗液中;导出管与接收气体的仪器连接。如果没有现成的洗涤瓶,则可以用身边的容器(罐、瓶、三角瓶或平底烧瓶等)和塞子,按洗气瓶的结构组合成洗气装置。带有玻璃多孔板的洗瓶,气体洗涤效果好(宜采用孔密的板片)。在压力不大时,它可以使气体很好地分散在液体中,增大了两相的接触面积。吸收管和吸收塔如图 2-18 所示。干燥大量气体时可用装有固体填料的 U 形管[图 2-18(b)]。最常应用的吸收塔如图 2-18(c)所示,它也用于大量气体的干燥,当其填料为氯化钙或氢氧化钾时,常用于减压蒸馏。注意,不管是洗涤瓶还是吸收塔。均应根据气体的性质及杂质的种类来选择吸收剂及干燥剂,常见的吸收剂及干燥剂如表 2-3 所示。

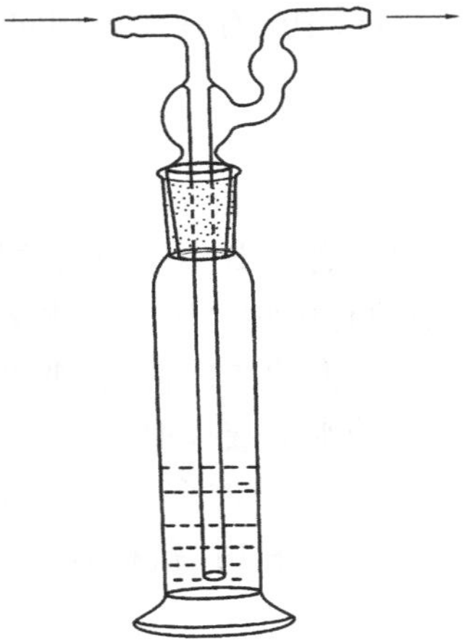

图 2-17　洗涤瓶

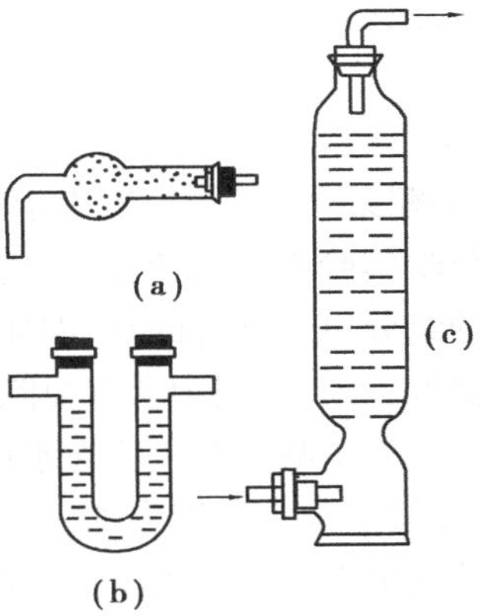

图 2-18　吸收管和吸收塔

表 2-3　常用的气体吸收剂和干燥剂

气　体	吸收剂	干燥剂
O_2	—	浓 H_2SO_4、P_2O_5
H_2	$KMnO_4$或 KOH 饱和溶液	浓 H_2SO_4
N_2	邻苯三酚或氯化亚铜的碱性溶液	浓 H_2SO_4
CO_2	水	浓 H_2SO_4
CO	33%的 NaOH 溶液	浓 H_2SO_4或 $CaCl_2$
Cl_2	$KMnO_4$饱和溶液	浓 H_2SO_4或 $CaCl_2$
HCl	—	浓 H_2SO_4

续表

气 体	吸收剂	干燥剂
H_2S	水	—
NH_3	—	碱石灰或 CaO
SO_2	水	浓 H_2SO_4

2.8 萃 取

萃取是利用物质在溶剂中有不同的溶解度而使其分离的操作，即物质在两种互不相溶或微溶的溶剂中溶解度不同或分配系数不同，从而使物质从一种溶剂中分配到另一种溶剂中，经过反复多次萃取，使绝大部分物质被提取出来。

分配定律是萃取的主要理论依据。在一定温度和压强条件下，某物质与互不相溶的两种溶剂不发生分解、电离、缔合和溶剂化等作用时，若物质在两液层中的存在形态相同，则它在两液相中的浓度之比是一定值，用公式表示为

$$K=\frac{c_A}{c_B}$$

式中，K 称为分配系数；c_A、c_B 分别表示物质在两种互不相溶的溶剂 A、B 中的物质的量浓度。

在有机化学实验中，经常利用有机溶剂提取溶解在水中的有机物。用水或水溶液提取有机物中不要的组分也是常有的事，例如，若有机层中含有需要除去的酸性物质，则可用水或稀碱水溶液来提取；若有机层中含有要除去的碱性物质，则用稀酸水溶液提取。通常，这一操作过程称为洗涤。为了减少有机物在水中部分溶解所带来的损失，萃取时多用饱和氯化钠水溶液代替水，或在被提取水溶液中加入一定量的电解质（如氯化钠），利用“盐析效应”来降低有机物或有机萃取剂在水中的溶解度，以提高萃取效率。

利用分配定律，可以计算出经过萃取后化合物的剩余量。

设 V 为原溶液体积；m_0 为萃取前化合物的总量；m_1 为萃取 1 次后化合物的剩余量；m_2 为萃取 2 次后化合物的剩余量；m_n 为萃取 n 次后化合物的剩余量；S 为萃取剂的体积。

经过 1 次萃取，原溶液中化合物的浓度为 m_1/V；而萃取剂中化合物的浓度为 $(m_0-m_1)/S$；两者之比等于 K，即

$$\frac{m_1/V}{(m_0-m_1)/S}=K$$

整理得

$$m_1=m_0\frac{KV}{KV+S}$$

同理，经过 2 次萃取后，有

$$m_2=m_0\left(\frac{KV}{KV+S}\right)^2$$

经过 n 次萃取后，有

$$m_n = m_0\left(\frac{KV}{KV+S}\right)^n$$

由上述结果不难得出，同样体积的萃取剂，采取少量多次的方法，多次萃取的效率要比一次萃取的效率高。所以从溶液中萃取物质的方法有两种，一种是分次萃取法，另一种是连续萃取法。

2.8.1　分次萃取法

用分液漏斗进行分次萃取是实验室中常用的方法之一。一般情况下，分液漏斗的体积要比被提取液的体积大 1～2 倍，漏斗活塞要擦干并涂上一层薄薄的凡士林，塞回活塞并使活塞沿着一个方向旋转数圈，使凡士林均匀分布。将被提取溶液和萃取剂(一般为被提取溶液体积的 1/3)依次自上口倒入分液漏斗中，塞紧玻璃塞。右手掌顶住漏斗上口的玻璃塞，手指握住漏斗颈部，左手握住漏斗的活塞，大拇指和食指按住活塞柄，中指垫在塞座下，漏斗稍倾斜，使漏斗活塞部分向上[图 2-19(a)]，慢慢振摇。每摇几次(在保持漏斗向上倾斜的情况下)，就要慢慢打开活塞放气，待漏斗中过量气体逸出后，再将活塞关闭，继续振摇。重复数次后，将漏斗置于台架上，打开上口玻璃塞，静置，待两层液体完全分开后，再将活塞慢慢旋开，进行分液。下层液体自漏斗下口放出，上层液体自漏斗上口倒出，萃取结束(多次提取中，将被萃取层再倒回分液漏斗中，重复操作)。为使分液完全，当上层液体流近活塞时，先关闭活塞，停止分液，从台架上取下漏斗，用手握住活塞下部，向同一方向轻轻旋摇几下，再放回台架上静置分液。

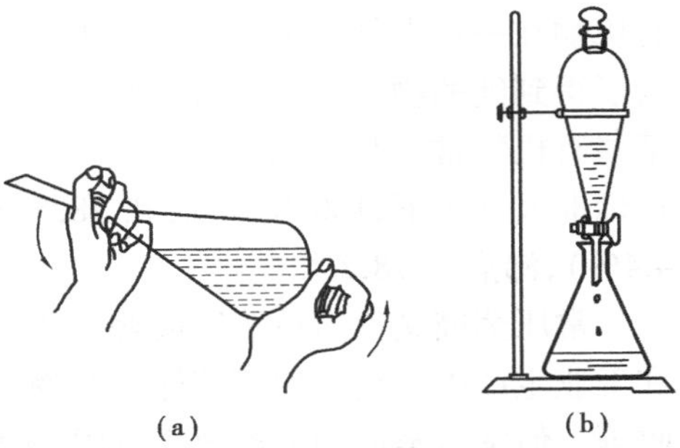

图 2-19　分液漏斗的振摇和分液

萃取时，如遇到乳化现象，两相相对密度相似难以分离时，可用以下方法处理：

①长时间静置。

②加入少量电解质破乳或增大水相的相对密度，使两相分离。

③若因溶液呈碱性而产生乳化，可加入少量稀硫酸或采用过滤法除去。

④根据不同情况，可加入其他破乳物质，如乙醇、磺化蓖麻油等。

2.8.2　连续萃取法

当被提取物质在母液中的溶解度极大，用溶剂分次萃取效果极差时，为减少溶剂用量，常采用连续萃取法，有关实验装置可按固液提取器安装。索氏(Soxblet)提取器进行的固-液萃取就是一种典型的连续萃取，它是利用溶剂的不断回流和虹吸，使固体中的可溶性物质富集到烧瓶中(图 2-20)。

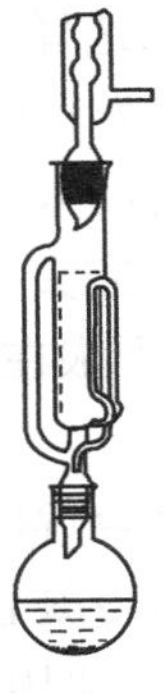

图 2-20 索氏提取装置图

2.9 蒸 馏

2.9.1 常压蒸馏

将液体加热到沸腾，使其变为蒸气，然后蒸气再冷凝为液体的这两个联合操作过程称为蒸馏。当被蒸馏的物质沸点不是很高，而且受热后不会发生分解时，多采用此法。一般纯的液体有机物在一定大气压下有确定的沸点，如果在蒸馏过程中，沸点发生变动，则说明该物质不纯。为了得到纯的物质，就必须控制沸程。但是，具有固定沸点的液体也不一定都是纯物质，因为某些有机物常常和其他组分形成二元或三元共沸混合物。共沸混合物也有固定的沸点，比如，在标准大气压下，100 ℃的水和 78.5 ℃的乙醇就能形成二元共沸混合物(乙醇 95.6%+水 4.4%)，沸点为 78.2 ℃。

常压蒸馏又称简单蒸馏或普通蒸馏，是有机化学实验中最常用的实验技术之一，在实验室和工业生产中广泛应用于液体混合物的分离、提纯、液体沸点的测定、溶剂的浓缩和溶剂的回收等。但常压蒸馏的分离效果有限，不能用以分离沸点相近的液体混合物，也不能把共沸混合物中各组分完全分开。

常压蒸馏的装置由热源、蒸馏瓶、蒸馏头、温度计、冷凝管、接引管和接收瓶组成。

蒸馏瓶是根据待蒸馏液体的量来选择的，通常待蒸馏液体的体积不超过蒸馏瓶容积的 2/3，也不少于 1/3。如果装得太多，沸腾激烈时液体可能冲出，同时小液滴也可能被蒸汽带出，混入馏出液中，降低分离效率；如果装入液体太少，在蒸馏结束时，过大的蒸馏瓶中会容纳较多的气雾，相当于有一部分物料不能蒸出而损失产品。

蒸馏头有传统型和改良型两种。传统型蒸馏头的支管直接从主管管体向斜下方伸出，与主管约成 70°的角；改良型蒸馏头的支管则先向斜上方伸出，然后再拐向斜下方，因而在加入液体时可避免液体沿内壁流进支管。但它们在应用性能上并无差别，因而不需要特意选择。

温度计的选择，一般以温度计的最高测量温度比蒸馏液体的沸点高出 10~20 ℃为宜(当蒸馏一个含有不同沸点的混合液时，温度计的选择应以沸点高的液体为准)，不能高出太多。因为一般情况下，温度计测温范围越大，其精确度越差。磨口温度计可以直接插入蒸馏头，普通温度计则用螺旋接头固定在蒸馏头上口。温度计水银球的上限应和蒸馏头侧管的下限在同一水平线上。

冷凝管是根据被蒸馏物的沸点，同时适当考虑被蒸馏物的含量选择的。通常低沸点、高含量的液体混合物选用粗而长的冷凝管；高沸点、低含量的液体混合物则选用细而短的冷凝管。被蒸馏物的沸点在 140 ℃以上时选用空气冷凝管，在 140 ℃以下时选用直形冷凝管。使用冷凝管时，冷凝管中的水从下口进入，上口流出，以保证冷凝管的套管内始终充满水。一般不使用蛇形或球形冷凝管。回流冷凝管竖直安装，而不能像直形冷凝管那样倾斜安装。

接收瓶可选用容量合适的锥形瓶，主要取其口小、蒸发面小、易加塞、同时易放置于桌上等特点。

安装仪器的顺序一般是自下而上、从左向右，拆卸仪器的顺序和安装仪器的顺序相反。

蒸馏装置安装完毕后应符合如下要求：①从正面看，温度计、蒸馏瓶、热源的中心轴线在同一条直线上,即“上下一条线”。②从侧面看,接收瓶、冷凝管、蒸馏瓶的中心轴线在同一平面上,即“左右共平面”。③装置稳固,磨口接头连接严密。这样的蒸馏装置具有实用、整齐、美观、牢固的优点。

图 2-21 是带直形冷凝管的普通蒸馏装置,适用于低沸点物质的蒸馏(一般沸点低于 140 ℃),是一种常用的蒸馏装置。蒸馏时,在圆底烧瓶中加入被蒸馏物,其体积为烧瓶体积的 1/3～2/3,然后加 1～2 粒沸石。按图 2-21 所示安装好仪器,开通冷凝水,点火,开始加热。随着加热的进行,蒸馏烧瓶内的气压越来越大,当其与大气压相等时,液体开始沸腾。移动热源,维持沸腾,使液体馏出速度为 1～2 滴/s,在整个蒸馏过程中应使温度计水银球上常有冷凝的液体,此时的温度就是液体(馏出物)的沸点,蒸馏速度太快或太慢,温度计的读数都不准。蒸馏过程中,注意观察温度的变化,待温度趋于稳定或达到所需温度时,更换接收瓶(在此之前的馏出物为“前馏分”)。

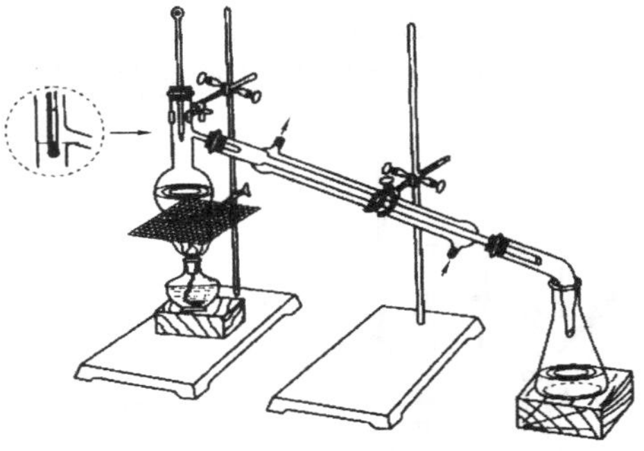

图 2-21　常压蒸馏装置图

蒸馏完毕,应先关闭火源,稍冷后再停止通冷凝水,待仪器冷却后,拆卸蒸馏装置,最后将所有仪器清洗干净,干燥,以备下次使用。

对于沸点相差不大的液体混合物,当难以用普通蒸馏法将它们分离时,可以采用分馏的方法。进行分馏时,混合蒸汽进入分馏柱,高沸点组分首先被冷凝,冷凝液中就会含有较多的高沸点组分,而低沸点组分在蒸汽中就相对增多。冷凝液向下流动时,与上升的蒸汽接触,二者进行热量交换,结果又使上升蒸汽中高沸点组分被冷凝,低沸点组分仍呈蒸汽上升。在冷凝液中,低沸点组分则受热不断汽化,高沸点组分仍呈液态下流,如此多次的液相与气相的热量交换,使得低沸点组分不断汽化上升,最终被蒸馏出来,高沸点组分则不断流回容器中,从而使沸点相差不大的混合物得以有效地分离、纯化,这就是分馏。实际上,分馏就是在分馏柱中进行的多次蒸馏。但是,对于恒沸混合物,无论分馏效率有多高,也不能用此法将它们分离开,除非在分馏前已用其他方法破坏共沸组分。

2.9.2　水蒸气蒸馏

水蒸气蒸馏是提纯有机混合物的重要方法之一。当水和不溶(或难溶)于水的化合物共存时,根据道尔顿分压定律,整个系统的蒸气压为各组分蒸气压之和,即

$$p = p_A + p_B$$

式中,p 为总的蒸气压,p_A为水的蒸气压,p_B为不溶于水的化合物的蒸气压。

当 p 等于外界大气压时,混合物开始沸腾,所以混合物的沸点将低于其中任一组分的沸点。这样,在常压下进行水蒸气蒸馏,就可在 100 ℃以下将高沸点组分与水一同蒸出。馏出液经冷却、分离,便可得到纯度较高的物质。

水蒸气蒸馏适用于以下几种情况:

①含大量树脂状杂质或不挥发物,用蒸馏、萃取等方法难以分离的混合物。

②常压下普通蒸馏会发生分解的高沸点有机物。

③脱附混合物中被固体吸附的液体有机物。

④除去易挥发的有机物。

用水蒸气蒸馏法时，被提纯物质应具备以下条件：

①不溶或难溶于水。

②达到沸点时，不与水反应。

③100 ℃左右时，必须具有一定的蒸气压（一般不低于 1.333 kPa）。

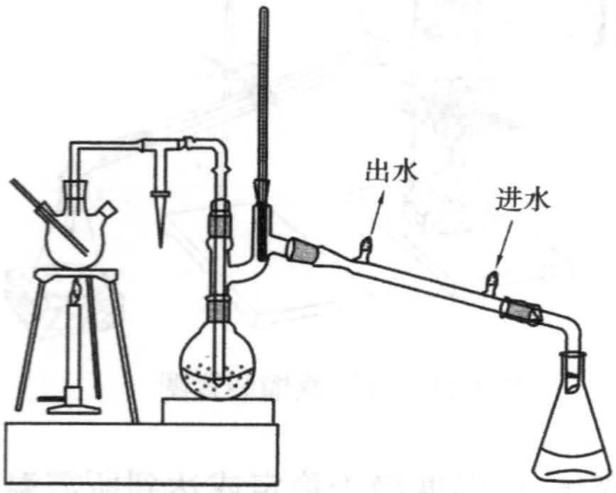

图 2-22　水蒸气蒸馏装置图

水蒸气蒸馏装置通常由水蒸气发生器、蒸馏部分、接收部分组成，如图 2-22 所示。水蒸气发生器的三颈烧瓶中插入一根空心长玻璃管作为安全管，安全管需插到接近烧瓶底部的位置。当容器内蒸气压过大时，水可沿着安全管上升，以调节体系内部压力。但需注意的是，系统出现堵塞，烧瓶内气压过大，水就会从玻璃管喷出。因此，组装实验装置时，玻璃管切不可正对着实验人员，以避免被冲出的热水烫伤。在水蒸气发生器与蒸气导入管之间应装上一个 T 形管，并在 T 形管下端连一个弹簧夹，以便及时除去冷凝下来的水滴。要尽量缩短水蒸气发生器与蒸馏烧瓶之间的距离，以减少水蒸气的冷凝。同时，可在圆底烧瓶上加上克氏蒸馏头，以防止瓶中的液体因跳溅而冲入冷凝管内。

2.10　升　华

升华是纯化某些固体有机物的方法之一，利用升化可分离挥发性不同的混合物或除去挥发性杂质。与重结晶相比，升华具有不用溶剂、产物纯、微量也能升华等优点，但损失较大，并且要求升华的固体有机物具有较高的蒸气压，所以升华的应用受到很大限制。

1）基本原理

升华是指物质自固态不经液态直接转变成气态的现象。这里所说的升华是指升华操作，即固态物质在熔点以下不经过液态而直接变成蒸气，蒸气遇冷后又直接变成固态的过程。它和简单蒸馏一样，由于待提纯物和所含杂质有显著的气压差，所以具有较高蒸气压的升华物质从固态转变成气态，又在低温下冷凝为纯的固态物质后，蒸气压低的杂质被遗留下来，从而达到分离提纯的目的。

2）使用条件

采用升华法分离或纯化物质时，必须具备两个条件：一是待提纯物质必须有相当高的蒸气压，一般要高于 2.67 kPa；二是杂质或第二种物质的蒸气压与待提纯物质的蒸气压相差较大，显然杂质的蒸气压越低越好。但在常压下，具有合适蒸气压的有机物不多，常常需要减压以增加有机物的汽化速率，即减压升华。这与对高沸点液体进行减压蒸馏是同一道理。

3）升华实验操作

升华少量固体物质时，可在蒸发皿中进行。把待精制的物质放入蒸发皿中，用一张刺有若干小孔的圆滤纸（毛刺朝上）盖住，滤纸上倒扣一个直径小于蒸发皿的漏斗，漏斗颈部塞一团脱脂棉，防止蒸气逸出。加热蒸发皿，逐渐升高温度，使待精制的物质汽化，蒸气在滤纸上冷凝为晶体,附在滤纸上。少量的蒸气通过滤纸孔,在漏斗内壁和滤纸上表面冷凝成晶体。在滤纸上刺小孔可防止升华后形成的晶体落回蒸发皿,如图 2-23(a)所示。较大量物质的升华,可在烧杯中进行。烧杯上放置一个通冷水的烧瓶,使蒸气在烧瓶底部凝结成晶体并附在瓶底(注意:升华前,必须把待精制的物质充分干燥),如图 2-23(b)所示。减压升华装置如图 2-23(c)所示,把待升华物质放在抽滤管中,塞进管口,视具体情况采用油泵或水泵抽气减压,使待升华物质在一定真空度下升华。

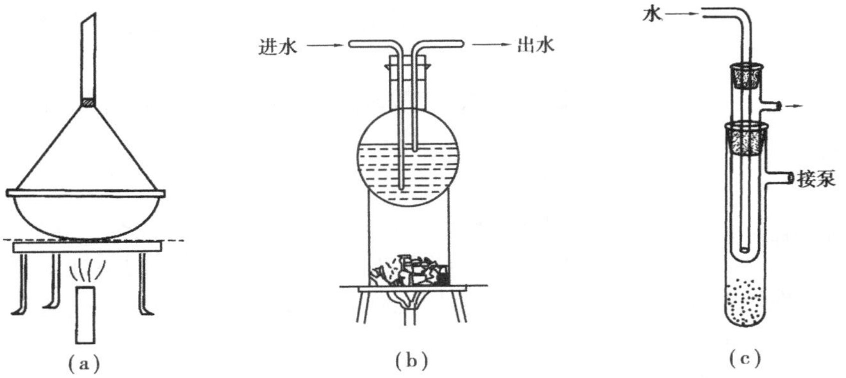

图 2-23　常压升华和减压升华装置

2.11　色　谱

色谱是分离、提纯和鉴定有机物的重要方法之一。色谱法的分离效果远比分馏、重结晶等一般方法好,特别适用于少量(微量)物质的处理,在化工、化学、生物、医药等领域得到了广泛的应用。

色谱是利用混合物各组分在某一物质中的吸附或溶解(分配)性能的不同,或各组分亲和作用的差异,使混合物流经该物质,进行反复的吸附或分配等,从而将各组分分开。因此色谱有两个相:固定相和流动相,根据组分与固定相的作用原理不同,可将色谱分为吸附色谱、分配色谱、离子交换色谱等。根据操作条件的不同可分为柱色谱、纸色谱、薄层色谱、气相色谱和高效液相色谱等。

2.11.1　柱色谱

柱色谱,又称柱上层析,常用的有吸附柱色谱和分配柱色谱。前者常用氧化铝和硅胶作固定相;后者则以硅藻土、纤维素等为支持剂,以吸收的液体为固定相,支持剂本身不起分离作用。

吸附柱色谱(图 2-24)通常是在玻璃管中装入一定的固体吸附剂,被分离物则被吸附在柱的顶端,当洗脱剂流下时,由于不同化合物的吸附能力不同,便以不同的速度下移,于是形成不同的层次,将混合物分离开来。

1)吸附剂

吸附柱色谱常用的吸附剂有氧化铝、硅胶、活性炭等,颗粒大小均匀。一般说来,吸附剂颗

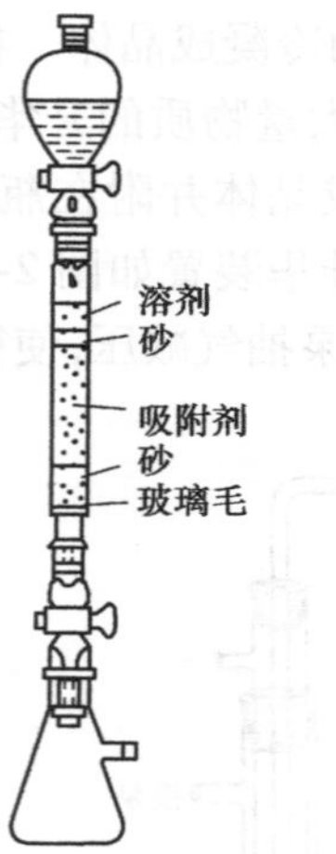

图 2-24　色谱柱装置

粒越小，表面积越大，吸附能力越强，但洗脱剂的流速越小。因此颗粒大小应该根据具体分离需要确定。大多数吸附剂都能强烈地吸附水，而且水不易被其他物质置换，从而使吸附剂的活性降低（通常用加热的方法使吸附剂活化）。

2）溶质的结构与吸附能力

化合物的吸附能力与其极性成正比，即化合物中含有极性较大的基团，其吸附能力就较强。氧化铝对有关物质的吸附能力按以下顺序递减：

酸和碱>醇、胺、硫醇>酯、醛、酮>芳香族化合物>卤代物、醚>烯>饱和烃

3）洗脱剂

洗脱剂，即溶剂，它的选择关系着分离效果。通常情况下，根据被分离物中各组分的极性、溶解度和吸附剂的活性来选择。一般来说，洗脱剂的极性越大，洗脱能力就越大。常用洗脱剂的极性由小到大的顺序是：

己烷、石油醚<四氯化碳<三氯乙烯<二硫化碳<甲苯<苯<二氯甲烷<氯仿<乙醚<乙酸乙酯<丙酮<乙醇<甲醇<水<吡啶<乙酸

在具体进行柱色谱分离时可分为以下步骤：

①装柱。可以采用湿法和干法。目前一般采用下有砂芯的玻璃管作色谱柱，湿法装柱方法如下：向柱中加入 3/4 的洗脱剂，打开活塞，控制流出速度为 1 滴/s。通过一个干燥的玻璃漏斗慢慢加入色谱用氧化铝或硅胶，同时用木棒轻轻敲打柱身，当装柱至3/4时，再加一层石英砂或一小片滤纸。注意：装柱和装样品、洗脱均不能使液面低于沙子或滤纸的上层。色谱柱要求填装均匀，不能有裂缝或气泡。

②装样品。首先将样品溶解于一定的溶剂中，溶剂的极性尽量小，体积尽量小。当洗脱剂刚好流至石英砂或滤纸上面时，将样品溶液沿柱壁加入，当此液面将至石英砂（或滤纸）面时，立即加入少量的洗脱剂洗下管壁上的被分离的物质，如此 2~3 次。

③洗脱。在装好样品的色谱柱上安装滴液漏斗，向漏斗中倒入洗脱剂，控制流出速度为 1 滴/s，进行洗脱。对于复杂系统一般可进行梯度洗脱，即慢慢改变洗脱剂的极性（由小到大）。收集洗脱液时，简单的方法是根据颜色的不同来改变接收瓶，一般是每接收一定的体积更换接收瓶，然后根据薄层色谱来确定样品组成。

④浓缩收集样品。根据薄层色谱结果将相同组成的样品并在一起进行蒸馏以蒸除洗脱剂。当快蒸干时，将样品转移至蒸发皿中，在水浴上蒸干或用红外灯烘干。

2.11.2　薄层色谱

薄层色谱是一种快速而简单的、分离微量物质的色谱法。薄层色谱兼备了柱色谱和纸色谱的优点，特别适用于挥发性较小，或在较高温度下易发生变化而不能用气相色谱分析的物质。薄层色谱也有吸附色谱和分配色谱两种。

常用薄层色谱吸附剂也是氧化铝和硅胶，与柱色谱不同的是，这里常用硅胶 H（不含黏合剂）、硅胶 G（含有黏合剂煅石膏）、硅胶 HF254（含荧光物质），可在 254 nm 紫外光下观察荧光、硅胶 GF_{254}（含有煅石膏和荧光物质）。同样，氧化铝也有相应的品种。

薄层色谱的分离原理与柱色谱类似，其操作步骤如下：

①制备薄层板。将吸附剂和水调成糊状，然后均匀地涂在干净平整的玻璃片上，再将涂好的玻璃片放在水平的平台上晾干，最后将干透的玻璃片置于烘箱中加热活化（活化时需要慢慢升温）制成薄层板。硅胶板在 110 ℃左右活化 30~60 min，可得Ⅳ~Ⅴ级活性的薄层板。氧化铝薄层板在 200~220 ℃时烘 4 h，可得Ⅱ级活性的薄层板；在 150~160 ℃时烘 4 h，可得Ⅲ~Ⅴ级活性的薄层板。所制得的薄板应该均匀、没有裂缝。将符合要求并活化的薄板置于干燥器中保存备用。

②点样。在薄层板上距一端约 1 cm 处，用铅笔轻轻画一条线。将样品用低沸点溶剂配成 1%的溶液，并用管口平整且内径小于 1 mm 的毛细管吸取样品溶液，轻轻接触起点线，如果溶液太稀，可待溶剂挥发后重复点样。点样斑直径一般不超过 0.3 cm，若多处点样，点样距离为 1 cm左右。

③展开。薄层的展开需在封闭容器中进行，展开剂的选择与柱色谱吸附剂的选择一样，主要根据样品的极性、溶解度和吸附剂的活性来考虑，展开剂的极性越大对化合物的洗脱力越大。如图 2-25 所示，将展开剂放入展开槽，使槽内溶剂蒸气饱和 5~10 min，再将点好样的薄层板垂直或倾斜放入展开槽中。当展开剂前沿上升到离薄层板顶端 1 cm 处时取出薄层板，用铅笔或小针画出溶剂前沿，放平晾干。

④显色。如果用的是有荧光的氧化铝或硅胶，可在紫外光下观察，并标出斑点；或将薄层板置于碘缸中显色。根据斑点位置计算比移值 R_f，如图 2-26 所示。

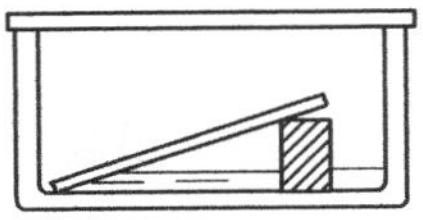

图 2-25　薄层色谱展开示意图

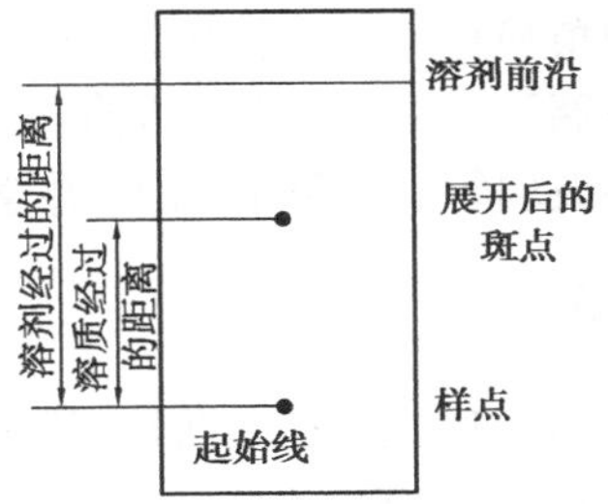

图 2-26　薄层色谱比移值的确定

$$R_f=\frac{\text{溶质经过的距离}}{\text{溶剂经过的距离}}$$

R_f随有机物结构、固定相与流动相的性质、温度等因素的变化而变化。当温度等实验条件固定时，比移值是一个常数，可作为定性分析的依据。但是由于影响 R_f的因素很多，实验数据往往与文献记载不完全相同，因此在鉴定时常常采用标准样品对照分析。

第3章 无机化学实验

实验1 玻璃管(棒)的加工及塞子钻孔

一、实验目的

(1)了解酒精喷灯的正确使用方法;

(2)掌握玻璃管(棒)的截断、弯曲和熔烧操作;

(3)完成小玻璃管和滴管的加工,并学会塞子钻孔。

二、实验原理

酒精喷灯一般有座式和挂式两种,其火焰温度为800 ℃左右,温度最高时甚至可达1 000 ℃。使用时,酒精耗用量约400 mL/h。

常见的玻璃加工是指实验室用玻璃管或玻璃棒的截断、弯曲和熔烧等。在截断玻璃管或玻璃棒时,用锉刀按照实验要求操作即可。而对于弯曲和熔烧玻璃管或玻璃棒等则利用酒精喷灯加热,使玻璃达到熔点,随后再进行相应的操作即可。

三、主要仪器与试剂

仪器:酒精喷灯,石棉网,锉刀,打孔器,量角器。

试剂:工业酒精。

其他材料:火柴,硬纸片,玻璃管,玻璃棒,聚乙烯塑料管,橡皮胶头,橡皮塞。

四、实验步骤

1.观察记录酒精喷灯以及燃烧火焰

按照实验的操作要求点燃酒精喷灯,观察、记录火焰颜色。另外取一张硬纸片,沿垂直方向插至火焰中部,1~2 s后取出,观察纸片被烧焦的部位和程度。

2.玻璃管和玻璃棒的加工

(1)玻璃管和玻璃棒的截断

将玻璃管和玻璃棒平放在干净防滑的桌面上,左手紧紧按住要切割的部位,右手握锉刀,在切割的部位沿着同一个方向用力锉出一道凹痕,如图3-1(a)所示。在使用锉刀时,注意只能向前或向后锉,不能来回锉且锉刀刀锋应与玻璃管或玻璃棒垂直。锉出的凹痕深度为玻璃管和玻璃棒直径的1/6~1/3。然后双手持玻璃管和玻璃棒,两手拇指放在凹痕的背面,轻轻发力将玻璃管和玻璃棒向外推,其他手指用力往内拉,将玻璃管和玻璃棒截断,如图3-1(b)、(c)所示。截断后的玻璃管和玻璃棒的截面应是平整的,若所得玻璃管和玻璃棒的截面凹凸不平,则实验失败。

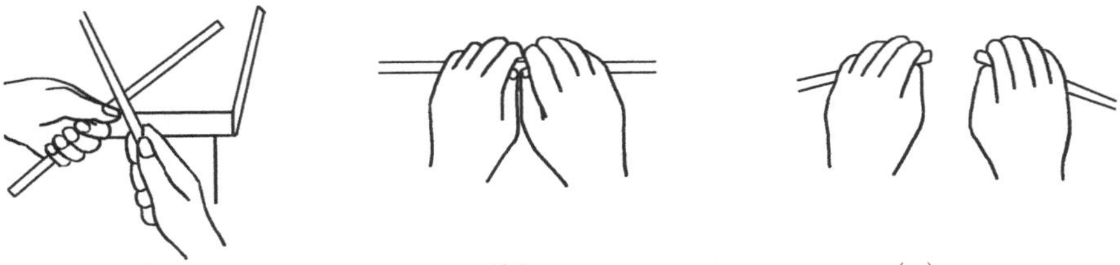

(a) (b) (c)

图3-1 玻璃管和玻璃棒的截断

(2)熔光

经(1)所得的玻璃管和玻璃棒不能直接使用,因为其截断面很锋利,容易划伤皮肤,所以必须进一步处理,即放在火焰中熔烧,使截断面光滑,这个处理过程就称为熔光或圆口。将截断后的玻璃管和玻璃棒的截断面以45°角插入火焰中熔烧,并不断转动玻璃管和玻璃棒。当玻璃管和玻璃棒的截断面变得红热平滑时,停止加热。熔烧后的玻璃管和玻璃棒应放在石棉网上冷却,同时注意防止烫伤。

(3)弯曲

用小火预热玻璃管,将要弯曲的部位倾斜放入酒精喷灯火焰中,若灯焰较宽,也可平放于火焰中,如图3-2(a)所示。缓慢而匀速地向同一个方向转动玻璃管,使其受热均匀,直至玻璃管发黄变软,停止加热,从火焰中取出,然后进行弯管。弯管时用“V”字形手法,弯曲时两手在上方,玻璃管需要弯曲的部位在两手中间的正下方,缓慢地将其弯成所需的角度,如图3-2(b)所示。等玻璃管冷却并变硬后,再松开双手,继续在石棉网上冷却。最后检查其角度是否达到实验要求,如图3-2(c)所示。

(4)拉伸

将玻璃管拉细时,操作方法同前面一致,不过需要更长的加热时间。当玻璃管被烧至红黄色软化时,停止加热,两手顺着水平方向缓慢地边拉边旋转玻璃管,达到所需要的细度时,将一只手中的玻璃管向下垂直,如图3-3所示。待玻璃管冷却后,根据实验需要进行截断,制成两个尖嘴玻璃管。

在制作滴管的扩口时,将玻璃管未拉细的一端以大约40°角斜插入火焰中加热,并缓慢转动玻璃管。将玻璃管口烧成红热状态后,用金属锉刀的柄部在红热管口处迅速而均匀地转动,使其管口扩开;或者将玻璃管口垂直于石棉网,轻轻往下按,使其管口扩开。待玻璃管冷却后,安上胶头,即成滴管。

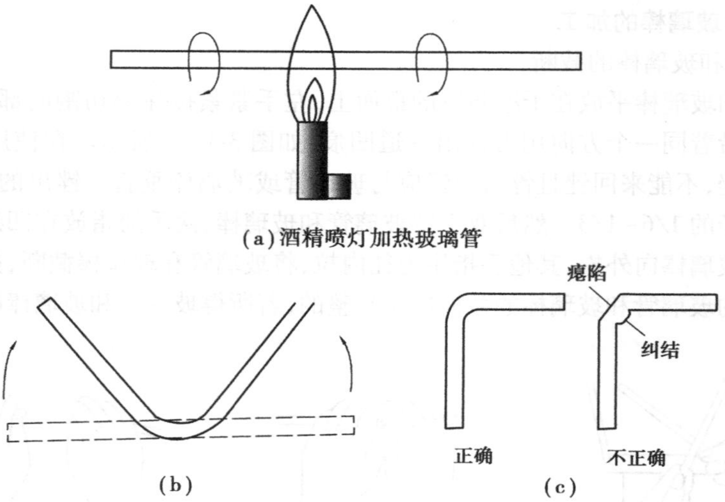

图 3-2　玻璃管的加热和弯曲

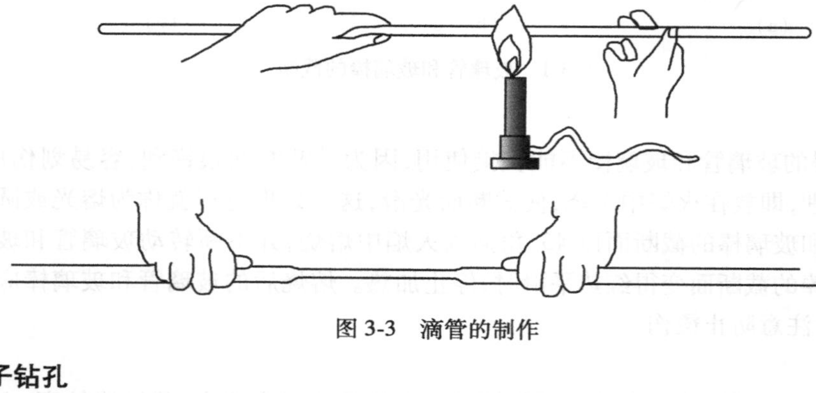

图 3-3　滴管的制作

3.塞子钻孔

①选塞。选择与仪器口径相吻合的塞子，塞子塞进仪器口的部分至少是塞子本身高度的1/2，但也不能超过其2/3。

②钻孔器。由于橡皮塞具有弹性，钻孔完毕后，孔道会收缩变小，因此钻孔器的外径要比拟插入玻璃管口径大些。而给胶木塞钻孔时，钻孔器的外径却要略小于拟插入玻璃管的口径。

③钻孔。将塞子小头朝上，置于一块垫板上(以免钻坏台面)，左手用力按住塞子，在钻孔器前端涂少许甘油或水。在选定的位置上，将钻孔器沿一个方向，向下垂直旋转钻动，钻孔器钻到垫板上为止，然后反方向旋转，取出钻孔器，检查孔径是否合适。

④连接玻璃导管与塞子。将玻璃导管插入塞子，确保导管与塞孔连接紧密，不漏溶液和气体。

五、实验注意事项

(1)切割玻璃管和玻璃棒时注意安全，因为其截断面很锋利，易划伤皮肤。

(2)灼热的玻璃管和玻璃棒需在石棉网上进行冷却，未冷却完全时，切勿触碰，防止烫伤。

(3)加工玻璃管和玻璃棒时，先用废材料练习，掌握技巧后再按实验要求对样品进行加热、拉细等处理。

(4)当玻璃弯管的角度大于90°时,可一步弯成,而角度小于90°时,则需分多次弯管。

六、思考题

(1)实验时,加热的火焰何为正常?若不正常,如何解决?
(2)将玻璃管插入塞子时,如何操作?
(3)截断玻璃管和玻璃棒时,共分几个步骤?需注意哪些细节?

实验2　粗食盐的提纯

一、实验目的

(1)熟悉氯化钠的提纯方法及其基本原理;
(2)掌握溶解、过滤、蒸发、结晶等基本操作;
(3)了解 SO_4^{2-}、Ca^{2+}、Mg^{2+} 的定性检验方法。

二、实验原理

在粗食盐中杂质一般较多,主要是不溶性杂质和可溶性杂质。不溶性杂质(如泥沙)可通过过滤的方法除去,可溶性杂质(主要含 Ca^{2+}、Mg^{2+}、K^+、SO_4^{2-} 等)则要通过化学方法除去。目前,主要采用的是将过量的 $BaCl_2$ 溶液加入到粗食盐溶液中,发生如下化学反应:

$$Ba^{2+}+SO_4^{2-} = BaSO_4\downarrow$$

经过滤将生成的 $BaSO_4$ 沉淀除去,随后加入 NaOH 溶液和 Na_2CO_3 溶液。此时在粗食盐溶液中存在的 Ca^{2+}、Mg^{2+} 和过量的 Ba^{2+} 会生成沉淀。化学反应式如下:

$$Ca^{2+}+CO_3^{2-} = CaCO_3\downarrow$$

$$Ba^{2+}+CO_3^{2-} = BaCO_3\downarrow$$

$$Mg^{2+}+2OH^- = Mg(OH)_2\downarrow$$

再经过滤除去上述沉淀,用 HCl 溶液将体系调至微酸性,除去 OH^- 和 CO_3^{2-}。化学反应式如下:

$$OH^-+H^+ = H_2O$$

$$CO_3^{2-}+2H^+ = CO_2\uparrow+H_2O$$

另外,粗食盐溶液中还存在少量的可溶性杂质,如少量 KCl。因 KCl 溶解度大,在进行浓缩结晶时,不会与氯化钠同时结晶而仍然留在母液中,此时可再通过过滤将其除去。

三、主要仪器与试剂

仪器:电子天平,烧杯,量筒,抽滤瓶,布氏漏斗,循环水真空泵,三脚架,石棉网,表面皿,蒸发皿,普通漏斗。

试剂:HCl(3 mol/L),$BaCl_2$(1 mol/L),NaOH(2 mol/L),Na_2CO_3(1 mol/L),$(NH_4)_2C_2O_4$ 饱和溶液,镁试剂,粗食盐。

四、实验步骤

1.除去不溶性杂质和 SO_4^{2-}

用电子天平称取7.5 g 粗食盐，置于100 mL 的烧杯中，加入30 mL 水，加热，并用玻璃棒小心搅拌，直至粗食盐完全溶解。继续加热，同时不断搅拌，至快沸腾时，滴加1.5~2 mL 1 mol/L 的 $BaCl_2$溶液，可见有白色 $BaSO_4$ 沉淀生成。为保证沉淀完全，停止加热和搅拌后，待沉淀完全沉在烧杯底部时，再滴加1~2 滴 $BaCl_2$溶液，观察是否有白色沉淀生成，如无沉淀生成，则表明 SO_4^{2-}已沉淀完全；反之，继续滴加1 mol/L 的 $BaCl_2$溶液，直至沉淀完全。随后再继续加热几分钟，然后过滤，弃去沉淀，收集滤液，备用。

2.除去 Ca^{2+}、Mg^{2+}和过量的 Ba^{2+}

将1中的滤液转移至一洁净的烧杯内，加热至接近沸腾时，边搅拌边滴加1 mL 2 mol/L NaOH 溶液。随后将4~5 mL 1 mol/L Na_2CO_3溶液加入烧杯中，直至沉淀完全，然后过滤，弃去沉淀，收集滤液，备用。

3.除去剩余的 CO_3^{2-}、OH^-和 K^+

将2中的滤液转移至一洁净的蒸发皿中，用3 mol/L HCl 溶液调节滤液的酸碱度使其 pH 值为4~5。然后小火加热，蒸发浓缩样品，同时轻轻搅拌，当溶液呈黏稠状时，停止加热和搅拌，进行减压过滤，将晶体尽量抽干。随后将晶体转移至蒸发皿，在石棉网上加热，同时用玻璃棒小心翻动。待晶体表面没有水蒸气逸出时，改用大火加热几分钟，最后得到洁白而松散的 NaCl 晶体。

4.冷却、称重、计算产率

5.检验产品纯度

称取粗食盐、提纯后的精盐各1 g 分别置于小烧杯中，加入5 mL 蒸馏水溶解。然后分别置于3支试管内，检验它们的纯度。

(1) SO_4^{2-}的检验

在试管中加入2 滴 1 mol/L $BaCl_2$溶液，观察有无白色的沉淀生成。提纯后的精盐应无沉淀。

(2) Ca^{2+}的检验

加入2 滴饱和 $(NH_4)_2C_2O_4$溶液，随后观察有无白色沉淀生成。提纯后的精盐应无沉淀。

(3) Mg^{2+}的检验

镁试剂是一种有机染料，它在酸性溶液中呈黄色，在碱性溶液中呈红色或紫色，但被氢氧化镁沉淀吸附后，则呈天蓝色，因此可用来检验 Mg^{2+}存在。

加入2~3 滴 2 mol/L NaOH 溶液使溶液呈碱性，再滴加镁试剂，如有天蓝色沉淀生成，表示存在 Mg^{2+}。提纯后的精盐应无天蓝色沉淀。

五、注意事项

(1)正确使用抽滤装置，使用时要防止倒吸。

(2)在加热前，一定要加盐酸(而不是其他酸)使溶液的 pH 值小于7。

(3)在蒸发过程中，要用玻璃棒轻轻搅拌蒸发液，防止局部受热。

(4)蒸发溶液时切忌将液体蒸干。减压过滤时，尽量将 NaCl 晶体抽干，避免液体中的杂质留在其中。

(5)溶解粗食盐时,根据 NaCl 在实验温度下的溶解度加水。

(6)用 $BaCl_2$溶液沉淀 SO_4^{2-}时,要保证 SO_4^{2-}完全沉淀。简单的检查方法是:在上层清液中沿杯壁滴加 $BaCl_2$溶液,侧面观察是否出现白色沉淀。

(7)在用 Na_2CO_3溶液沉淀 Ca^{2+}、Mg^{2+}、Ba^{2+}后,进行过滤前要补充蒸馏水维持原体积,避免 NaCl 晶体析出。

(8)蒸发浓缩时,要避免溶液溅出造成产率减少,并保持溶液呈微酸性从而使得 CO_3^{2-}完全转化成 CO_2。

六、思考题

(1)在去除 Ca^{2+}、Mg^{2+}、SO_4^{2-}等的影响时, $BaCl_2$溶液和 Na_2CO_3溶液的加入顺序对实验有何影响?能否先加 Na_2CO_3溶液?为何要加热?

(2)若用硫酸或硝酸中和过量的 CO_3^{2-}、OH^-会有什么影响?若 HCl 溶液过量应如何处理?

(3)蒸发前为什么要用盐酸溶液将滤液的 pH 值调节至 4~5?

(4)若提纯后的食盐溶液浓缩时蒸干了有没有影响?

实验 3　硝酸钾的制备与提纯

一、实验目的

(1)了解根据溶解度的不同制备易溶盐的方法;

(2)熟悉结晶和重结晶的一般原理和方法;

(3)学习无机盐溶解、蒸发、结晶、过滤等实验操作,学会用重结晶提纯物质的方法。

二、实验原理

物质的溶解度随温度的改变而变化,根据这一原理可在实验室中制备 KNO_3。如在含有 $NaNO_3$和 KCl 的溶液中,存在着Na^+、K^+、Cl^-和 NO_3^-,它们可以组成 $NaNO_3$、KCl、NaCl 和 KNO_3 4 种盐同时存在于溶液中。利用不同温度下它们在水中的溶解度差异分离出 KNO_3晶体。4 种盐的溶解度曲线如图 3-4 所示,温度升高时,NaCl 的溶解度几乎保持不变,而 KNO_3的溶解度却增加得很多。所以通过加热,将溶剂蒸发掉一部分,首先析出的是溶解度大的物质,即最先析出 KNO_3晶体。其反应方程式为

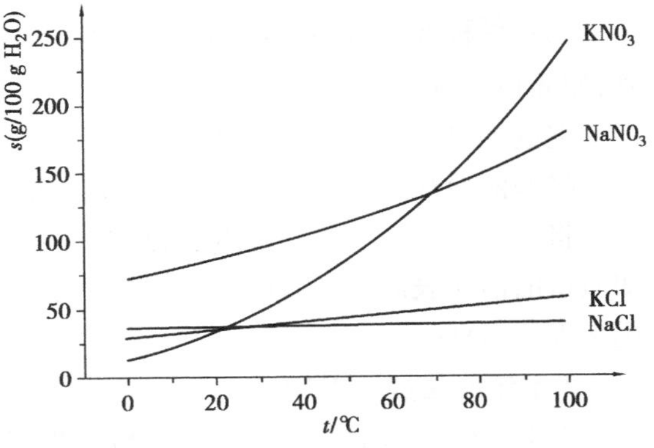

图 3-4　溶解度曲线图

$$NaNO_3+KCl \rightleftharpoons NaCl+KNO_3$$

从表 3-1 可以看出，NaCl 的溶解度受温度的影响很小，KNO_3、$NaNO_3$和 KCl 却随温度的升高而变大，其中，KNO_3的变化最明显。因此，只要将一定量的 $NaNO_3$和 KCl 混合溶液加热浓缩，当浓缩到过饱和时，溶液中就有 NaCl 析出，随着溶液继续蒸发浓缩，析出的 NaCl 也越来越多，上述反应就不断地朝右进行，溶液中 KNO_3和 NaCl 含量的比值不断增大。当溶液蒸发浓缩到一定程度后，停止加热并趁热过滤，分离除去所析出的 NaCl 晶体，滤液冷却至室温，溶液中便有大量的 KNO_3晶体析出（析出的少量 NaCl 等杂质可以在重结晶时分离除去）。

表 3-1　几种盐在不同温度下的溶解度

g/100 g H_2O

盐	温度/℃						
	0	10	20	30	50	80	100
NaCl	35.7	35.8	36.0	36.3	36.8	38.4	39.8
$NaNO_3$	73	80	88	96	114	148	180
KCl	27.6	31.0	24.0	37.0	42.6	51.1	56.7
KNO_3	13.3	20.9	31.6	45.8	83.5	169	246

产物 KNO_3晶体中所含的 NaCl 的含量可以利用 $AgNO_3$检验，反应方程式如下：

$$AgNO_3+NaCl \xlongequal{} AgCl\downarrow(白色)+NaNO_3$$

三、主要仪器与试剂

仪器：循环水真空泵，抽滤瓶，布氏漏斗，酒精灯，铁架台，烧杯，试管，表面皿，玻璃棒，量筒，台秤，石棉网等。

试剂：$NaNO_3$(s)，KCl(s)，$AgNO_3$(0.1 mol/L)。

四、实验步骤

1.KNO_3 的制备

用台秤称取 12 g $NaNO_3$、10.5 g KCl 放入 100 mL 烧杯中，加入 20 mL 蒸馏水，加热至沸腾，使固体溶解。

继续加热蒸发，并不断搅拌，待溶液蒸发至表面有晶膜出现时，停止加热，趁热用热漏斗过滤。将滤液冷却至室温，滤液中便有晶体析出，用减压过滤法分离并抽干此晶体，即得粗产品。

将粗产品置于干燥的滤纸上，其上再覆一张滤纸，将晶体表面的水分吸干，然后转移到已知质量的洁净表面皿中，称量，计算粗产品的产率。留约 0.5 g 粗产品进行纯度检验，剩余的则用来提纯 KNO_3。

2.重结晶法提纯 KNO_3

将 KNO_3粗产品置于 50 mL 烧杯内，根据表 3-1 计算出溶解 KNO_3所应加入的蒸馏水的体积量，然后倒入烧杯，并小心搅拌，小火加热，使晶体全部溶解。待溶液冷却至室温后，会析出大量晶体，此时进行减压过滤得到晶体。晶体表面的水分用滤纸吸干，在已知质量的表面皿上称量，记录所得数据，回收产品。

3.产品纯度的检验

将用于纯度检验的粗产品和同样质量的重结晶产品分别放入盛有 20 mL 蒸馏水的小烧杯中。待样品溶解后，分别移取 1 mL 稀释至 100 mL。移取稀释液 1 mL 置于试管内，加入 0.1 mol/L $AgNO_3$溶液 1~2 滴，观察有无白色沉淀产生，并与粗产品的纯度作比较。重结晶后的产品溶液应为澄清，若是仍能检验出 Cl^-，则产品需再次重结晶。

五、现象记录及实验结论

1.产品外观

粗产品 KNO_3____________；重结晶 KNO_3_______________。

2.产品纯度检验

检验项目	检验方法	被检溶液	现　象	结　论
Cl^-	加入 2 滴 0.1 mol/L $AgNO_3$溶液	粗产品 KNO_3溶液		
	加入 2 滴 0.1 mol/L $AgNO_3$溶液	重结晶 KNO_3溶液		

六、注意事项

1.溶解反应物的水的体积对产率的影响

理论上，在 100 ℃时，30 mL 水恰能溶解 17 g KCl，此时 $NaNO_3$也是能完全溶解的，但用 30 mL 水溶解反应物所得的产率比用 35 mL 水溶解反应物的小，可能原因是：此反应理论上产生的 NaCl 为 13.7 g，而这些 NaCl 在 100 ℃时完全溶解所需的水为 35 mL，若只用 30 mL 水作为溶剂，则 KCl 未完全溶解时就有 NaCl 在其表面析出，KCl 未能完全溶解而降低了产率。所以此反应要在保证 Na^+、K^+、Cl^-和 NO_3^-全部溶解之后再通过蒸发浓缩使溶解度小的 NaCl 先行析出。

2.水蒸发量对 KNO_3 晶粒的影响

重结晶后，若要得到较大晶粒，可适当降低过饱和溶液的浓度，并使其在常温下自然冷却，结晶过程中不得振荡容器，也不得用玻棒摩擦器壁，否则会加快晶体析出，使晶粒变得细小。

3.温度对 KNO_3 产率的影响

KNO_3 溶液冷却结晶时的温度会大大影响其产率。夏天气温较高，室温冷却幅度小，使得 KNO_3 的析出量减少。若冷却速度很慢，可以将其置于冰水中冷却，可以提高产率。

4.过滤仪器对 KNO_3 产率的影响

用普通漏斗过滤时溶液会迅速冷却，在漏斗颈处发生 KNO_3凝结，使过滤不能顺利进行且造成 KNO_3损失。若选用经过预热的漏斗过滤，室温较低时会出现与普通漏斗相同的情况。因此，建议采用热滤漏斗，且保持热滤漏斗中的水温为 100 ℃。

5.洗涤沉淀对产品纯度的影响

检验产品纯度时，需要同时检验粗产品和重结晶产品。为提高 KNO_3 的产率，要减小重结晶的次数，为在重结晶次数减小的情况下仍能得到高纯度的 KNO_3，要在抽滤过程中往布氏漏斗中加入无水乙醇代替饱和 KNO_3 溶液洗涤沉淀 2~3 次。用无水乙醇代替饱和 KNO_3 溶液洗涤沉淀的原因有：①NaCl 可溶于乙醇形成胶体而除去，而 KNO_3 在乙醇中是微溶的；②从原料经济性角度出发，室温下配制饱和 KNO_3 溶液会浪费纯 KNO_3，而乙醇是较为廉价且现成的；③乙醇易挥发，可带走水分，易于干燥；④可实现知识迁移，制备 $FeSO_4$ 时正是用乙醇来洗涤晶体的。

七、思考题

(1)产品的主要杂质是什么？怎样提纯？

(2)能否将除去 NaCl 后的滤液直接冷却制取 KNO_3？若不能，应怎样操作？

(3)怎样利用溶解度差异，将 KNO_3 从其与 KCl 和 $NaNO_3$ 的混合物中提取出来？

(4)通过趁热过滤除去 NaCl 晶体的原理是什么？这样得到的晶体是否纯净？若不纯，应如何提纯？

(5)如何才能制备出颗粒较大的 KNO_3 晶体？

(6)提高 KNO_3 产品纯度的措施有哪些？

(7)检验所得产品中是否含有 Cl^- 的目的是什么？

实验 4　碱式碳酸铜的制备

一、实验目的

(1)学习碱式碳酸铜的制备原理及方法；

(2)了解分析碱式碳酸铜组成的各种方法；

(3)探索制备碱式碳酸铜的合适条件。

二、实验原理

常见的碱式碳酸铜呈暗绿色或淡蓝绿色，是天然孔雀石的主要成分。当将其加热至 200 ℃时，碱式碳酸铜会分解成其他物质。碱式碳酸铜在水中的溶解度很小，而新制备的试样在沸水中却易分解。

$Na_2CO_3 \cdot 10H_2O$ 与 $CuSO_4 \cdot 5H_2O$ 发生化学反应后放入沸水中，则生成蓝绿色沉淀。经抽滤、洗涤和风干等一系列操作即可得到蓝绿色晶体。具体反应方程式如下：

$$2CuSO_4 \cdot 5H_2O+2Na_2CO_3 \cdot 10H_2O = Cu_2(OH)_2CO_3\downarrow+2Na_2SO_4+14H_2O+CO_2\uparrow$$

三、主要仪器与试剂

仪器：恒温水浴锅，电炉，电子分析天平，烘箱，布氏漏斗，抽滤瓶，量筒，试管，玻璃棒，研钵，锥形瓶。

试剂：$CuSO_4$(0.5 mol/L)，Na_2CO_3(0.5 mol/L)，$NaHCO_3$，KI 溶液，淀粉。

四、实验步骤

1.反应物配比

准备 4 支洁净的试管，向每支试管内均加入 2.0 mL 0.5 mol/L $CuSO_4$溶液。分别移取 1.6 mL、2.0 mL、2.4 mL、2.8 mL 0.5 mol/L Na_2CO_3溶液至另外 4 支已编号的试管中。将水浴锅温度设定为 75 ℃，然后将所有试管都放进去。一定时间后，将 $CuSO_4$溶液加入至 Na_2CO_3溶液中，按照表 3-2 所示剂量进行。不断小心摇动试管，使溶液充分混合均匀，观察实验现象，并记录在表 3-2 中，从而得到 $CuSO_4$和 Na_2CO_3溶液的合适配比。

表 3-2　实验现象记录

试　剂	试管号			
	1	2	3	4
$CuSO_4$/mL	2.0	2.0	2.0	2.0
Na_2CO_3/mL	1.6	2.0	2.4	2.8
沉淀生成速度				
沉淀质量				
沉淀颜色				

2.反应温度

将 2.0 mL 0.5 mol/L $CuSO_4$溶液加入至 3 支洁净的试管中。然后移取 1 中合适配比的0.5 mol/L Na_2CO_3溶液于另外 3 支洁净的试管中。参照表 3-3 中的温度设定，将 3 支试管放至对应的水浴锅中。一定时间后，将 3 支试管中的 $CuSO_4$溶液与 Na_2CO_3溶液混合，并小心摇动、混匀，观察实验现象，并记录在表 3-3 中，从而得到最佳反应温度。

表 3-3　实验现象记录

试　剂	温度/℃		
	室温	50	100
$CuSO_4$/mL	2.0	2.0	2.0
Na_2CO_3/mL			
沉淀生成速度			
沉淀质量			
沉淀颜色			

3.碱式碳酸铜的制备

根据上述实验确定的条件，取 60 mL 0.5 mol/L $CuSO_4$溶液进行实验。沉淀完全后，应立即停止加热，静置，至沉淀下沉后采用倾泻法冲洗沉淀数次，直至沉淀无 SO_4^{2-} 为止，然后抽干。通过加入 Ba^{2+}检验 SO_4^{2-}是否存在。

将所得碱式碳酸铜于 100 ℃下烘干，冷却至室温后称重，计算碱式碳酸铜的产率。

五、注意事项

(1)在振荡试管,观察沉淀生成速度时,不可太快,仔细观察,以减小误差。
(2)比较沉淀颜色时,可在盛有沉淀的试管下方放一张白纸,以利于观察。

六、思考题

(1)思考哪些铜盐适合制取碱式碳酸铜,并写出相应的化学方程式。
(2)在探索反应条件时,需注意哪些问题?对反应产物是否有影响?
(3)各试管中沉淀的颜色有何不同?为什么?
(4)将反应物的加入顺序颠倒,即将 Na_2CO_3溶液加入 $CuSO_4$溶液中,实验结果是否变化?
(5)在哪个温度条件下进行反应会出现褐色产物?这种褐色物质是什么?

实验5 硫酸亚铁铵的制备与分析

一、实验目的

(1)了解制备硫酸亚铁铵的原理和方法;
(2)学习水浴加热、减压过滤、蒸发浓缩等实验操作;
(3)用目视比色法检验产品中的杂质 Fe^{3+}。

二、实验原理

复盐是指由两种或两种以上的简单盐组成的同晶型化合物。复盐在水中的溶解度比其组成的每一种简单盐的溶解度都小。硫酸亚铁铵[$(NH_4)_2SO_4 \cdot FeSO_4 \cdot 6H_2O$]为浅蓝绿色单斜晶体,是一种复盐,又称为莫尔盐。和一般的铁盐相比,其性质稳定,不容易被氧化,常用作废水处理的混凝剂、农药及肥料等。另外,在定量分析方面,它还可以作为氧化还原滴定的基准物质。

硫酸亚铁铵在水溶液中的溶解度比$(NH_4)_2SO_4$和$FeSO_4$的小,如表3-4所示。实验时,铁屑与稀硫酸发生反应,生成$FeSO_4$。当制得的$FeSO_4$溶液与等物质的量的$(NH_4)_2SO_4$混合后,经加热浓缩、冷却,得到浅蓝绿色硫酸亚铁铵晶体。反应方程式如下:

$$Fe+H_2SO_4 = FeSO_4+H_2\uparrow$$

$$FeSO_4+(NH_4)_2SO_4+6H_2O = (NH_4)_2SO_4 \cdot FeSO_4 \cdot 6H_2O$$

表3-4 实验中三种盐的溶解度

单位:g/100 g

物质名称 / 温度/℃	$FeSO_4 \cdot 7H_2O$	$(NH_4)_2SO_4$	$(NH_4)_2SO_4 \cdot FeSO_4 \cdot 6H_2O$
10	20.0	73.0	17.2
20	26.5	75.4	21.6
30	32.9	78.0	28.1

在空气中，亚铁盐都易被氧化，而形成性质稳定的复盐后则不易被氧化。

产品中所含杂质主要是 Fe^{3+}，杂质含量可以评定产品质量的等级。本实验采用目视比色法比较溶液颜色的深浅，从而确定杂质含量。在比色时，若待测试液与标准溶液中某一浓度的颜色相同，可以判断两支比色管中的溶液浓度相同。若待测试液的颜色在某两个标准溶液颜色之间，可以得出待测试液的浓度处于两个标准溶液的浓度之间。另外，Fe^{3+} 与 SCN^- 可以发生反应生成 $[Fe(SCN)]^{2+}$，该物质呈红色，当红色较深时，表明产品中含 Fe^{3+} 较多；当红色较浅时，表明产品中含 Fe^{3+} 较少，化学反应式如下：

$$Fe^{3+}+nSCN^- \rightleftharpoons Fe(SCN)_n^{3-n}\text{(红色)}$$

三、主要仪器与试剂

仪器：锥形瓶，蒸发皿，玻璃棒，抽滤瓶，布氏漏斗，循环水真空泵，移液管（1 mL），移液管（2 mL），比色管，烧杯，量筒。

试剂：铁屑，硫酸铵，H_2SO_4（3 mol/L），HCl（3 mol/L），KSCN（25%）。

四、实验步骤

1.铁屑的预处理

首先将铁屑表面的油污去除（若不除油污，将影响铁屑与硫酸的反应）。称取 2 g 铁屑置于洁净的锥形瓶中，然后移取 15 mL 10%的 Na_2CO_3溶液，经小火加热煮沸约 10 min，直至铁屑表面的油污去除干净。倒出碱液，用蒸馏水将铁屑表面反复冲洗干净，备用。

2.制备硫酸亚铁

将 10 mL 3 mol/L H_2SO_4溶液加入至盛有洗净铁屑的锥形瓶中，保证所有铁屑浸没在溶液中，然后水浴加热（此操作在通风橱中进行），水浴温度控制在 70~80 ℃，稍微摇动锥形瓶。为使铁屑与硫酸完全反应，应不时地往锥形瓶中加水（不能加水过多）及少量 H_2SO_4溶液，以补充被蒸发掉的水分、保持溶液的酸碱度（始终保持反应溶液的 pH 值在 2 以下，如 pH 值太高，Fe^{2+}易水解，且易氧化成 Fe^{3+}）。待无气泡产生时，反应基本完成（注意观察瓶中液体体积，补充水至原体积）。趁热减压过滤，抽干，保留滤液。

将滤液倒入蒸发皿中待用。收集滤纸上的残渣，用滤纸吸干后进行称量，并记录其质量。由反应的铁屑的质量，算出生成的 $FeSO_4$ 的质量。

3.制备硫酸亚铁铵

根据 2 中计算得到的 $FeSO_4$的理论产量，按照反应方程式计算所需 $(NH_4)_2SO_4$固体的质量。为保证硫酸亚铁铵的纯度（$FeSO_4$ 的产量要比理论上的少），建议 $FeSO_4$ 与 $(NH_4)_2SO_4$按摩尔比 1∶0.9 对应。将对应的适量 $(NH_4)_2SO_4$配成饱和溶液加入 2 中所制得的 $FeSO_4$溶液中，混合均匀，用 3 mol/L H_2SO_4 调节酸碱度，使 pH 值为 1~2，蒸发浓缩至晶膜出现。然后放置冷却至室温，$(NH_4)_2SO_4 \cdot FeSO_4 \cdot 6H_2O$ 晶体析出。采用布氏漏斗进行减压过滤，除去母液。用少量无水乙醇除去晶体表面附着的水分，然后抽干。取出晶体，用滤纸将水分充分吸干。观察晶体颜色和形状，并称重。

4.计算产率

（1）理论产量：________________ g

(2)产品产量:________________ g

(3)产率=$\frac{产品产量}{理论产量}$×100%

5.产品检验

(1)不含氧的去离子水的准备

每人准备约100 mL无氧水。加热去离子水至煮沸,保持10~20 min,冷却待用。煮沸和冷却时都不要塞瓶塞,冷却时,可在瓶口套一只小烧杯。

(2)Fe^{3+}标准溶液的配制

称取0.863 4 g $(NH_4)Fe(SO_4)_2 \cdot 12H_2O$溶于少量水中,加2.5 mL浓硫酸,移入1 000 mL容量瓶中,用水稀释至刻度线。此溶液的Fe^{3+}浓度为0.100 0 g/L。

(3)标准色阶的配制

取0.50 mL Fe^{3+}标准溶液于25 mL比色管中,加20滴3 mol/L HCl和10滴25%KSCN溶液,用不含氧的去离子水稀释至刻度线,摇匀,配制成Fe^{3+}浓度为0.05 g/L的标准溶液。

同样,取1.00 mL和2.00 mL Fe^{3+}标准溶液,配制成Fe^{3+}浓度为0.10 g/L、0.20 g/L的标准溶液。

产品级别划分:Ⅰ级——0.05 mg;Ⅱ级——0.10 mg;Ⅲ级——0.20 mg。

(4)限量分析

称取1.0 g样品于25 mL比色管中,用15 mL不含氧的水溶解,再加20滴3 mol/L HCl和10滴25%KSCN,然后用不含氧的去离子水将溶液稀释至刻度线。最后将待测液与标准溶液的颜色进行比较,观察待测液的颜色与哪种浓度的标准溶液颜色相近,从而确定产品级别。

五、注意事项

(1)用Na_2CO_3溶液清洗铁屑油污的过程中,一定要不断地搅拌以免暴沸烫伤,并及时补充适量水。

(2)Fe_2SO_4溶液要趁热过滤,以免出现晶体。

(3)由于铁屑中可能含有As、P、S等杂质,以至于可能有剧毒气体AsH_3、PH_3、H_2S放出,它们能刺激和麻痹神经系统,所以本实验要在通风条件下进行。

(4)浓缩蒸发时不要搅拌,以免加速氧化。

(5)加热浓缩的时间不宜过长,浓缩到一定体积后,需在室温下放置一段时间,以待晶体析出。

(6)趁热减压过滤时,为防止透滤可同时用两层滤纸,并将滤液迅速转移至事先溶解好的$(NH_4)_2SO_4$溶液中,以防$FeSO_4$被氧化。

六、思考题

(1)加入硫酸铵后,为什么要保持溶液呈强酸性?

(2)如何判断反应已完成?

(3)在反应过程中为什么要补加水?

(4)如何减少杂质Fe^{3+}的含量?检验产品中Fe^{3+}的含量时,为什么要用不含氧的去离子水?

(5)用无水乙醇洗涤硫酸亚铁铵晶体后,发现滤液中有少量晶体析出,为什么?

(6)计算硫酸亚铁铵的产量时,应该以铁屑的用量为准,还是以$(NH_4)_2SO_4$的用量为准?为什么?

(7)如何控制反应温度? Fe 与稀 H_2SO_4 的反应过程中若不补充水会有何影响?

(8)在水浴加热蒸发的过程中溶液发黄了,为什么? 如何处理?

实验 6 离子交换法制备纯水

一、实验目的

(1)了解离子交换法制备纯水的基本原理;

(2)掌握使用离子交换树脂的一般方法;

(3)学会电导率仪的使用。

二、实验原理

实验室通常采用蒸馏法和离子交换法将水净化,以获得纯度较高的水。通过蒸馏制备的水称为蒸馏水,通过离子交换法制备的水则称为去离子水。

对于酸、碱及一般化学试剂来说,离子交换树脂的性质相当稳定,能够将自身的离子与溶液中带同种电荷的离子发生交换,是一类有机高分子离子交换剂。由交换离子所带电荷的不同,可将离子交换树脂分为阳离子交换树脂和阴离子交换树脂。从结构上来说,离子交换树脂主要包括具有网状骨架结构的高分子聚合物,即交换树脂的母体,以及连在母体上的活性基团。由活性基团结构的不同,又可将阳离子交换树脂分为强酸性离子交换树脂和弱酸性离子交换树脂,阴离子交换树脂分为强碱性离子交换树脂和弱碱性离子交换树脂。实验室中制备纯水时,常选用强酸性阳离子交换树脂以及强碱性阴离子交换树脂,结构分别为 $R—SO_3H$ 和 $R{\equiv}N^+\ OH^-$,结构式中的 R 代表母体,其他部分则代表活性基团。在用离子交换树脂制备纯水时,其交换机制可表示如下:

$$R—SO_3H+Na^+ \rightleftharpoons R—SO_3Na+H^+$$

$$R{\equiv}N^+\ OH + Cl^- \rightleftharpoons R{\equiv}N^+\ Cl + OH^-$$

可以看出,用 Na^+和 Cl^-分别代表水中的阴离子和阳离子杂质,而交换下来的 OH^-和 H^+可以通过反应结合成水。

经交换而失效的离子交换树脂不可随意丢弃,经过适当的处理后,它可重新复原,称为树脂的再生。利用上述交换反应可可逆进行的特点,加入一定浓度的酸和碱,让交换反应逆向进行,使得无机离子从树脂上洗脱下来。阳离子交换树脂可用 5%HCl 溶液淋洗,阴离子交换树脂可用 5%NaOH 溶液淋洗,从而恢复离子交换树脂的功能。

三、主要仪器与试剂

仪器:电导率仪,烧杯,3 支玻璃管(口径 15 mm、长度 25 cm)(可用 25 mL 滴定管代替)。

试剂：强酸性阳离子交换树脂，强碱性阴离子交换树脂，HCl 溶液（5%），HNO_3（2 mol/L），NaOH（2 mol/L），NaOH（5%），$NH_3 \cdot H_2O$（2 mol/L），NaCl 饱和溶液，NaCl（25%），$AgNO_3$（0.1 mol/L），$BaCl_2$（1 mol/L），铬黑 T（0.5%），钙指示剂（0.5%）。

四、实验步骤

1.树脂预处理

（1）强酸性阳离子交换树脂

用 NaCl 饱和溶液将树脂浸泡 24 h，用水漂洗，直至水澄清无色后，用 5% HCl 溶液浸泡 4 h。倾去 HCl 溶液，用纯水洗至 pH 值为 5~6。

（2）强碱性阴离子交换树脂

用 5%NaOH 溶液代替 HCl 溶液，其余操作与强酸性阳离子交换树脂相同，最后用纯水洗至 pH 值为 7~8。

2.装柱

在交换柱下端塞入少许玻璃棉（防止树脂掉出），旋紧交换柱底部的螺丝夹，加入适量纯水。将已处理好的树脂与水一起倒入交换柱中。若水过多，则打开底部的螺丝夹，放出多余的水（在整个操作过程中，水层要保证高出树脂层）。小心拍打交换柱，使树脂自然均匀下降。树脂层要防止气泡，若发现有气泡，则须重新装柱。装柱完成后，在树脂层上面盖一层湿玻璃棉，以防加入溶液时掀动树脂层。

将阳离子交换树脂、阴离子交换树脂和阴、阳离子交换树脂混合均匀的交换树脂（2∶1）分别加入 3 支交换柱中。所加树脂层的高度为柱高的 2/3。然后，将 3 支交换柱串联起来，注意各连接点必须紧密不漏气，并尽量排出连接管内的气泡。

3.离子交换法制纯水

打开高位槽螺丝夹和混合柱底部的螺丝夹，使自来水流经阳离子交换柱、阴离子交换柱和混合离子交换柱。自来水的流速需控制在 25~30 滴/min，开始流出的 300 mL 水样不能拿来分析，弃去。之后用 3 个干净的烧杯分别收集 30 mL 从各离子交换柱流出的水样，备用。

4.水质检验

各取水样 0.5 mL，分别按下列方法检验 Mg^{2+}、Ca^{2+}、SO_4^{2-} 和 Cl^-，并将检验结果填入表 3-5中。

表 3-5　水质检验记录表

样　品	Ca^{2+}	Mg^{2+}	Cl^-	$SO_4{}^{2-}$	电导率/($S \cdot m^{-1}$)
自来水					
阳离子交换柱流出的水样					
阴离子交换柱流出的水样					
混合离子交换柱流出的水样					

电导率（S/m）：用电导率仪测定。

Ca^{2+}：加入 1 滴 2 mol/L NaOH 溶液和少量钙指示剂，观察溶液是否显示红色。

Mg^{2+}:加入1滴2 mol/L 氨水和少量铬黑T,观察溶液是否显示红色。

Cl^-:加入1滴2 mol/L HNO_3溶液、2滴0.1 mol/L $AgNO_3$溶液至待测液中,观察有无白色沉淀生成。

SO_4^{2-}:加入1滴1 mol/L $BaCl_2$溶液至待测液中,观察有无白色沉淀生成。

5.树脂再生

(1)阳离子交换树脂的再生

将树脂倒入烧杯中,先用水清洗一次,然后倾出水,再加入5%HCl溶液,搅拌后浸泡20 min,倾去酸液。再用同浓度的HCl溶液洗涤两次,最后用纯水洗至pH=5~6。

(2)阴离子交换树脂的再生

用5%NaOH溶液代替HCl溶液,其他操作方法同阳离子交换树脂的再生,最后用纯水洗至pH=7~8。

(3)混合树脂的再生

混合树脂比较特殊,需要先分离,然后才能再生。首先将混合柱内的树脂倒入烧杯中,将适量25%NaCl溶液加入该烧杯,然后充分搅拌。阳离子交换树脂的密度一般要比阴离子交换树脂的密度大,因此,搅拌后的阴离子交换树脂在上层。通过倾析法将上层的阴离子交换树脂倒入另一烧杯中。重复此操作,直至阴离子交换树脂和阳离子交换树脂完全分离。之后再按阴、阳离子交换树脂的再生方法操作即可。

五、注意事项

(1)注意电导率仪的量程选择。

(2)检验离子时,注意试管的清洁。

六、思考题

(1)采用离子交换法净化水样的原理是什么?

(2)为什么纯度较高的水在经过阳离子交换柱和阴离子交换柱后,还要经过混合离子交换柱?

(3)在装柱时,为什么要赶尽气泡?

(4)电导率仪测定水纯度的依据是什么?

(5)阴离子交换树脂和阳离子交换树脂混合后,可采取哪种措施将其分离?

(6)在实验前,实验所用树脂是否需进行预处理?如何处理?

实验7　醋酸解离常数和解离度的测定

一、实验目的

(1)测定醋酸(HAc)的标准解离常数和解离度,加深对 $K_a^{\ominus}$ 和 α 的理解;

(2)掌握酸度计的使用方法;

(3)学习溶液的配制方法及其相关仪器的使用。

二、实验原理

醋酸是一种常见的一元弱酸,在水溶液中存在如下电离平衡

$$HAc \rightleftharpoons H^+ + Ac^-$$

其标准解离常数的表达式为

$$K_a^\ominus = \frac{\{c(H^+)/c^\ominus\}\{c(Ac^-)/c^\ominus\}}{c(HAc)/c^\ominus}$$

在 HAc 溶液中,若 c 为 HAc 的初始浓度,则 $c(HAc)=c-c(H^+)$, $c(H^+)=c(Ac^-)$,有

$$K_a^\ominus = \frac{\{c(H+)/c^\ominus\}^2}{\{c-c(H^+)\}/c^\ominus}$$

所以 HAc 的解离度 $\alpha = c(H^+)/c$。在室温下,通过酸度计测定一系列醋酸溶液的 pH 值,由 $pH = -\lg c(H^+)$,计算出 $c(H^+)$,代入计算公式,即可得出 $K_a^\ominus$ 和 α 的值。

三、主要仪器与试剂

仪器:酸度计,容量瓶(50 mL),烧杯,移液管(25 mL),吸量管(5 mL,10 mL),洗耳球。

试剂:醋酸溶液(0.1 mol/L), pH 值为 4.01 的缓冲溶液。

四、实验内容

1.配制不同浓度的醋酸溶液

用移液管移取 5.00 mL、10.00 mL、25.00 mL 已知浓度的 HAc 溶液,放入 3 个 50 mL 的容量瓶中,加去离子水至刻度线,摇匀。连同未稀释的 HAc 溶液可得到 4 种浓度不同的 HAc 溶液。按浓度从大到小的顺序依次编号为 1、2、3、4,将所有溶液的浓度填入表 3-6 中。

表 3-6 实验结果记录

容量瓶编号	HAc 的体积/mL	H_2O 的体积/mL	配制 HAc 的浓度
1	5.00	45.00	
2	10.00	40.00	
3	25.00	25.00	
4	50.00	0.00	

2.醋酸溶液 pH 值的测定

用酸度计从稀到浓测定各溶液的 pH 值,计算各溶液中醋酸的解离常数。

五、数据记录与处理

按要求将实验数据填入表 3-7 中。

表 3-7　实验结果记录

温度：______ ℃

容量瓶编号	$c(HAc)/(mol \cdot L^{-1})$	pH 值	$c(H^+)/(mol \cdot L^{-1})$	α	$K_a^{\ominus}$	$\overline{K}_a^{\ominus}$
1						
2						
3						
4						

六、注意事项

(1)酸度计玻璃电极的主要传感器部分为下端的玻璃泡。此球泡极薄，切勿与硬物接触，一旦破裂则完全失效。安装时，玻璃电极的球泡要略高于甘汞电极的下端，以免遇烧杯底部碰破。新的玻璃电极不能直接拿来使用，要先在蒸馏水中浸泡 8 h。玻璃电极不用时，应浸泡在蒸馏水中，复合电极则需浸泡在装有 3 mol/L KCl 溶液的塑料小杯中。

(2)甘汞电极内装有饱和 KCl 溶液(作盐桥用)，所以必须含有 KCl 晶体，以保证 KCl 溶液是饱和的。

(3)在测定待测液的酸碱度前必须进行 pH 值标定。测定每一样品时，需重复读数 2~3 次。

(4)测定完成后，用蒸馏水冲洗电极，再按上述方法保存。

(5)测定不同浓度的醋酸溶液的 pH 值时，宜按由稀到浓的顺序测定。

七、思考题

(1)本实验测定醋酸解离常数的原理是什么？由实验测得的解离度可以得出什么结论？

(2)醋酸溶液浓度或温度的变化，对解离常数有无影响？

(3)测定醋酸溶液的 pH 值时，为什么要按浓度从小到大的顺序测定？

(4)用 pH 计测定溶液的 pH 值时，用什么标准溶液标定？

实验 8　醋酸银溶度积常数的测定

一、实验目的

(1)了解难溶盐 AgAc 溶度积常数的测定原理和方法；

(2)掌握酸碱滴定、沉淀洗涤、过滤等基本操作；

(3)巩固活度、活度系数、浓度的概念及其相关关系。

二、实验原理

一定温度下，难溶电解质的饱和溶液中各离子的浓度幂的乘积为一个常数，这个常数称为该难溶电解质的溶度积常数，简称溶度积，用 K_{sp} 表示。它反映了难溶电解质的溶解能力。测定溶度积的方法有很多，主要包括电导法、电位法、滴定法、离子交换树脂法、分光光度法等。

醋酸银又称乙酸银，分子式为 $C_2H_3AgO_2$，主要用作分析试剂，也用于制药工业，在水中溶解度很小。AgAc 的溶度积常数表达式为

$$AgAc(s) \rightleftharpoons Ag^+ + Ac^-$$

$$K_{sp} = [Ag^+][Ac^-]$$

本实验主要利用滴定法来测定醋酸银的溶度积常数。首先用 $AgNO_3$ 和 NaAc 反应，生成 AgAc 沉淀。在达到沉淀溶解平衡后，将沉淀过滤，以 Fe^{3+} 为指示剂，用已知浓度的 KSCN 溶液滴定滤液，进而计算得到 Ag^+ 浓度。由最初的 $AgNO_3$ 和 NaAc 的量计算出平衡时的 Ac^- 浓度，通过计算得到 $K_{sp}(AgAc)$。

$$AgNO_3 + NaAc \rightleftharpoons AgAc\downarrow + NaNO_3$$

$$Ag^+ + SCN^- \rightleftharpoons AgSCN\downarrow$$

$$Fe^{3+} + 3SCN^- \rightleftharpoons Fe(SCN)_3$$

三、主要仪器与试剂

仪器：滴定管，移液管，烧杯，锥形瓶，漏斗，温度计。

试剂：NaAc(0.20 mol/L)，$AgNO_3$(0.20 mol/L)，HNO_3(6 mol/L)，KSCN(0.10 mol/L)，$Fe(NO_3)_3$ 溶液。

四、实验步骤

①用移液管准确移取 20.00 mL、30.00 mL 0.2 mol/L $AgNO_3$ 溶液，分别置于两个干燥的锥形瓶中，并编号 1 和 2，以免混淆。再用另一移液管将 40.00 mL、30.00 mL 0.2 mol/L NaAc 溶液分别加入 1、2 号锥形瓶中，使每瓶中均有 60 mL 溶液，摇动锥形瓶，直至沉淀完全。

②过滤。将上述两个锥形瓶中的沉淀过滤出来，滤液收集于两个编号 1 和 2 的干燥洁净的小烧杯中。保证滤液完全澄清，否则重新过滤。

③从 1 号烧杯中分别准确移取 25.00 mL 滤液至两个洁净的锥形瓶中，然后加入 1 mL $Fe(NO_3)_3$ 溶液。如果溶液呈红色，则还需要再加几滴 6 mol/L HNO_3 溶液，直至溶液呈无色。用 0.10 mol/L KSCN 标准溶液滴定待测液，直至溶液呈浅红色，记录消耗的 KSCN 溶液的体积。

④滴定 2 号烧杯中的滤液，方法同③。

五、数据记录与处理

按要求将相关实验数据填入表 3-8 中。

表 3-8　实验数据记录表

实验编号	1	2
$V(AgNO_3)$/mL		
$V(NaAc)$/mL		

续表

实验编号	1	2
V(混合物)/mL		
V(被滴定混合物)/mL		
c(KSCN)/(mol · L^{-1})		
V(滴定前 KSCN 溶液)/mL		
V(滴定后 KSCN 溶液)/mL		
V(滴定消耗的 KSCN 溶液)/mL		
混合液中 Ag^+ 的总浓度		
混合液中 Ac^- 的总浓度		
AgAc 沉淀溶解平衡后 $[Ag^+]$		
AgAc 沉淀溶解平衡后 $[Ac^-]$		
K_{sp}(AgAc)		
$\overline{K}_{sp}$(AgAc)		
相对误差 d_r/%		

注:实验参考值 $K_{sp}(AgAc) = [Ag^+][Ac^-] = 4.4\times10^{-3}$。

六、注意事项

(1) K_{sp} 仅与温度有关,与溶液中沉淀的多少以及存在的离子的浓度无关。

(2) 通过 K_{sp} 比较反应方向,只是对同类型的难溶电解质而言,K_{sp} 越小,溶解度越小,越容易生成沉淀。

(3) 比较溶度积 K_{sp} 与离子积 Q_c 的相对大小,可以判断难溶电解质的沉淀溶解平衡状态,得出反应进行的方向。

七、思考题

(1) 实验中的哪些仪器需要干燥,为什么?

(2) $AgNO_3$ 溶液如何配制与保存?

(3) 实验能否用铬酸钾作指示剂? 为什么?

(4) 实验采用 $Fe(NO_3)_3$ 溶液为指示剂,若溶液显红色,需补加几滴 6 mol/L HNO_3,直至溶液呈无色,为什么?

实验9 化学反应速率和化学平衡

一、实验目的

(1)了解影响化学反应速率的因素;

(2)了解测定化学反应速率、反应级数、速率系数以及活化能的方法。

二、实验原理

在均相反应中,反应速率取决于反应物的性质、浓度、温度和催化剂。反应速率可以单位时间内反应物浓度的减少或生成物浓度的增加来表示。本实验用不同浓度的$(NH_4)_2S_2O_8$氧化 KI 生成 KI_3,再以 KI_3与淀粉生成蓝色配合物作为反应完成的标志,因此出现蓝色的时间越短,表明反应速率越快;出现蓝色的时间越长,表明反应速率越慢。

在水溶液中,$(NH_4)_2S_2O_8$和 KI 发生如下反应:

$$S_2O_8^{2-} + 3I^- = 2SO_4^{2-} + I_3^- \tag{1}$$

该反应的平均反应速率为

$$\bar{v}=\frac{-\Delta c(S_2O_8^{2-})}{\Delta t}=kc^{\alpha}(S_2O_8^{2-})c^{\beta}(I^-)$$

式中,$\bar{v}$ 表示反应的平均反应速率;$\Delta c(S_2O_8^{2-})$表示 Δt 时间内 $S_2O_8^{2-}$ 的浓度变化;$c(S_2O_8^{2-})$、$c(I^-)$分别表示 $S_2O_8^{2-}$、I^-的起始浓度;k 表示该反应的速率常数;α、β 分别表示反应物 $S_2O_8^{2-}$、I^-的反应级数,$(\alpha+\beta)$为该反应的总级数。

为了测出一定时间(Δt)内溶液中 $S_2O_8^{2-}$浓度的变化情况,将$(NH_4)_2S_2O_8$和 KI 溶液混合时,还需要同时加入适量已知浓度的 $Na_2S_2O_3$溶液和淀粉溶液。因此发生反应(1)时还发生如下反应:

$$2S_2O_3^{2-} + I_3^- = S_4O_6^{2-} + 3I^- \tag{2}$$

由于反应(2)的速率大于反应(1)的速率,因此 I_3^-会立即与 $S_2O_3^{2-}$发生反应,生成无色 $S_4O_6^{2-}$以及 I^-。通过实验现象可以看出,最初反应时,溶液呈无色,当 $Na_2S_2O_3$反应完,反应(1)生成的微量 I_3^-将即刻与淀粉反应,使溶液显示蓝色。

由反应(1)和(2)的关系可以看出,每消耗 1 mol $S_2O_8^{2-}$就要消耗 2 mol $S_2O_3^{2-}$,即

$$\Delta c(S_2O_8^{2-})=\frac{1}{2}\Delta c(S_2O_3^{2-})$$

由于在 Δt 时间内,$S_2O_3^{2-}$已全部耗尽,所以 $\Delta c(S_2O_3^{2-})$实际上就是反应开始时 $Na_2S_2O_3$的浓度,即

$$-\Delta c(S_2O_3^{2-})=c_0(S_2O_3^{2-})$$

式中,$c_0(S_2O_3^{2-})$表示 $Na_2S_2O_3$的起始浓度。

由于 $Na_2S_2O_3$的起始浓度均固定,所以 $\Delta c(S_2O_3^{2-})$也是相同的。因此只要记下反应开始到蓝色出现的时间(Δt),就可以得出一定温度下该反应的平均反应速率,即

$$\bar{v}=\frac{-\Delta c(S_2O_8^{2-})}{\Delta t}=\frac{-\Delta c(S_2O_3^{2-})}{2\Delta t}=\frac{c_0(S_2O_3^{2-})}{2\Delta t}$$

按照初始速率法，用不同浓度下测得的反应速率即可求出该反应的反应级数 α 和 β，进而求得反应的总级数($\alpha+\beta$)，再由 $k=\frac{\bar{v}}{c^{\alpha}(S_2O_8^{2-})c^{\beta}(I^-)}$ 求出反应的速率常数 k。

由阿伦尼乌斯方程得

$$\lg k=\lg A-\frac{E_a}{2.303RT}$$

式中，E_a 表示反应的活化能；R 表示摩尔气体常数，取值 8.314 J/(mol · K)；T 表示热力学温度，℃。

求出不同温度下的 k 值后，以 lg k 对 $\frac{1}{T}$ 作图，可得一直线，由直线的斜率$\left(-\frac{E_a}{2.303R}\right)$可求得反应的活化能 E_a。

Cu^{2+}可以加快$(NH_4)_2S_2O_8$与 KI 反应的速率，Cu^{2+}的加入量不同，加快的反应速率也不同。

三、主要仪器与试剂

仪器：恒温水浴锅，烧杯，量筒，秒表，搅拌器。

试剂：$(NH_4)_2S_2O_8$(0.2 mol/L)，KI(0.2 mol/L)，KNO_3(0.2 mol/L)，$(NH_4)_2SO_4$(0.2 mol/L)；$Na_2S_2O_3$(0.05 mol/L)，淀粉溶液(0.2%)，$Cu(NO_3)_2$(0.02 mol/L)。

四、实验步骤

1.浓度对反应速率的影响

在室温下，按如表 3-9 所列的各反应物用量，用量筒准确量取各试剂，除 0.2 mol/L $(NH_4)_2S_2O_8$溶液外，其余各试剂均可按用量混合在各编号烧杯中，当加入 0.2 mol/L $(NH_4)_2S_2O_8$溶液时，立即计时，并将溶液混合均匀(用玻璃棒搅拌或将烧杯放在电磁搅拌器上搅拌)，等溶液变蓝时停止计时，记下时间 Δt 和室温。

表 3-9　浓度对反应速率的影响

室温：

实验编号	1	2	3	4	5
$V[(NH_4)_2S_2O_8]$/mL	10	5	2.5	10	10
V(KI)/mL	10	10	10	5	2.5
$V(Na_2S_2O_3)$/mL	3	3	3	3	3
$V(KNO_3)$/mL	—	—	—	5	7.5
$V[(NH_4)_2SO_4]$/mL	—	5	7.5	—	—
V(淀粉溶液)/mL	1	1	1	1	1
$c_0(S_2O_8^{2-})/(mol \cdot L^{-1})$					

续表

实验编号	1	2	3	4	5
$c_0(I^-)/(mol \cdot L^{-1})$					
$c_0(S_2O_3^{2-})/(mol \cdot L^{-1})$					
反应时间 $\Delta t/s$					
$\Delta c(S_2O_3^{2-})/(mol \cdot L^{-1})$					
$v/(mol \cdot L^{-1} \cdot s^{-1})$					
$k/[(mol \cdot L^{-1})^{1-\alpha-\beta} \cdot s^{-1}]$					

用实验 1、2、3 的数据，依据初始速率法求出 α；用实验 1、4、5 的数据，求出 β，然后再由公式 $k=\dfrac{\bar{v}}{c^{\alpha}(S_2O_8^{2-})c^{\beta}(I^-)}$ 求出各实验的 k，完成表 3-9。

2.温度对反应速率的影响

依据表 3-9 中的试剂用量，实验分别在高于室温 5 ℃、10 ℃和 15 ℃的温度下进行，测得 3 个温度下的反应时间，并计算出相应的反应速率及速率常数，将数据和实验结果填入表 3-10中。

表 3-10　温度对反应速率的影响

实验编号	T/K	$\Delta t/s$	$v/(mol \cdot L^{-1} \cdot s^{-1})$	$k/[(mol \cdot L^{-1})^{1-\alpha-\beta} \cdot s^{-1}]$	$\lg k$	$\dfrac{1}{T}/(K^{-1})$
1						
6						
7						
8						

利用表中各次实验的 k 和 T，以 $\lg k$ 对 $\dfrac{1}{T}$ 作图，求出直线的斜率，进而求出反应(1)的活化能 E_a。

3.催化剂对反应速率的影响

根据表 3-10 中的试剂用量，在室温条件下，分别向编号为 9、10、11 的 3 个烧杯中滴加 1 滴、5 滴、10 滴 0.02 mol/L $Cu(NO_3)_2$溶液。为保证溶液总体积和离子强度一致，不足 10 滴时，用 0.2 mol/L $(NH_4)_2SO_4$溶液补充，并完成表 3-11。

表 3-11　催化剂对反应速率的影响

实验编号	9	10	11
加入 0.02 mol/L $Cu(NO_3)_2$溶液的滴数/滴	1	5	10
反应时间 $\Delta t/s$			
反应速率 $v/(mol \cdot L^{-1} \cdot s^{-1})$			

五、注意事项

(1)因本实验是利用 $S_2O_3^{2-}$ 浓度来衡量反应产生的 I_2 浓度,从而计算消耗的 $S_2O_8^{2-}$ 浓度,所以准确添加硫代硫酸钠的量是本实验的关键。

(2)经计算得出的 5 个 k 值,其最大值和最小值的差值不能超过 0.5。

(3)以 $\lg k$ 对 $\frac{1}{T}$ 作图时,图的比例大小要适中。

六、思考题

(1)若用 I^-(或 I_3^-)的浓度变化来表示该反应的速率,则 v 和 k 是否和用 $S_2O_8^{2-}$ 的浓度变化表示的一样?

(2)实验中,当蓝色出现后,反应是否就终止了?

(3)根据化学反应方程式,是否能确定反应级数?举例说明。

(4)为什么用硝酸钾和硫酸铵溶液补充溶液的体积?能否用水补充?

(5)反应中加入定量 $Na_2S_2O_3$ 的作用是什么?

实验 10　电离平衡与沉淀平衡

一、实验目的

(1)了解同离子效应对弱电解质电离平衡的影响规律;

(2)掌握缓冲溶液的配制方法及缓冲机理;

(3)了解盐类的水解规律和容度积规则的应用。

二、实验原理

1.不同酸、碱溶液 pH 值的测定

以常见的强酸和强碱、弱酸和弱碱为例,测定它们的 pH 值。如,0.1 mol/L HCl 是强酸,理论 pH 值为 1;0.1 mol/L NaOH 是强碱,理论 pH 值为 13;0.1 mol/L HAc 是弱酸,理论 pH 值为 4;0.1 mol/L $NH_3 \cdot H_2O$ 是弱碱,理论 pH 值为 10。

2.同离子效应

在弱电解质溶液中,加入与弱电解质具有相同离子的强电解质,使弱电解质的解离度降低的现象称为同离子效应。

(1)0.1 mol/L HAc 的 pH=4

甲基橙在 pH<3.1 时显红色,pH=3.1~ 4.4 时显橙色,pH>4.4 时显黄色。所以,此时甲基橙显橙色。加入 NaAc 后 pH 值变大,所以甲基橙显橙色,甚至黄色。

(2)0.1 mol/L $NH_3 \cdot H_2O$ 的 pH=10

酚酞在 pH<8.0 时为无色,pH=8.0~9.6 时为粉红色,pH>9.6 时为红色。所以,此时酚酞为红色。加入 NH_4Cl 后酸性增强,pH 值变小,所以红色变浅,甚至消失。

3.缓冲溶液

在一定浓度比例范围内,溶液中的弱酸及其共轭碱(如 HAc—NaAc)、弱碱及其共轭酸(如 $NH_3 \cdot H_2O$—NH_4Cl)具有抵抗外加少量酸碱,而保持溶液酸碱度基本不变的作用,即缓冲作用,这种溶液则被称为缓冲溶液。这是由于在外加少量酸碱时,质子在共轭酸碱对之间发生转移,而质子浓度基本不变。在计算缓冲溶液的 pH 值时,主要根据如下公式进行:

$$pH = pK_a^{\ominus} - \lg \frac{c_\gamma(\text{共轭酸})}{c_\gamma(\text{共轭碱})}$$

例如 8.5 mL 0.1 mol/L HAc 与 1.5 mL 0.1 mol/L NaAc 混合,即可获得 pH 值为 4.0 的缓冲溶液。

4.盐类的水解

①强酸强碱盐(如 NaCl)、弱酸弱碱盐(如 NH_4Ac)的溶液呈中性;强酸弱碱盐(如 NH_4Cl)水解呈酸性,强碱弱酸盐(如 NaAc,Na_2CO_3等)水解呈碱性。

②Bi^{3+}的水解:

$$BiCl_3 + H_2O \rightleftharpoons BiOCl\downarrow + 2HCl$$

加 HCl,平衡左移,沉淀消失;加水稀释,平衡右移,沉淀生成。

③Fe^{3+}的水解:

$$Fe^{3+} + 3H_2O \rightleftharpoons Fe(OH)_3\downarrow + 3H^+$$

Fe^{3+}在水溶液中显黄色,在溶液中加入酸时,平衡左移,溶液呈黄色且透明。加热时,促进水解,平衡右移,溶液呈红褐色且浑浊不清,颜色加深。

5.沉淀溶解平衡

沉淀溶解平衡常存在于难溶盐的饱和溶液中,未溶解的固体与溶解后形成的离子之间存在着化学平衡,若以 AB 代表难溶盐,A^+、B^-代表溶解后的离子,它们之间的平衡可表示为

$$AB(s) \rightleftharpoons A^+(aq) + B^-(aq)$$

利用沉淀的生成可以将有关离子从溶液中除去,但不可能完全除去。

根据溶度积判断沉淀的生成与溶解,当$[A^+][B^-] > K_{sp}$时,有沉淀析出;$[A^+][B^-] = K_{sp}$,溶液达到饱和,但仍无沉淀析出;$[A^+][B^-] < K_{sp}$,溶液未饱和,无沉淀析出。

若一种沉淀剂可以与两种或两种以上的离子发生反应,生成难溶盐,那么沉淀的先后次序是由所需沉淀剂离子浓度的大小而定的:所需沉淀剂离子浓度越小,越先沉淀出来,反之则后沉淀出来,这种先后沉淀出来的过程称为分步沉淀。

一种难溶电解质遇到其他化学物质生成更难溶的电解质的过程称为沉淀的转化。沉淀转化反应的方向一般是溶解度大的难溶电解质朝着溶解度更小的难溶电解质方向进行。

三、主要仪器与试剂

仪器:试管,烧杯,离心试管,离心机,温度计。

试剂:NH_4Cl(s),HCl(0.1 mol/L),HCl(6 mol/L),HAc(0.1 mol/L),NaOH(0.1 mol/L),$NH_3 \cdot H_2O$(6 mol/L),PbI_2 饱和溶液,KI(0.001 mol/L),KI(0.1 mol/L),$Pb(NO_3)_2$(0.001 mol/L),$Pb(NO_3)_2$(0.1 mol/L),NaAc(0.1 mol/L),NH_4Cl(0.1 mol/L),NH_4Ac(0.1 mol/L),NaCl(0.1 mol/L),NaH_2PO_4(0.1 mol/L),Na_2HPO_4(0.1 mol/L),Na_3PO_4(0.1 mol/L),K_2CrO_4(0.1 mol/L),$AgNO_3$(0.1 mol/L),$BaCl_2$(1 mol/L),$(NH_4)_2C_2O_4$饱和溶液,

Na_2S(0.1 mol/L),NH_4SCN饱和溶液。

四、实验步骤

1.同离子效应

(1)同离子效应和电离平衡

向1 mL 0.1 mol/L $NH_3 \cdot H_2O$溶液中滴加1滴酚酞,观察现象,然后再加入少许NH_4Cl固体,观察有何变化,并记录现象。

(2)同离子效应和沉淀溶解平衡

1 mL饱和PbI_2溶液加入0.1 mol/L KI 4~5滴,观察溶液有何变化,并记录现象。

2.缓冲溶液的配制和性质

H_2O的pH=7;0.1 mol/L HAc溶液的pH=3。按照下表用pH试纸测定溶液的pH值,并填入表3-12。

表3-12　实验记录

pH值	纯水5 mL	5 mL纯水中加入1滴(约0.05 mL)		缓冲液(1∶1)HAc-NaAc	5 mL缓冲溶液中加1滴	
		0.1 mol/L HCl	0.1 mol/L NaOH		0.1 mol/L HCl	0.1 mol/L NaOH
实验pH值						
理论pH值						

3.盐类水解

按照下表测定溶液的pH值,填入表3-13。

表3-13　实验记录

pH值	NH_4Cl(0.1 mol/L)	NH_4Ac(0.1 mol/L)	NaAc(0.1 mol/L)	NaCl(0.1 mol/L)	NaH_2PO_4(0.1 mol/L)	Na_2HPO_4(0.1 mol/L)	Na_3PO_4(0.1 mol/L)
实验pH值							
理论pH值							

4.沉淀溶解平衡

①取0.1 mol/L $Pb(NO_3)_2$溶液10滴,加5~10滴饱和NH_4SCN溶液至沉淀完全,振荡试管[$Pb(SCN)_2$易形成过饱和溶液,可用玻璃棒摩擦试管内壁或剧烈摇动试管]。离心分离,在离心液中滴加0.1 mol/L K_2CrO_4溶液,振荡试管。观察实验现象。

②在试管中加入10滴mL PbI_2饱和溶液,然后滴加5滴0.1 mol/L KI溶液,振荡片刻。观察实验现象。

③在试管中加入10滴0.1 mol/L $Pb(NO_3)_2$溶液,然后加入10滴0.1 mol/L KI溶液,观察有无沉淀生成,试以溶度积规则解释。

④在试管中加入10滴0.001 mol/L $Pb(NO_3)_2$溶液,然后加入10滴0.001 mol/L KI溶液,观察有无沉淀生成,试以溶度积规则解释。

⑤在离心管中滴加2滴0.1 mol/L Na_2S溶液和5滴0.1 mol/L K_2CrO_4溶液。加入5 mL蒸馏水稀释，再滴加5滴0.1 mol/L $Pb(NO_3)_2$溶液，观察生成的沉淀。离心分离，再向离心液中滴加0.1 mol/L $Pb(NO_3)_2$溶液，观察实验现象。

5.沉淀的溶解和转化

①取1 mol/L$BaCl_2$溶液5滴，加饱和草酸铵溶液3滴，然后离心分离，弃去溶液，在沉淀上滴加6 mol/L HCl溶液，观察实验现象，写出反应方程式。

②取0.1 mol/L $AgNO_3$溶液10滴，滴加10滴0.1 mol/L NaCl溶液，然后离心分离，弃去溶液，在沉淀上再逐滴加入6 mol/L氨水，观察实验现象，写出反应方程式。

③取0.1 mol/L $AgNO_3$溶液5滴，滴加3滴0.1 mol/L NaCl溶液，再滴加5滴0.1 mol/L Na_2S溶液，水浴加热。观察实验现象。

④向有10滴0.1 mol/L $AgNO_3$溶液的试管中滴加10滴0.1 mol/L K_2CrO_4溶液，然后滴加10滴0.1 mol/L NaCl溶液，观察实验现象，写出反应方程式。

五、注意事项

(1)在使用离心机时，离心管应对称放置，以免因重量不均匀引起振动而造成轴的磨损。只有一份溶液需要离心时，应再取一支大小相同的空白离心管，加入与试样体积相同的蒸馏水，与试样离心管一起对称放入离心机进行离心。

(2)离心管是用来进行离心分离的试管，标有刻度且管底玻璃较薄，整个试管的厚度不均匀，所以离心管不能直接用火加热，只能在水浴中加热。

(3)分离溶液和沉淀时取一支毛细吸管，插入离心管的液面下，其尖端接近沉淀，但不能触碰到沉淀。随后吸出溶液，重复该操作，只留下沉淀。

六、思考题

(1)难溶电解质与弱电解质在性质上有哪些相同与不同之处？电离度与溶解度的区别是什么？

(2)如何正确配制50 mL 0.1 mol/L $SnCl_2$溶液？

(3)影响水解平衡移动的因素主要有哪些？

(4)酸式盐的性质有哪些？是否一定呈酸性？

(5)什么是分步沉淀？怎样根据溶度积来判断本实验中沉淀的先后次序？

(6)沉淀溶解平衡与弱电解质的电离平衡有哪些相同的地方？

(7)沉淀生成与沉淀溶解的方法有哪些？

(8)能否通过K_{sp}的大小来说明有关沉淀的转化原因？为什么？试举例说明。

实验11　非金属(一)(卤素、氧、硫)的性质鉴定

一、实验目的

(1)了解制备氯气和次氯酸盐的实验方法；

(2) 了解次氯酸盐和 H_2O_2 的主要化学性质；

(3) 了解不同氧化态硫化物的化学性质；

(4) 了解氯、溴、氯酸钾的安全使用。

二、实验原理

1.卤素

卤素是周期系第ⅦA 族元素，原子最外层有 7 个电子，容易得到一个电子，从而形成稳定结构。卤素是很活泼的非金属，氧化数通常为-1。另外，卤素还能生成含氧酸，其氧化数主要为+1、+3、+5、+7。

卤素单质常作氧化剂，而其离子常为还原剂。卤素单质的氧化性规律为：$F_2>Cl_2>Br_2>I_2$。卤素阴离子的还原性规律为：$I^->Br^->Cl^->F^-$。

卤素分子为非极性分子，极易溶于非极性溶剂中。在配制含碘溶液时，常加入碘化钾，碘与碘化钾发生反应，生成 KI_3^-。卤化银不溶于水和稀硝酸，而与 CO_3^{2-}、PO_4^{3-}、CrO_4^{2-} 等阴离子形成的银盐要溶于硝酸，所以可在硝酸溶液中使卤素阴离子形成卤化银沉淀以防止其他阴离子的干扰。卤化银在不同浓度的氨水中溶解度不同，故可以通过控制氨的浓度来分离混合的卤离子。

另外，卤素的含氧酸根都具有氧化性。次氯酸的氧化性是氯的含氧酸中最强的，它具有漂白、杀菌的作用，其盐如 NaClO 常用作漂白剂与消毒剂。

2.氧、硫

氧、硫是周期系第ⅥA 族元素。氢和氧的化合物除了水，还有过氧化氢。过氧化氢是强氧化剂，但和更强的氧化剂作用时，它又是还原剂。

硫化氢是常见的有毒气体，其水溶液呈弱酸性，是一种强氧化剂。另外，S^{2-} 可与多种金属离子反应，生成具有不同颜色的金属硫化物沉淀。

SO_2 和 H_2SO_3 常作还原剂，在遇到还原剂更强的物质时，则作氧化剂。$Na_2S_2O_3$ 是分析实验中常见的还原剂，可被氧化成 $Na_2S_4O_6$。$Na_2S_2O_3$ 在酸性溶液中不稳定，会分解成 S 和 SO_2，反应方程式如下：

$$Na_2S_2O_3+2HCl \xlongequal{} 2NaCl+SO_2\uparrow+S\downarrow+H_2O$$

$S_2O_3^{2-}$ 与 Ag^+ 的反应是它的特征反应，可以用来鉴定 $S_2O_3^{2-}$：

$$S_2O_3^{2-}+2Ag^+ \xlongequal{} Ag_2S_2O_3\downarrow$$

$$Ag_2S_2O_3+H_2O \xlongequal{} Ag_2S+H_2SO_4$$

浓硫酸是一种强酸，在使用时要注意安全。它也是一种强氧化剂，加热条件下可氧化许多金属，从而被还原成 SO_2、S 或 H_2S。反应后的溶液若有白色浑浊，则反应有 S 析出。如反应过程中有刺激性气体产生，则被还原成 SO_2。如闻到臭鸡蛋气味时，则被还原成 H_2S。

过二硫酸盐为强氧化剂，在一定反应条件下，能将 I^- 氧化成 I_2。

三、主要仪器与试剂

仪器：铁架台，石棉网，蒸馏烧瓶，分液漏斗，试管，滴管，离心机，酒精灯，锥形瓶，温度计。

试剂：MnO_2，$K_2S_2O_8$，戊醇，浓 HCl，碘水，HCl(3 mol/L)，H_2SO_4(3 mol/L)，浓 HNO_3，NaOH(40%)，KI(0.1 mol/L)，KBr (0.1 mol/L)，溴水，$K_2Cr_2O_7$(0.1 mol/L)，Na_2S (0.1 mol/L)，$Na_2S_2O_3$

(0.2 mol/L),Na_2SO_3(0.5 mol/L),$CuSO_4$(0.2 mol/L),$MnSO_4$(0.2 mol/L),$Pb(NO_3)_2$(0.2 mol/L),$AgNO_3$(0.1 mol/L),H_2O_2(3%),氯水,CCl_4,NaClO 饱和溶液。

其他材料:冰,滤纸,玻璃管,棉花,pH 试纸,橡皮管。

四、实验步骤

1.Cl_2、Br_2、I_2的氧化性和Cl^-、Br^-、I^-的还原性

用实验室提供的试剂设计实验方案,验证卤素单质的氧化性顺序,并比较卤素阴离子的还原性强弱。

$$Cl_2+2KBr=\!=\!=2KCl+Br_2(\text{加 }CCl_4)$$

$$Cl_2+2KI=\!=\!=2KCl+I_2(\text{加 }CCl_4)$$

$$Br_2+2KI=\!=\!=2KBr+I_2(\text{加 }CCl_4)$$

2.卤素含氧酸盐的性质

(1)次氯酸钠的氧化性

在试管中加入 1 mL 0.1 mol/L KI 溶液,加入 3 mol/L H_2SO_4 酸化,加入 1 mL CCl_4,滴加 1~2滴饱和次氯酸钠溶液,摇动溶液,仔细观察氯仿层的颜色变化。继续加入过量的次氯酸钠,不断振荡,直至氯仿层颜色消失,观察实验现象,并写出化学反应方程式。

(2)氯酸钾的氧化性

取少量 $KClO_3$晶体于试管中,用 1~2 mL 水溶解后,加入 10 滴 0.1 mol/L KI 溶液,把得到的溶液分成两份,一份用 3 mol/L H_2SO_4酸化,另一份留作对照。稍等片刻,观察有何变化。

3.H_2O_2的性质

(1)H_2O_2的氧化性和还原性

①取 10 滴 0.1 mol/L KI 溶液于试管中,加入少量 2 mol/L H_2SO_4进行酸化。然后再加 2 滴 3%H_2O_2,观察实验现象。再继续滴加 5 滴淀粉,观察实验现象,记录溶液变化,并写出化学反应方程式。

②取一小片 $Pb(Ac)_2$试纸,向其滴加 1 滴 H_2S 溶液,则有黑色的 PbS 生成,然后再向 PbS 滴加 1 滴 3%H_2O_2溶液,观察实验现象,并写出化学反应方程式。

(2)H_2O_2的酸性

往试管中加入 0.5 mL 40%NaOH 溶液和 2 滴 3%H_2O_2,再加入 1 mL 95%酒精以降低生成物的溶解度,振荡,观察实验现象,描述产物的颜色和状态,写出反应方程式,并解释。

(3)H_2O_2的催化分解

在试管中加入 2 mL 3%H_2O_2,再加入少量 MnO_2固体,观察 H_2O_2的催化分解情况。实验中有 O_2生成,可以在管口用火柴余烬检验。

(4)H_2O_2的鉴定反应

在试管中加入 2 mL 3%H_2O_2,0.5 mL 乙醚,1 mL 1mol/L H_2SO_4,随后加入 3~4 滴0.5 mol/L $K_2Cr_2O_7$溶液,振荡,观察实验现象,并写出反应方程式。

4.含硫化合物的性质

(1)硫化物的溶解性

分别移取 0.5 mL 0.2 mol/L $MnSO_4$、0.2 mol/L $Pb(NO_3)_2$、0.2 mol/L $CuSO_4$于 3 支试管中,分别滴加 1 滴 0.2 mol/L Na_2S,观察并记录实验现象。随后将溶液离心分离,弃去上层清液,收

集沉淀，并用少量水洗涤沉淀。检验沉淀在 2 mol/L 盐酸、浓盐酸和浓硝酸中的溶解情况，观察实验现象，并写出化学反应方程式。

(2) 亚硫酸盐的性质

在试管中加入 2 mL 0.5 mol/L Na_2SO_3，并滴加 5 滴 3 mol/L H_2SO_4，观察并记录实验现象。随后用润湿的 pH 试纸靠近试管口，若试纸显示溶液酸性，则将溶液分成两份分别进行实验。在其中一份溶液中滴加 0.1 mol/L Na_2S，直至有淡黄色沉淀产生。第二份溶液加入 0.5 mL 0.5 mol/L $K_2Cr_2O_7$，直至溶液由橙红色变为绿色。写出发生的化学反应方程式。

(3) 硫代硫酸盐的性质

利用实验室提供的氯水、碘水、0.2 mol/L $Na_2S_2O_3$、3 mol/L 硫酸、0.2 mol/L 硝酸银溶液，设计如下验证实验：

①检验 $Na_2S_2O_3$在酸中的稳定性；

②$Na_2S_2O_3$对还原反应产物的影响；

③$Na_2S_2O_3$如何发生配位反应。

(4) 过二硫酸盐的氧化性

在试管中加入 3 mL 3 mol/L H_2SO_4和 3 mL H_2O，滴加 3 滴 0.2 mol/L $MnSO_4$溶液，然后混合均匀，将该溶液分成两份进行实验。将少量固体过二硫酸钾加入其中一份溶液中，观察并记录实验现象。另一份溶液中则加入 1 滴 0.2 mol/L 硝酸银溶液以及少量过二硫酸钾固体。将两份溶液同时加热，观察现象，并写出相应的反应方程式。

五、注意事项

实验过程中注意区别氯酸盐、次氯酸盐强氧化性，并了解氯、溴、氯酸钾的安全操作。

六、思考题

(1) 卤素离子的还原性有什么递变规律？实验中是怎样验证的？

(2) 水溶液中，氯酸盐的氧化性与介质有什么关系？

(3) H_2S、Na_2S、和 Na_2SO_3溶液长期放置后会发生什么变化？为什么？

(4) 试比较氯酸盐在中性和酸性溶液中的氧化性强弱。

(5) $Na_2S_2O_3$分别与 I_2和 Cl_2反应，产物有何不同？

实验 12　常见阳离子未知液的定性分析

一、实验目的

(1) 培养综合应用基础知识的能力，了解一些金属元素及其化合物的性质；

(2) 熟悉 Cr^{3+}、Mn^{2+}、Fe^{3+}、Co^{2+}、Ni^{2+}的定性检测方法；

(3) 掌握离心机的正确使用方法。

二、实验原理

离子与不同试剂可发生不同化学反应，且实验现象也不同，如沉淀颜色和溶液颜色的变化，以及有无气体生成等，通过这些实验现象可以对离子进行分离和鉴定。要分离和签定混合离子，首先要熟悉不同离子的化学性质。

常见的阳离子至少有20种，在分离溶液中的混合阳离子时，首先利用阳离子具有的相同化学性质进行分类，将离子进行分组，然后再根据离子具有的特殊性质分别进行分离和鉴定。

三、主要仪器与试剂

仪器：离心机，恒温水浴锅，离心试管，试管，试管夹，滴管，烧杯等。

试剂：HAc（2 mol/L），HNO_3（3 mol/L），H_2SO_4（3 mol/L），$NH_3 \cdot H_2O$（6 mol/L），NaOH（6 mol/L），NH_4SCN 饱和溶液，$Pb(Ac)_2$（0.1 mol/L），$NaBiO_3$（s），NaF（s），H_2O_2（3%），丙酮，丁二肟（1%），未知液。

其他材料：pH 试纸，滤纸条。

四、实验步骤

1.待测液预处理

取未知液加入20滴6 mol/L NaOH 溶液，使溶液呈碱性，再加一倍量的 NaOH 溶液，使之碱性更强，用pH试纸检验。现象：溶液中出现大量沉淀。

反应方程式如下：

$Cr^{3+}+3OH^-══Cr(OH)_3\downarrow$　　$Cr(OH)_3+OH^-══[Cr(OH)_4]^-$

$Mn^{2+}+2OH^-══Mn(OH)_2\downarrow$　　$Fe^{3+}+3OH^-══Fe(OH)_3\downarrow$

$Co^{2+}+2OH^-══Co(OH)_2\downarrow$　　$Ni^{2+}+2OH^-══Ni(OH)_2\downarrow$

再在沉淀中加入15滴3%H_2O_2（分3次加，每次加5滴），每次均用玻璃棒搅拌均匀，将离心管放入水浴中加热，直至试管中不再有气泡产生为止。

反应方程式如下：

$$2[Cr(OH)_4]^-+3H_2O_2+2OH^-══2CrO_4^{2-}+8H_2O$$
$$Mn(OH)_2+H_2O_2══MnO_2\downarrow+2H_2O$$
$$2Co(OH)_2+H_2O_2══2CoO(OH)\downarrow+2H_2O$$

2.沉淀离心分离

在离心机上使沉淀分离，用滴管吸取分离后的上层清液20滴于另一试管中待用。其余上层清液弃去。

3.沉淀溶解

用去离子水洗涤沉淀3次，然后加15滴3 mol/L H_2SO_4和15滴3%H_2O_2（分3次添加），搅拌均匀，放在水浴中加热，直至沉淀全部溶解，不再产生气泡为止。

反应方程式如下：

$$Fe(OH)_3+3H^+══Fe^{3+}+3H_2O$$
$$MnO_2+H_2O_2+2H^+══Mn^{2+}+O_2\uparrow+2H_2O$$
$$4CoO(OH)+8H^+══4Co^{2+}+O_2\uparrow+6H_2O$$
$$Ni(OH)_2+2H^+══Ni^{2+}+2H_2O$$

4.Cr^{3+}的鉴定

取2中所得清液，加10滴2mol/L HAc 溶液酸化，再加2滴0.1mol/L $Pb(Ac)_2$。现象：有

黄色沉淀产生。

反应方程式如下：

$$CrO_4^{2-}+Pb^{2+} \xlongequal{} PbCrO_4\downarrow$$

5.Fe^{3+}的鉴定

取 10 滴 3 中所得清液，加 2 滴 NH_4SCN 饱和溶液，再加适量 NaF(s)。现象：溶液变血红色，后又褪去。

反应方程式如下：

$$Fe^{3+}+6SCN^- \xlongequal{} [Fe(SCN)_6]^{3-}$$

$$[Fe(SCN)_6]^{3-}+6F^- \xlongequal{} [FeF_6]^{3-}+6SCN^-$$

6.Co^{2+}的鉴定

取 10 滴 3 中所得清液，加少量 NaF(s) 和 20 滴丙酮，再加 2 滴 NH_4SCN 饱和溶液。现象：溶液变成艳蓝绿色。

反应方程式如下：

$$Co^{2+}+4SCN^- \xlongequal{} [Co(SCN)_4]^{2-}$$

7.Mn^{2+}的鉴定

取 10 滴 3 中所得清液，加入去离子水稀释，再加入 20 滴 3mol/L HNO_3溶液和少量 $NaBiO_3$(s)。现象：溶液变成紫红色。

反应方程式如下：

$$2Mn^{2+}+5BiO_3^-+14H^+ \xlongequal{} 2MnO_4^-(\text{紫色})+5Bi^{3+}+7H_2O$$

8.Ni^{2+}的鉴定

取 10 滴 3 中所得清液，加适量 6mol/L 氨水使之呈碱性，再加 5 滴丁二肟。现象：有红色沉淀产生。

反应方程式如下：

$$Ni^{2+}+2(CH_3)_2C_2N_2(OH)_2 \xlongequal{} Ni(C_4H_7N_2O_2)_2\downarrow+2H^+$$

9.实验结论

未知液中有哪些离子。

五、注意事项

(1)检验 Cr^{3+}时，因为黄色沉淀较少，需仔细观察。

(2)检验 Ni^{2+}和 Fe^{3+}的实验中，都有红色沉淀生成，而两者的红色有所不同，需仔细观察判断。

(3)分离混合离子过程中，为使沉淀老化需要加热时，最好采用水浴加热。

(4)每步获得沉淀后，最好将沉淀用少量带有沉淀剂的稀溶液或去离子水洗涤 1~2 次。

六、思考题

(1)在进行离子分离和溶解沉淀时，都要加入 H_2O_2，请问其区别何在？

(2)若溶液中同时存在 Fe^{3+}和 Co^{2+}，则如何用 NH_4SCN 鉴定？

(3)由碳酸盐制备铬酸盐沉淀时，为什么要先用弱酸 HAc 溶液溶解碳酸盐沉淀？能否用强酸溶解？

实验13　常见阴离子的分离与鉴定

一、实验目的

(1)熟悉常见阴离子的化学性质；
(2)掌握阴离子的鉴定方法。

二、实验原理

由于阴离子具有的化学性质不同，很多时候不能共存于同一溶液中。若阴离子能够共存于同一溶液中，则可利用阴离子特有的性质差异和特征反应进行分离与鉴定。溶液中常见阴离子主要包括SO_4^{2-}、PO_4^{3-}、CO_3^{2-}、SO_3^{2-}、$S_2O_3^{2-}$、S^{2-}、Cl^-、Br^-、I^-、Ac^-、NO_3^-、NO_2^-。在这些阴离子中，有的遇酸易分解，有的遇Ca^{2+}、Ag^+等阳离子生成沉淀。在进行阴离子的分离与鉴定时主要采取以下措施：

1.pH试纸测定

用pH试纸测定试液的酸碱性，如果$pH<2$，则不稳定的$S_2O_3^{2-}$等不可能存在，如果此时试液无臭味，则S^{2-}、SO_3^{2-}和NO_2^-等也不存在。

2.沉淀实验

(1)与$BaCl_2$的反应

在离心试管中加入适量含有SO_4^{2-}、SiO_3^{2-}、PO_4^{3-}、SO_3^{2-}、CO_3^{2-}等阴离子的溶液，然后再加入一定量的$BaCl_2$溶液，充分反应后再加入HCl溶液，溶液中存在的离子主要发生以下化学反应：

①$Ba^{2+}+SO_4^{2-} = BaSO_4\downarrow$(白)

$BaSO_4\downarrow+HCl \neq$

②$Ba^{2+}+SiO_3^{2-} = BaSiO_3\downarrow$(白)

$BaSiO_3+2HCl = H_2SiO_3\downarrow$(胶状)$+BaCl_2$

③$3Ba^{2+}+2PO_4^{3-} = Ba_3(PO_4)_2\downarrow$(白)

$Ba_3(PO_4)_2+6HCl = 3BaCl_2+2H_3PO_4$

④$Ba^{2+}+CO_3^{2-} = BaCO_3\downarrow$(白)

$BaCO_3+2HCl = BaCl_2+H_2O+CO_2\uparrow$

⑤$Ba^{2+}+SO_3^{2-} = BaSO_3\downarrow$(白)

$BaSO_3+2HCl = BaCl_2+H_2O+SO_2\uparrow$

⑥$Ba^{2+}+S_2O_3^{2-} = BaS_2O_3\downarrow$(白)

$BaS_2O_3+2HCl = BaCl_2+H_2O+SO_2\uparrow+S\downarrow$

而S^{2-}、Br^-、I^-、NO_3^-、NO_2^-、Ac^-中加入$BaCl_2$后无明显实验现象。

(2)与$AgNO_3$的反应

将$BaCl_2$溶液换成$AgNO_3$溶液，HCl溶液换成HNO_3溶液，则上述溶液中存在的化学反应如下：

①$2Ag^++SO_4^{2-}$══Ag_2SO_4↓（白）

$Ag_2SO_4+HNO_3$═╪═

②$2Ag^++SiO_3^{2-}$══Ag_2SiO_3↓（白）

$Ag_2SiO_3+2HNO_3$══H_2SiO_3↓（胶状）$+2AgNO_3$

③$3Ag^++PO_4^{3-}$══Ag_3PO_4↓（黄）

$Ag_3PO_4+3HNO_3$══$3AgNO_3+H_3PO_4$

④$2Ag^++CO_3^{2-}$══Ag_2CO_3↓（白）

$Ag_2CO_3+2HNO_3$══$2AgNO_3+H_2O+CO_2$↑

⑤$2Ag^++SO_3^{2-}$══Ag_2SO_3↓（黄）

$Ag_2SO_3+2HNO_3$══$2AgNO_3+H_2O+SO_2$↑

⑥$2Ag^++S^{2-}$══Ag_2S↓（黑）

⑦Ag^++Cl^-══$AgCl$↓（白）

$AgCl+HNO_3$═╪═

⑧Ag^++Br^-══$AgBr$↓（黄）

$AgBr+HNO_3$═╪═

⑨Ag^++I^-══AgI↓（黄）

$AgI+HNO_3$═╪═

其他离子如 NO_3^-、NO_2^-、Ac^-则无明显的实验现象。

3.挥发性实验

在试液中加入稀硫酸并加热，若有气泡生成，则可能有 CO_3^{2-}、SO_3^{2-}、$S_2O_3^{2-}$、S^{2-}和 NO_2^-。

4.氧化还原性实验

（1）氧化性实验

将溶液酸化后，加入 KI 溶液和 CCl_4，摇动试管，如果 CCl_4层呈紫色，则表示可能存在 NO_2^-，而其他离子则没有明显的实验现象。

（2）还原性实验

常见的还原性实验主要用 $KMnO_4$和 I_2-淀粉来检验。

①与 $KMnO_4$的氧化还原反应如下：

$2MnO_4^-+5SO_3^{2-}+6H^+$══$2Mn^{2+}+5SO_4^{2-}+3H_2O$

$8MnO_4^-+5S_2O_3^{2-}+14H^+$══$10SO_4{}^{2-}+8Mn^{2+}+7H_2O$

$2MnO_4^-+10Br^-+16H^+$══$5Br_2+2Mn^{2+}+8H_2O$

$2MnO_4^-+10I^-+16H^+$══$5I_2+2Mn^{2+}+8H_2O$

$MnO_4^-+5NO_2^-+8H^+$══$5NO_2$↑$+2Mn^{2+}+4H_2O$

$2MnO_4^-+10Cl^-+16H^+$══$5Cl_2$↑$+2Mn^{2+}+8H_2O$

$2MnO_4^-+5S^{2-}+16H^+$══$5S$↓（黄）$+2Mn^{2+}+8H_2O$

②与 I_2-淀粉发生的氧化还原反应：

I_2+S^{2-}══$2I^-+S$↓（蓝色消失）

$I_2+2S_2O_3^{2-}$ ══ $2I^-+S_4O_6^{2-}$（蓝色消失）

$H_2O+I_2+2SO_3^{2-}$ ══ $2H^++2I^-+2SO_4^{2-}$（蓝色消失）

三、主要仪器与试剂

仪器：离心机，试管。

试剂：$BaCl_2$（1 mol/L），HCl（6 mol/L），$AgNO_3$（0.1 mol/L），HNO_3（6 mol/L），H_2SO_4（2 mol/L），CCl_4，KI（0.1 mol/L），$KMnO_4$（0.01 mol/L），I_2-淀粉溶液，未知阴离子混合液。

四、实验步骤

1.初步检验

（1）用 pH 试纸检测待测溶液的酸碱度。

（2）与 $BaCl_2$溶液反应　在装有未知液的离心试管中，滴加 1~2 滴 1 mol/L $BaCl_2$溶液，观察实验现象，并判断可能存在的离子。然后离心分离，在沉淀中滴加适量 6 mol/L HCl 溶液，观察实验现象，判断可能存在的离子。

（3）与 $AgNO_3$溶液反应　取几滴未知液于离心管中，滴加适量 0.1 mol/L $AgNO_3$溶液，观察实验现象，并判断可能存在的离子。然后离心分离，在沉淀中加入适量 6 mol/L HNO_3溶液（若实验需要，可适当加热），继续观察实验现象，判断可能存在的离子。

（4）氧化性阴离子的检验　取几滴未知液于试管中，加入稀 H_2SO_4酸化，滴加适量 CCl_4溶液和 0.1 mol/L KI 溶液，然后振荡，观察实验现象，并判断可能存在的离子。

（5）还原性阴离子的检验　取几滴未知液于试管中，加入稀 H_2SO_4酸化，滴加适量 0.01 mol/L $KMnO_4$溶液，观察实验现象，判断可能存在的离子。

2.确定性试验

根据初步检验的结果，设计实验方案，对上述可能存在的阴离子进行确定性实验。

五、注意事项

（1）在生成 BaS_2O_3沉淀时，如果迟迟未发现沉淀，可用玻璃棒搅拌并反复摩擦试管壁，加速沉淀的生成。

（2）在进行还原性实验时，因待测阴离子的浓度很小，所以要确保所加入的氧化剂 $KMnO_4$、I_2-淀粉溶液的量要少。若加入的氧化剂量多，则不宜观察氧化剂发生的颜色变化。

（3）在检验 CO_3^{2-}时要注意排除干扰离子。

六、思考题

（1）若待测溶液呈酸性，则哪些阴离子不可能存在？

（2）在 Cl^-、Br^-、I^-的分离鉴定中，有时要用 12%的碳酸铵将氯化银、溴化银和碘化银分离，为什么？

（3）鉴定 NO_3^-时，怎样除去 NO_2^-、Br^-、I^-的干扰？

（4）鉴定 SO_4^{2-}时，怎样除去 S^{2-}、SO_3^{2-}、$S_2O_3^{2-}$、CO_3^{2-}的干扰？

（5）请找出一种能区别以下 5 种溶液的试剂：NaS、$NaNO_3$、NaCl、NaS_2O_3、Na_2HPO_4。

实验 14　碱金属、碱土金属的性能分析

一、实验目的

(1)学习钠、钾、镁、钙等单质的主要性质。

(2)掌握碱金属和碱土金属的活泼性规律。

(3)掌握常见碱土金属氢氧化物及其盐类的化学性质。

(4)了解使用金属钾和钠的安全措施。

二、实验原理

碱金属和碱土金属密度较小,由于它们易与空气和水反应,保存时需浸在煤油或液体石蜡中以隔绝空气和水。钠、钾在空气中燃烧分别生成过氧化钠和超氧化钾。碱土金属在空气中燃烧时,生成正常氧化物,同时生成相应的氮化物,这些氮化物遇到水能生成氢氧化物,并放出氨气。碱金属和碱土金属(除 Be 外)都能与水反应,生成氢氧化物同时放出氢气。反应的剧烈程度随金属性的增强而加剧,实验时要十分注意安全,应防止钠、钾与皮肤接触,因为它们与皮肤上的汗作用所放出的热可能引燃金属烧伤皮肤。

碱金属的盐一般易溶于水,只有少数几种盐难溶,如钴亚硝酸钠钾、醋酸铀酰锌钠等,利用它们的难溶性可检验 Na^+、K^+等。

碱土金属的硝酸盐、氯化物都易溶于水,碳酸盐、硫酸盐、磷酸盐等难溶。利用难溶盐,如磷酸铵镁、草酸钙、硫酸钡、铬酸钡等可检验 Mg^{2+}、Ca^{2+}和 Ba^{2+}。

碱金属和碱土金属的挥发性化合物,在无色火焰中灼烧时,产生特征颜色(见表 3-14)。

表 3-14　碱金属、碱土金属的特征火焰颜色

元　素	锂	钠	钾	钙	锶	钡
特征颜色	红	黄	紫	橙红	洋红	黄绿

三、主要仪器与试剂

仪器:烧杯,试管,小刀,镊子,坩埚,坩埚钳,离心机。

试剂:钠,钾,镁条,醋酸钠,汞,NaCl(1 mol/L),KCl(1 mol/L),$MgCl_2$(0.5 mol/L),$CaCl_2$(0.5 mol/L),$BaCl_2$(0.5 mol/L),新配制的 NaOH(2 mol/L),氨水(6 mol/L),NH_4Cl 饱和溶液,Na_2CO_3(0.5 mol/L),Na_2CO_3 饱和溶液,HCl(2 mol/L),HAc(2 mol/L),HAc(6 mol/L),浓 HNO_3,Na_2SO_4(0.5 mol/L),$CaSO_4$ 饱和溶液,K_2CrO_4(0.5 mol/L),$KSb(OH)_6$ 饱和溶液,$(NH_4)_2C_2O_4$ 饱和溶液,$NaHC_4H_4O_6$ 饱和溶液,$AlCl_3$(0.5 mol/L)。

其他实验材料:铂丝(或镍铬丝)、pH 试纸、钴玻璃、滤纸。

四、实验步骤

1.钠、钾、镁的性质实验

(1)钠与空气中 O_2的作用

用小刀切取一块绿豆大小的金属钠,用滤纸吸净其表面的煤油,然后去掉表面的氧化膜,随后置于坩埚中加热。当金属钠开始燃烧时,停止加热,观察实验现象。将 2 mL 蒸馏水加入坩埚中,使产物溶解,将所得溶液全部转移至一支洁净的试管中,用 pH 试纸检测溶液的酸碱度。用 2 mol/L H_2SO_4酸化溶液,再加入 1~2 滴 0.01 mol/L $KMnO_4$溶液。观察实验现象,并写出有关化学反应方程式。

(2)钠、钾、镁与水的作用

用小刀分别切取一块绿豆大小的金属钾和金属钠,分别用滤纸将它们表面的煤油吸干,然后去掉表面的氧化膜,随即放入两个盛水的烧杯中。进行实验时,可用合适的漏斗倒扣在烧杯上,防止发生意外。观察两个烧杯中的实验现象,并比较。反应完成后,加入 1~2 滴酚酞溶液,测定溶液的酸碱度。观察实验现象,并写出有关化学反应方程式。

另外,切取一小段镁条,用较细砂纸擦掉表面的氧化物,然后放入一支洁净的试管中,加入适量冷水,观察实验现象。然后将试管加热,观察实验现象。最后加入 1~2 滴酚酞溶液,检验溶液的酸碱性,并写出相应的化学反应方程式。

2.镁、钙、钡的氢氧化物的溶解性实验

①将 0.5mL 0.5 mol/L $MgCl_2$溶液、$CaCl_2$溶液、$BaCl_2$溶液分别加入 3 支洁净的试管中,再分别向试管中加入适量新配制的 0.5mL 2 mol/L NaOH 溶液,观察是否有沉淀生成。若有沉淀生成,则把沉淀分成两份置于洁净的试管中,分别加入 6 mol/L HCl 溶液和 6 mol/L NaOH 溶液,观察实验现象,并写出化学反应方程式。

②将 0.5mL 0.5 mol/L $MgCl_2$ 溶液加入试管中,随后加入等体积 0.5 mol/L $NH_3 \cdot H_2O$ 溶液,观察并记录实验现象。继续向试管中加入适量的饱和 NH_4Cl 溶液,观察实验现象,并写出化学反应方程式。

3.焰色反应

截取一段铂丝,将其一端弯成环状,浸没在 6 mol/L HCl 溶液中,随后取出,放在氧化焰中燃烧片刻。然后再次将其浸入 HCl 溶液中,取出后再次进行灼烧,如此重复,直至火焰呈无色。同上操作,观察 1 mol/L 氯化钠、氯化钾、氯化钙、氯化锶、氯化钡溶液在氧化焰中燃烧的现象,并记录。由于钠对钾的焰色反应有干扰,故在观察钾盐的火焰颜色时,需要用蓝色钴玻璃片滤光。

五、注意事项

(1)金属钠、钾遇水会引起爆炸,在空气中也会立即被氧化,所以通常将它们保存在煤油中,放在阴凉处;使用时在煤油中将其切割成小块,用镊子小心夹取,然后用滤纸将煤油吸干,注意操作时切勿接触皮肤。实验结束后未用完的金属钠碎屑要妥善保管,不能随意丢弃(可用适量无水乙醇使钠碎屑进行缓慢分解)。

(2)以焰色反应检验有关金属离子时,必须用洗净的铂丝蘸上被测试离子溶液在氧化焰中灼烧。注意观察并描述各离子的特征颜色。

(3)吸入汞蒸气，会引起人体慢性中毒，因此汞应保存在水中。取用汞时，要用特制的末端弯成弧状的滴管吸取，不能直接倾倒（最好用盛有水的搪瓷盘盛接）。当不慎洒落时，应尽量用滴管吸取回收，然后在可能残留汞珠的地方撒上一层硫粉，并摩擦之，使汞转化为难挥发的硫化汞。

六、思考题

(1)若实验时发生镁燃烧事故，则应采用何种方法灭火？为什么？

(2)如何分离溶液中的 K^+、Mg^{2+}、Ba^{2+}？

(3)为什么氢氧化镁与碳酸镁可溶于氯化铵溶液中？

(4)镁、钙、钡的氢氧化物和碳酸盐的溶解度如何递变？为什么？

(5)钠和镁的标准电极相差不大（分别为−2.71 V 和−2.37 V），为什么两者与水反应的剧烈程度却大不相同？

(6)为什么说焰色反应是由金属离子引起而不是非金属离子引起的？

实验15 铜、银、锌、镉、汞元素的分析

一、实验目的

(1)掌握 ds 区元素的酸碱性变化规律；

(2)了解铜(Ⅰ)和铜(Ⅱ)重要化合物的性质及相互转化条件；

(3)了解铜、银、锌、镉、汞的金属离子形成配合物的特征。

二、实验原理

铜和银是周期系第ⅠB 族元素，铜的重要氧化数是+2 和+1，银的氧化数为+1。锌、镉、汞是第ⅡB 族元素，它们都能形成氧化值为+2 的化合物，汞还有+1 的氧化值。它们形成的化合物大部分较难溶于水，热稳定性也较差，容易与其他阴离子生成配合物，且配合物具有不同颜色。离子鉴定方法有很多，如 Cu^{2+} 与 $K_4[Fe(CN)_6]$ 可生成红棕色 $Cu_2[Fe(CN)_6]$ 沉淀；Zn^{2+} 与 $(NH_4)_2[Hg(SCN)_4]$ 可生成白色的 $Zn[Hg(SCN)_4]$ 沉淀；Cd^{2+} 与 S^{2-} 可生成黄色沉淀等。

三、主要仪器与试剂

仪器：离心机，点滴板，试管，烧杯，水浴锅等。

试剂：$CuSO_4$(0.1 mol/L)，$AgNO_3$(0.1 mol/L)，$ZnSO_4$(0.1 mol/L)，$CdSO_4$(0.1 mol/L)，$Hg(NO_3)_2$(0.1 mol/L)，Na_2S(0.1 mol/L)，Na_2SO_3(0.5 mol/L)，NaCl(0.1 mol/L)，KBr(0.1 mol/L)，KI(0.1 mol/L)，$Na_2S_2O_3$(0.1 mol/L)，$CuCl_2$饱和溶液，NaOH(2 mol/L)，NaOH(6 mol/L)，浓 HCl，$NH_3 \cdot H_2O$(2 mol/L)，$NH_3 \cdot H_2O$(6 mol/L)，浓 $NH_3 \cdot H_2O$，H_2SO_4(1 mol/L)，H_2SO_4(2 mol/L)，HNO_3(1 mol/L)，浓 HNO_3，乙二胺(0.1 mol/L)，EDTA(0.1 mol/L)，$K_4[Fe(CN)_6]$(0.1 mol/L)，KSCN(0.1 mol/L)，KSCN 饱和溶液，10%葡萄糖溶液，TAA 溶液，汞，Cu 片，$Pb(Ac)_2$试纸。

四、实验步骤

1.铜、银、锌、镉、汞的氢氧化物的性质鉴定

将适量 $CuSO_4$溶液与 2 mol/L NaOH 溶液混合，反应生成沉淀，然后离心分离。

将得到的沉淀均分到 3 支试管中，选择一支试管进行加热，检验沉淀对热的稳定性。将适量 6 mol/L NaOH 和 2 mol/L H_2SO_4溶液分别加入另外两支试管，观察并记录实验现象。然后分别用 $ZnSO_4$溶液、$CdSO_4$溶液、$AgNO_3$溶液和 $Hg(NO_3)_2$溶液代替 $CuSO_4$溶液，操作同 $CuSO_4$溶液，观察并记录实验现象。

2.氨配合物

将过量 2 mol/L $NH_3 \cdot H_2O$ 加入 $AgNO_3$溶液，观察实验现象。然后进行热稳定性的检验，观察并记录实验现象。然后分别用 $CuSO_4$溶液、$ZnSO_4$溶液和 $CdSO_4$溶液代替 $AgNO_3$溶液，操作同 $AgNO_3$溶液，观察并记录实验现象。

3.铜的配合物

①在试管中滴加几滴 $CuSO_4$溶液，然后滴加 2 mol/L $NH_3 \cdot H_2O$ 溶液，直至生成的沉淀溶解，然后再加入乙二胺溶液，观察并记录实验现象。最后再滴加 EDTA 溶液，观察并记录实验现象。

②将 $CuSO_4$溶液与 $K_4[Fe(CN)_6]$溶液进行混合，观察实验现象。

4.设计实验

每个实验小组单独设计实验方案，以分析 AgCl、AgBr 和 AgI 的溶解度变化规律，以及 $Ag(NH_3)_2^+$与 $Ag(S_2O_3)_2^{3-}$的稳定性强弱，观察并记录实验现象。

5.Cu(Ⅱ)与 Cu(Ⅰ)的相互转化

(1)氧化亚铜的性质

将过量的 6 mol/L NaOH 溶液加入盛有数滴 $CuSO_4$溶液的离心试管中，待沉淀溶解后，滴加葡萄糖溶液，摇匀，水浴微热，观察并记录实验现象。

将所得沉淀离心分离，弃去上清液，用蒸馏水充分洗涤沉淀后，加入适量 2 mol/L H_2SO_4溶液，然后通过水浴加热，观察并记录实验现象。

(2)碘化亚铜的性质

将 KI 溶液滴加至盛有数滴 $CuSO_4$溶液的离心试管中，观察并记录实验现象。

(3)CuCl 的生成

移取 1 mL 饱和的 $CuCl_2$溶液和 2 mL 浓 HCl 置于小烧杯中，加入少许铜屑，小火加热片刻，观察溶液颜色的变化，待溶液颜色加深后，继续加热，使其微沸片刻。当溶液颜色由深变浅时，将溶液转入盛有 100 mL 水的烧杯中，观察并记录实验现象。

6.汞的化合物

(1)HgS 的性质

分别向盛有 2 滴 $Hg(NO_3)_2$溶液的两支离心试管中滴加 TAA 溶液，观察并记录沉淀生成的情况。将沉淀离心分离，弃去上清液。用蒸馏水充分洗涤沉淀后，在其中一支试管中加入 Na_2S 溶液，观察并记录实验现象。然后向另一支试管中滴加几滴 6 mol/L HNO_3溶液，小心搅拌均匀，观察并记录实验现象。若生成的沉淀不溶解，则再滴加几滴王水，小心搅拌，观察有何变化。

(2) Hg^{2+}配合物的性质

①将 KI 溶液逐滴加入盛有 2 滴 $Hg(NO_3)_2$溶液的试管中，观察并记录生成的沉淀的颜色。然后继续滴加 KI 溶液，观察沉淀是否溶解。再滴加几滴 2 mol/L NaOH 溶液，将溶液混合均匀，使其与 NH_4Cl 溶液作用，观察并记录实验现象。

②滴加数滴 KSCN 溶液于盛有 2 滴 $Hg(NO_3)_2$溶液的试管中，观察并记录实验现象。然后将该溶液均分至两支试管中，分别与 $ZnSO_4$ 溶液、$CoCl_2$ 溶液作用，观察并记录实验现象。此反应可用来鉴别 Zn^{2+}和 Co^{2+}。

五、注意事项

(1) $HgCl_2$为有毒物质，使用时要注意安全。

(2) $CuCl_2$溶液与铜屑在有浓盐酸存在时加热，时间需稍长些，否则现象可能不明显。

(3) 注意观察沉淀的颜色及形态。

六、思考题

(1) 实验中生成的含$[Ag(NH_3)_2]^+$的溶液应及时冲洗掉，否则可能产生影响？

(2) Hg 和 Hg^{2+}有剧毒，在实验时应如何做好防护工作？

(3) 试述如何实现 Cu^{2+}与 Cu^+、Hg^{2+}与 Hg_2^{2+}的相互转化。

(4) AgCl、$PbCl_2$、Hg_2Cl_2都不溶于水，如何将它们分离？

(5) 总结铜、银、锌、镉、汞的氢氧化物的酸碱性和稳定性。

(6) 在 $CuSO_4$溶液中加入 KI 可以生成 CuI 沉淀，而加入 KCl 溶液时，却没有 CuCl 沉淀，为什么？

实验 16　氮、磷的性质分析

一、实验目的

(1) 学习 NH_3和铵盐、硝酸和硝酸盐以及磷酸盐的主要性质；

(2) 学会鉴定 NH_4^+、NO_3^-、NO_2^-、PO_4^{3-}等。

二、实验原理

氮族元素为周期系第 V A 族元素，其核外电子层的最外层上有 5 个电子，所以它们的氧化数最高为+5，最低为-3。

氨的水溶液呈弱碱性，铵盐加热时易分解。鉴定 NH_4^+时常采用如下两种方法：

①加入 NaOH 溶液，观察生成的气体能否使红色石蕊试纸变蓝；

②加入奈斯勒试剂，观察是否有红棕色沉淀生成。

亚硝酸是稍强于醋酸的弱酸，可用酸分解亚硝酸盐而得到，稳定性差。当亚硝酸盐溶液与强酸反应时，生成的亚硝酸分解成 N_2O_3和 H_2O。N_2O_3又继续分解成 NO 和 NO_2。亚硝酸盐在溶液中较稳定，是极毒、致癌物质。亚硝酸盐在酸性溶液中时常作氧化剂而被还原成 NO；与强氧化剂作用时，则表现出还原性而被氧化成硝酸盐。

硝酸是一种常见的强酸，具有强氧化性，可以与很多非金属发生反应，还原产物主要是 NO，稀硝酸与金属反应时，通常生成 NO，而浓硝酸与金属反应时，则主要生成 NO_2。

溶液中的 NO_2^- 与 $FeSO_4$ 溶液在 HAc 介质中反应时，生成棕色的 $[Fe(NO)]^{2+}$。而溶液中的 NO_3^- 与 $FeSO_4$ 溶液在浓 H_2SO_4 介质中反应时，则在原溶液与浓 H_2SO_4 液层界面处生成 $[Fe(NO)]^{2+}$ 棕色环状，可用来鉴定 NO_3^-（可称之为"棕色环法"）。当溶液中存在的 NO_2^- 干扰 NO_3^- 的鉴定时，通过加入尿素，并微微加热，可以除去 NO_2^-，消除干扰。

磷酸是三元酸，可形成酸式盐和正盐。磷酸的钙盐在水中的溶解度是不同的。$Ca(PO_4)_2$ 和 $CaHPO_4$ 难溶于水，而 $Ca(H_2PO_4)_2$ 则易溶于水。一般来说，只有除锂之外的碱金属和铵的磷酸盐以及磷酸一氢盐易溶于水，其他的磷酸盐均较难溶于水。磷酸二氢盐基本上易溶于水。焦磷酸盐以及三聚磷酸盐与其他物质作用时，具有较强的配位作用。

在酸性介质中，PO_4^{3-} 与 $(NH_4)_2MoO_4$ 溶液反应，可生成黄色的磷钼酸铵沉淀。该反应可用来鉴定 PO_4^{3-}。

三、主要仪器与试剂

仪器：试管，水浴锅，离心机，离心管。

试剂：NH_4Cl(0.1 mol/L)，NaOH(2 mol/L)，奈斯勒试剂，浓 HNO_3，锌粉，HNO_3(2 mol/L)，$NaNO_2$(1 mol/L)，H_2SO_4(6 mol/L)，$NaNO_2$(0.1 mol/L)，KI(0.02 mol/L)，H_2SO_4(1 mol/L)，$KMnO_4$(0.01 mol/L)，KNO_3(0.1 mol/L)，$FeSO_4 \cdot 7H_2O$ 晶体，浓 H_2SO_4，HAc(2 mol/L)，Na_3PO_4(0.1 mol/L)，Na_2HPO_4(0.1 mol/L)，NaH_2PO_4(0.1 mol/L)，$CaCl_2$(0.1 mol/L)，$CuSO_4$(0.1 mol/L)，Na_4PO_7(0.5 mol/L)，红色石蕊试纸，Na_2CO_3(0.1 mol/L)，$Na_5P_3O_{10}$(0.1 mol/L)，钼酸铵试剂。

四、实验步骤

1.氨根的检验

①向试管中加入少量 0.1 mol/L NH_4Cl 溶液和 2 mol/L NaOH 溶液，微热，用湿润的红色石蕊试纸在试管口检验生成的气体，观察并记录实验现象，写出化学反应方程式。

②滴加 1 滴奈斯勒试剂于滤纸条上，同红色的石蕊试纸操作方法一样，重复上述实验，观察并记录实验现象。

2.硝酸氧化性的检验

①在试管内放入一小块铜屑，滴加适量浓 HNO_3，观察并记录实验现象。随后立即加水稀释，弃去溶液部分，收集试管中的铜屑。

②移取 1mL 2 mol/L HNO_3 于盛有少量锌粉的试管中，观察并记录实验现象，若反应不明显，可稍微加热。取出适量上清液，分析溶液中是否有 NH_4^+。

3.亚硝酸及亚硝酸盐的性质检验

①在试管中加入 10 滴 1 mol/L $NaNO_2$ 溶液，然后滴加 6 mol/L H_2SO_4 溶液，观察实验过程中是否有气体生成，若有气体生成，记录气体颜色（如果实验室温度较高，可将试管置于冷水

中冷却）。

②用0.1 mol/L $NaNO_2$溶液、0.02 mol/L KI及1 mol/L H_2SO_4溶液检验$NaNO_2$的氧化性，然后加入淀粉试液，观察并记录实验现象。

③用0.1 mol/L $NaNO_2$溶液、0.01 mol/L $KMnO_4$溶液及1 mol/L H_2SO_4溶液检验$NaNO_2$的还原性，观察并记录实验现象。

4.NO_3^-和NO_2^-的鉴定

①取1 mL 0.1 mol/L KNO_3溶液，加入少量$FeSO_4 \cdot 7H_2O$晶体，振荡试管使晶体溶解。倾斜试管，沿试管壁小心滴加1mL浓H_2SO_4。静置一会儿后，观察两液体交界处是否有棕色环出现。

②取1滴0.1 mol/L $NaNO_2$溶液稀释至1mL，加少量$FeSO_4 \cdot 7H_2O$晶体，振荡试管使其溶解，加入2 mol/L HAc溶液，观察实验现象。

③取0.1 mol/L KNO_3溶液和0.1 mol/L $NaNO_2$溶液各2滴于试管中，然后将其稀释至1 mL。加入少量尿素及2滴1 mol/L的H_2SO_4溶液，消除NO_2^-对实验的干扰，再进行棕色环实验。

5.磷酸盐的性质

①用pH试纸分别测定0.1 mol/L Na_3PO_4、0.1 mol/L Na_2HPO_4和0.1 mol/L NaH_2PO_4溶液的pH值。

②在3支试管中各加入几滴0.1 mol/L $CaCl_2$溶液，然后分别滴加0.1 mol/L Na_3PO_4，0.1 mol/L Na_2HPO_4，0.1 mol/L NaH_2PO_4溶液，观察实验现象。

③在试管中滴加几滴0.1 mol/L $CuSO_4$溶液，然后逐滴加入0.5 mol/L Na_4PO_7溶液至过量，观察实验现象。

④取1滴0.1 mol/L $CaCl_2$溶液于试管中，先后滴加0.1 mol/L Na_2CO_3溶液和0.1 mol/L $Na_5P_3O_{10}$溶液，观察实验现象。

6.PO_4^{3-}的鉴定

取几滴0.1 mol/L Na_3PO_4溶液于试管中，加入0.5 mL浓HNO_3和1 mL钼酸铵试剂，在40~45 ℃水浴上微热，观察并记录实验现象。

五、注意事项

(1)除N_2O外，所有氮的氧化物都有毒，尤其是NO_2气体，其毒性很大，有刺激性，吸入后会刺激神经与肺泡。在空气中，NO_2的含量不得超过0.005 mg/L。所以实验需在通风橱内进行，实验室也要注意通风。

(2)若用$AgNO_3$鉴定产物，则需加HAc溶液消除少量PO_4^{3-}对其他离子的干扰。

(3)HNO_2及其盐均有毒，切勿入口。

(4)实验室常见的磷单质有白磷和红磷。红磷毒性较小；白磷为蜡状晶体，燃点为45 ℃，在空气中易氧化，毒性很大，常保存于水或煤油中。磷化氢是无色恶臭气体。PCl_5(l)、PCl_5(s)都有腐蚀性，使用时应注意。

六、思考题

(1)为什么单质氮在常温下有很高的化学稳定性?

(2)亚硝酸与亚硝酸盐为什么既有氧化性又有还原性？举例说明。

(3)在化学反应中,为什么一般不用 HNO_3 作为酸性反应介质,稀硝酸和金属作用与稀硫酸或稀盐酸和金属作用有何不同?

(4)结合实验事实说明鉴定 NH_4^+ 的方法。

(5)铜分别与浓硝酸和稀硝酸反应、锌分别与浓 HNO_3 和稀 HNO_3 反应,各反应的产物有什么不同?

(6)现有 $NaNO_3$ 溶液和 $NaNO_2$ 溶液,试用 3 种方法加以区别。

(7)实验室用什么方法制备 NH_3？直接加热 NH_4NO_2 的方法可以吗？为什么？

(8)试以 NaH_2PO_4 和 Na_2HPO_4 为例,说明酸性溶液是否都呈酸性?

实验 17　氧化还原反应

一、实验目的

(1)理解氧化还原反应的实质,了解常用的氧化剂和还原剂;

(2)了解介质的酸碱性、反应物浓度和反应温度等对氧化还原反应进行的方向以及生成产物的影响;

(3)学会用标准电极电势比较氧化剂和还原剂的相对强弱;

(4)了解原电池的装置及利用原电池产生电流进行电解的原理;

(5)熟悉用酸度计测定原电池电动势的方法。

二、实验原理

氧化还原反应实质上是参加反应的物质间电子的转移或共用电子对的偏移,主要反映在元素氧化数的变化上。反应中得到电子的物质称为氧化剂,反应后氧化数降低,被还原;反应中失去电子的物质则被称为还原剂,反应后氧化数升高,被氧化。氧化与还原在反应过程中是同时进行的。

根据电对电极电势的大小,可以判断电对物质的氧化还原能力。电极电势越大,电对中氧化态物质的氧化能力越强。电极电势越小,电对中还原态物质的还原能力越强。一般来说,溶液的浓度、酸碱度以及实验温度都会影响电极电势的大小。

根据电极电势的大小可以判断氧化还原反应的方向。

①当 $E_{MF}=\varphi$(氧化剂)$-\varphi$(还原剂)>0 时,反应正向自发进行;

②当 $E_{MF}=\varphi$(氧化剂)$-\varphi$(还原剂)= 0 时,反应处于平衡状态;

③当 $E_{MF}=\varphi$(氧化剂)$-\varphi$(还原剂)<0 时,反应不能自发进行。

当氧化剂电对和还原剂电对的标准电极电势相差较大时(如 $|E_{MF}|$>0.2 V 时),通常可用标准电极电动势判断反应的方向。

由电极反应的能斯特(Nernst)方程式,可以看出浓度对电极电势的影响。298.15 K 时,

$$\varphi=\varphi^{\ominus}+\frac{0.059\ 17\ \text{V}}{n}\lg\frac{[\text{氧化态}]}{[\text{还原态}]}$$

式中,n 为电极反应中电子转移数,溶液的酸碱度会影响某些电对的电极电势,进而影响氧化还原反应进行的方向及生成的氧化还原产物。当有沉淀或配合物生成时,电极电势和电池电动势均发生改变。

原电池是利用氧化还原反应将化学能转变为电能的装置。常以饱和甘汞电极为参比电极,与待测电极组成原电池,用电位差计或酸度计可以测定原电池的电动势,然后计算出待测电极的电极电势。利用原电池产生的电流,可电解 Na_2SO_4溶液。

三、主要仪器与试剂

仪器:酸度计,饱和甘汞电极,锌电极,铜电极,饱和 KCl 盐桥,试管,试管架,水浴锅,点滴板。

试剂:H_2SO_4(2 mol/L),HAc(1 mol/L),$H_2C_2O_4$(0.1 mol/L),H_2O_2(3%),NaOH(2 mol/L),$NH_3 \cdot H_2O$(2 mol/L),KI(0.02 mol/L),KIO_3(0.1 mol/L),KBr(0.1 mol/L),$K_2Cr_2O_7$(0.1 mol/L),$KMnO_4$(0.01 mol/L),$KClO_3$饱和溶液,Na_2SiO_3(0.5 mol/L),Na_2SO_3(0.1 mol/L),$Pb(NO_3)_2$(0.5 mol/L),$Pb(NO_3)_2$(1 mol/L),$FeSO_4$(0.1 mol/L),$FeCl_3$(0.1 mol/L),$CuSO_4$(0.005 mol/L),$ZnSO_4$(1 mol/L),蓝色石蕊试纸,砂纸,锌片。

四、实验步骤

1.介质的酸碱性对氧化还原反应产物的影响

在点滴板的 3 个空穴中各滴入 1 滴 0.01 mol/L $KMnO_4$溶液,然后再分别加入 1 滴 2 mol/L H_2SO_4溶液、1 滴 H_2O 和 1 滴 2 mol/L NaOH 溶液,最后再分别滴入少量 0.1 mol/L Na_2SO_3溶液。观察并记录实验现象,写出化学反应方程式。

2.溶液酸碱性对氧化还原反应方向的影响

将 0.1 mol/L KIO_3溶液与 0.1 mol/L KI 溶液混合,观察溶液有无变化。再滴入几滴 2 mol/L H_2SO_4溶液,观察溶液有无变化。随后加入少量 2 mol/L NaOH 溶液使溶液呈碱性,观察并记录实验现象,写出化学反应方程式。

3.浓度对氧化还原反应速率的影响

在两支试管中分别加入 3 滴 0.5 mol/L $Pb(NO_3)_2$和 1 mol/L $Pb(NO_3)_2$溶液,各加入 30 滴 1 mol/L HAc 溶液,混匀。然后逐滴加入 26~28 滴 0.5 mol/L Na_2SiO_3溶液,充分摇匀,通过蓝色石蕊试纸来检查溶液是否仍然呈弱酸性。在 90 ℃水浴中加热至试管中出现乳白色透明凝胶,然后取出试管,冷却直至室温。同时将表面积相同的锌片放入两支试管中,观察并记录实验现象。

4.温度对氧化还原反应速率的影响

取 4 支试管,分别编号 1、2、3、4。在 1 号、2 号试管中分别加入 1 mL 0.01 mol/L $KMnO_4$溶液和 3 滴 2 mol/L H_2SO_4溶液;在 3 号、4 号试管中分别加入 1 mL 0.1 mol/L $H_2C_2O_4$溶液。在水浴中加热 1 号试管和 3 号试管,几分钟后取出。然后将 1 号试管中的溶液倒入 3 号试管中,将 2 号试管中的溶液倒入 4 号试管中,观察并记录 3 号试管和 4 号试管中溶液褪色的先后顺序,并解释该现象。

5.浓度对电极电势的影响

①在 50 mL 烧杯中加入 25mL 1 mol/L $ZnSO_4$溶液,插入饱和甘汞电极和用砂纸打磨过的

锌电极，组成原电池。将 pH 计的正极与甘汞电极相连，负极与锌电极相连。打开 pH 计的 mV 开关，量程开关在 0~7，用零点调节器调零，然后将量程开关置于 7~14，按下读数开关，测原电池的电动势 $E_{MF}(1)$。已知饱和甘汞电极的 $\varphi = 0.241\ 5$ V，计算 $\varphi(Zn^{2+}/Zn)$。虽然本实验中 $ZnSO_4$ 溶液浓度为 1 mol/L，但受温度、活度因子等因素的影响，所测数值并不是−0.763 V。

②在另一个 50 mL 烧杯中加入 25 mL 0.005 mol/L $CuSO_4$溶液，插入铜电极与(1)中的锌电极组成原电池，两烧杯间用饱和 KCl 盐桥相连，将 pH 计的正极与铜电极连接，负极与锌电极连接，测得原电池的电动势 $E_{MF}(2)$，计算 $\varphi(Cu^{2+}/Cu)$ 和 $\varphi^{\ominus}(Cu^{2+}/Cu)$。

③向 25 mL 0.005 mol/L $CuSO_4$溶液中滴入过量 2 mol/L $NH_3 \cdot H_2O$ 至生成深蓝色透明溶液，再测原电池的电动势 $E_{MF}(3)$，并计算 $\varphi[Cu(NH_3)_4{}^{2+}/Cu]$。

比较 $E_{MF}(1)$、$E_{MF}(2)$ 和 $E_{MF}(3)$，以及测得的电极电势，得出实验结论。

五、注意事项

(1)浓硝酸与锌片反应时，有 NO_2产生，故实验需在通风橱内进行。

(2)实验确定锌电极、铅电极、铜电极在电极电势表中的顺序时，由于置换反应速度较慢，应将试管放置于试管架上一段时间，切勿振荡，然后再观察现象。

六、思考题

(1)为什么 $K_2Cr_2O_7$能氧化浓盐酸中的氯离子，而不能氧化氯化钠溶液中的氯离子？

(2)为什么 H_2O_2 既有氧化性，又有还原性？试从电极电势出发予以说明。

(3)根据实验结果讨论氧化还原反应和哪些因素有关？

(4)影响电极电势的因素有哪些？

(5)怎样用标准电极电势判断金属的置换反应是否能够进行？以锌、铅、铜为例加以说明。

(6)在碱性溶液中，$\varphi^{\ominus}(IO_3^-/I_2)$ 和 $\varphi^{\ominus}(SO_4^{2-}/SO_3^{2-})$ 的数值分别为多少伏？

(7)温度和浓度对氧化还原反应的速率有何影响？对于 φ_{MF}大的氧化还原反应，其反应速率也一定大吗？

(8)如何利用电极反应(半电池反应)书写氧化还原反应方程式？

(9)饱和甘汞电极与标准甘汞电极的电极电势是否相等？

(10)什么情况下用标准电极电势判断反应方向？什么情况下通过能斯特方程判断反应方向？

实验 18　钢样中锰含量的测定

一、实验目的

(1)学习吸光光度法测定钢样中锰含量的原理及方法；

(2)学习目视比色检验物质的技术；

(3)掌握容量瓶、比色管、移液管的正确使用方法。

二、实验原理

1.钢铁的化学成分

钢铁是由多种元素组成的合金。除铁元素以外，普通钢铁中还含有碳、硅、锰等元素，合金钢中则可能还含有铬、钛、镍、钼、钒等元素。钢铁中通常还含有硫、磷等有害元素，其含量需严格控制。普通钢铁中锰元素含量为 0.25%～0.80%，低合金钢中锰含量为 0.80%～1.5%，高锰钢中锰含量可高达 14%。钢铁的化学成分分析给钢铁冶炼提供了必需的信息，是调整和控制钢铁化学组成和确保冶炼质量的依据。

2.吸光光度法

一般来说，通过比较样品溶液与标准溶液颜色的深浅，对溶液浓度进行分析，称为目视比色，目视比色只能作为样品的半定量分析方法，误差较大。而吸光光度法是利用波长 400～760 nm的可见光源测定有色物质，可用于微量及痕量物质的定量分析，灵敏度比目视比色高得多。当一束一定波长的单色光通过某有色溶液时，一部分光被溶液吸收，而另一部分光则通过溶液，不被溶液吸收。被待测溶液所吸收的光的强度，称为吸光度，以“A”表示。如果有色溶液的浓度越大，则光被吸收的程度也越大，反之，则光被吸收的程度越小。溶液的吸光度 A 与溶液的浓度 c、液层的厚度 l 成正比，这一规律被称为朗伯-比尔定律，表达式为

$$A=kcl$$

或

$$\lg\frac{I_0}{I_t}=kcl$$

式中，k 在一定实验条件下为常数，其值与入射光的波长、溶液的性质及温度等条件有关。若实验条件一定，如入射光的波长、溶液温度和比色皿不变，则溶液的吸光度 A 与溶液的浓度 c 成正比。

3.钢样中锰含量的测定

将一定质量的钢样用硝硫混酸溶解后，加入过二硫酸铵溶液作氧化剂，以 $AgNO_3$ 作催化剂，用电炉加热，最后钢样中的锰被氧化为紫红色的高锰酸，发生的化学反应如下：

$$Fe+6HNO_3 = Fe(NO_3)_3+3NO_2\uparrow+3H_2O$$

$$Mn+4HNO_3 = Mn(NO_3)_2+2NO_2\uparrow+2H_2O$$

$$2Mn(NO_3)_2+5(NH_4)_2S_2O_8+8H_2O = 2HMnO_4+5(NH_4)_2SO_4+5H_2SO_4+4HNO_3$$

钢样溶解后有褐色的 $Fe(NO_3)_3$生成，会影响后面的比色测定，因此加入少量 H_3PO_4作为掩蔽剂，使褐色消失，以减小误差，化学反应方程式为

$$Fe(NO_3)_3+2H_3PO_4 = H_3[Fe(PO_4)_2]+3HNO_3$$

在 560 nm 波长处，用分光光度计检测生成的 MnO_4^-的吸光度值，通过计算得出钢样中的锰含量。

三、主要仪器与试剂

仪器：电子分析天平，分光光度计，电炉，50 mL 比色管，100 mL 容量瓶，量筒，吸量管，锥形瓶，比色管架。

试剂：$KMnO_4$标准溶液（1.0 mg Mn/mL），过二硫酸铵（20%），硝硫混酸（浓硫酸∶浓硝酸∶水＝18∶1∶180），磷酸（1∶10），硝酸银（1%）。

四、实验步骤

1.配制 $KMnO_4$标准系列溶液

用1.0 mg Mn/mL $KMnO_4$标准溶液润洗洁净的移液管至少2次,然后准确移取10.00 mL $KMnO_4$标准溶液至100 mL容量瓶中,用去离子水稀释至刻度线,摇匀。

用上述稀释后的0.10 mg Mn/mL $KMnO_4$溶液润洗移液管至少2次,然后分别准确移取0.10 mg Mn/mL $KMnO_4$溶液2.00 mL、4.00 mL、6.00 mL、8.00 mL和10.00 mL至50 mL比色管中,用去离子水稀释至刻度线,摇匀,比色管中锰的含量分别为0.20 mg、0.40 mg、0.60 mg、0.80 mg和1.0 mg。

2.配制待测溶液

用电子分析天平准确称取钢样(50±5)mg,置于洁净的100 mL锥形瓶中,精确至0.1 mg,记录所称钢样的质量。然后加入10 mL硝硫混酸,低温加热,使钢样全部溶解。继续加热,赶走产生刺鼻气味的NO_2(此操作在通风橱内进行)。然后加入10 mL 20%过二硫酸铵溶液、5 mL 1%硝酸银溶液、7 mL磷酸溶液,将溶液全部转移至50 mL比色管中。用少量去离子水洗涤锥形瓶至少3次,合并全部洗涤液至比色管中,用去离子水稀释至刻度线,摇匀,备用。

3.目视比色

将待测试液与标准系列溶液的颜色进行比较,得出钢样中锰含量的大概范围。

4.测定吸光度

将各标准系列溶液和待测钢样溶液依次加入比色皿中,用分光光度计测定吸光度值。

5.数据处理

①绘制$A \sim c$工作曲线,得到线性回归方程$A=kc$。由测得的待测液的吸光度值计算出待测液中锰的含量。

②钢样中锰的含量可按下式计算:

$$w(\text{Mn})=\frac{m(\text{Mn})}{m(\text{钢样})}\times 100\%$$

五、思考题

(1)硝硫混酸、过二硫酸铵、$AgNO_3$和H_3PO_4在反应中各起什么作用?

(2)简述本实验测定锰含量的原理。如果以高碘酸钾溶液代替过硫酸铵溶液,是否还要加硝酸银?

(3)如何避免实验器皿对实验数据的干扰?怎样减小实验误差?

(4)试述实验过程中需要注意的操作细节。

第4章 分析化学实验

实验1　电子分析天平的操作及称量练习

一、实验目的

(1)了解电子分析天平的基本构造及主要部件,学会正确使用分析天平;

(2)掌握直接法、增量法和减量法称量实物;

(3)培养准确、简明、规范记录实验原始数据的习惯。

二、实验原理

电子分析天平是根据电磁力或电磁力矩平衡的原理设计的,具有性能稳定,操作简便,称量速度快,灵敏度高,能自动校正、去皮及质量电信号输出等特点。

电子分析天平的使用方法:

①水平调节,使水平仪内空气泡位于圆环中心;

②接通电源,预热 30 min;

③按 ON 键开机,使显示屏亮,并显示称量模式 0.000 0 g;

④称量:

a.直接称量。按 TAR 键,显示为 0.000 0 g 后,将称量物放入托盘中央,待读数稳定后,显示数字即为称量物的质量;

b.去皮称量。按 TAR 键清零,将空容器放在盘中央,再按 TAR 键显示 0.000 0 g 即去皮,将称量物放入空容器中,待读数稳定后,显示数字即为称量物的质量;

⑤长按 OFF 键关机。

三、主要仪器与试剂

仪器:电子分析天平,称量瓶,小烧杯。

试剂:Na_2CO_3(s)。

四、实验步骤

1.直接法称量

检查并调节天平的零点，将空的称量瓶轻轻放在天平的托盘中央，当显示屏数字稳定后方可读数，记录为 m_1。

2.增量法（又称指定准确质量称量法）称量

称取 0.254 9 g Na_2CO_3 试样于小烧杯中（精确至 0.1 mg）。称量时，按 TAR 键清零，将小烧杯置于天平托盘中央，显示屏数字稳定后，读数为小烧杯质量，再按 TAR 键，显示为 0.000 0 g，即去除皮重。然后将称量物缓慢加入小烧杯中直至达到指定质量，记录为 m_2。

3.减量法（又称递减称量法）称量

称量 0.3~0.5 g Na_2CO_3 试样（精确至 0.1 mg）。天平调零后，将称量瓶（内装 Na_2CO_3 粉末）置于天平托盘中央，显示屏数字稳定后读数，记录为 m_3。将称量瓶从天平上取下，用称量瓶盖轻敲瓶口外缘使试样慢慢落入小烧杯中。倾出的试样接近所需质量（从体积上估计或试重得知，可多次重复上述称量操作）后盖好称量瓶盖，再次称其质量，记录为 m_4。当 m_3-m_4 处于指定范围，即可停止称量。按上述方法连续递减，可称量多份试样。

五、数据分析与处理

按要求将相关实验数据填入表 4-1 中。

表 4-1　电子分析天平称量练习数据

单位：g

直接法	增量法	减量法	
$m_1=$	$m_2=$	称量瓶+试样的质量（倒出前）	$m_3=$
		称量瓶+试样的质量（倒出后）	$m_4=$
		称出试样的质量	$m_{试样}=$

六、注意事项

（1）称量前必须检查电子分析天平是否水平，框罩内外是否清洁，并对天平的计量性能作全面检查，确认无误后才可使用。

（2）称量前开机预热 0.5~1 h。如一天内需多次使用，可一直保持开机状态，以确保天平内部系统处于恒定的操作温度，有利于维持称量准确度的恒定。

（3）电子分析天平的上门仅在维修时使用，不得随意打开；开关天平侧门、放取称量物等操作的动作都要轻缓；调定零点及读取称量数据时，必须关闭两个侧门。

（4）注意天平的称量范围，不得超载称量。

（5）称量物温度必须与天平温度相同，具挥发性、腐蚀性的物质以及强酸强碱类物质应盛于带盖称量瓶内称量，以防止腐蚀天平。

（6）不能称量带磁性的物质。

（7）称量完毕应清洁框罩内外，然后切断电源，盖上防尘罩。

七、思考题

(1)称量结果应记录至小数点后第几位？为什么？

(2)增量法和减量法分别在什么情况下使用？

(3)用减量法称取试样时，若称量瓶内的试样吸湿，则将对称量结果造成什么误差？

实验2　滴定分析量器的使用及滴定基本操作

一、实验目的

(1)掌握酸(碱)式滴定管、容量瓶、移液管的洗涤和使用方法；

(2)初步掌握滴定操作及酸碱指示剂的选择方法。

二、实验原理

滴定分析是将一种已知准确浓度的试剂即标准溶液滴加到待测物质的溶液中，或者是将待测物质的溶液滴加到标准溶液中，直至化学反应完全，然后根据相关数据求得待测物质含量的一种分析方法。

酸碱滴定中常用HCl溶液和NaOH溶液作为滴定剂，浓HCl溶液易挥发、浓度不稳定，NaOH溶液不易制纯，在空气中易吸收CO_2和H_2O。因此，HCl和NaOH标准溶液应采用间接法配制，即先配制近似浓度的溶液，然后再用基准物质标定其准确浓度。

酸碱指示剂一般是弱酸或弱碱，具有一定的变色范围。0.1 mol/L NaOH溶液滴定0.1 mol/L HCl溶液时，化学计量点为pH=7.0，滴定的pH值突跃范围为4.3~9.7，可采用甲基橙(变色范围pH=3.1~4.4)和酚酞(变色范围pH=8.0~9.6)等指示剂来指示终点，相关反应如下：

$$NaOH+HCl = NaCl+H_2O$$

对于此反应有：

$$c(NaOH)V(NaOH)=c(HCl)V(HCl)$$

或

$$\frac{c(NaOH)}{c(HCl)}=\frac{V(HCl)}{V(NaOH)}$$

因此，在指示剂不变的情况下，特定浓度的HCl溶液和NaOH溶液相互滴定时，两种溶液消耗的体积之比应维持相对稳定，由此可以训练滴定操作技术和正确判断滴定终点的能力。

三、主要仪器与试剂

仪器：酸式滴定管(50 mL)，碱式滴定管(50 mL)，容量瓶(250 mL)，移液管，锥形瓶，量筒，台秤，烧杯，试剂瓶，洗耳球。

试剂：NaOH(s)，浓盐酸，酚酞指示剂(0.1%乙醇溶液)，甲基橙指示剂(0.1%水溶液)。

四、实验步骤

1.移液管、容量瓶和滴定管的使用练习

①洗涤移液管、酸式滴定管、碱式滴定管和容量瓶,应洗至不挂水珠;

②练习酸式滴定管和碱式滴定管的检漏、润洗、装液、赶气泡和调液面等操作;掌握酸式滴定管玻璃旋塞正确涂抹凡士林的方法;练习酸式滴定管和碱式滴定管的滴定操作,以及滴定过程中控制液滴大小和滴定速度的操作。

③以去离子水作为实验液体,练习用移液管移取液体;练习自烧杯转移液体至容量瓶、半瓶摇匀、定容等用容量瓶配制溶液或稀释溶液的基本操作。

2.溶液的配制

(1)0.1 mol/L HCl 溶液的配制

用洗净的量筒量取浓盐酸 4.2~4.5 mL,转移至预先盛有适量去离子水的 500 mL 试剂瓶中(在通风橱中进行),并用去离子水荡洗量筒数次,洗液转移至上述试剂瓶中,加水稀释至 500 mL,盖好瓶塞,摇匀备用。

(2)0.1 mol/L NaOH 溶液的配制

用台秤称取约 2.5 g NaOH 固体置于 100 mL 小烧杯中,以少量不含 CO_2 的去离子水迅速冲洗一次,弃去洗液。加入 50 mL 去离子水将冲洗过的 NaOH 溶解,然后转移至 500 mL 试剂瓶中,并用水荡洗烧杯数次,洗液转移至上述试剂瓶中,加水稀释至 500 mL,盖好橡皮塞,摇匀备用。

3.滴定操作练习

(1)以酚酞为指示剂

用移液管准确移取 25.00 mL 0.1 mol/ L HCl 溶液于 250 mL 锥形瓶中,加入 2~3 滴酚酞指示剂并摇匀,然后用 0.1 mol/L NaOH 溶液滴定,滴定过程中要不停地摇动锥形瓶。当粉红色褪去较慢时,表明已接近终点,应一滴或半滴地滴加 NaOH 溶液。滴定至溶液微红且在 30 s 内不褪色时即为终点,记录所消耗的 NaOH 溶液的体积。平行测定 3 次,计算 $V(\text{NaOH})/V(\text{HCl})$ 及相对平均偏差(≤0.3%)。

(2)以甲基橙为指示剂

用移液管准确移取 25.00 mL 0.1 mol/L NaOH 溶液于 250 mL 锥形瓶中,加入 1~2 滴甲基橙指示剂并摇匀,然后用 0.1 mol/L HCl 溶液滴定,滴定时要不停地摇动锥形瓶。滴定至溶液由黄色刚好变为橙色时即为终点,记录所消耗的 HCl 溶液的体积。平行测定 3 次,计算 $V(\text{HCl})/V(\text{NaOH})$ 及相对平均偏差(≤0.3%)。

五、数据分析与处理

按要求将相关实验数据填入表 4-2 和表 4-3 中。

表 4-2 NaOH 溶液滴定 HCl 溶液(以酚酞为指示剂)

记录项目 \ 滴定序号	1	2	3
$V(\text{HCl})$/mL	25.00		

续表

记录项目 \ 滴定序号	1	2	3
$V(NaOH)_{终读数}/mL$			
$V(NaOH)_{初读数}/mL$			
$V(NaOH)/mL$			
$V(NaOH)/V(HCl)$			
$V(NaOH)/V(HCl)$的平均值			
相对偏差 $d_r/\%$			
相对平均偏差 $\bar{d}_r/\%$			

表 4-3　HCl 溶液滴定 NaOH 溶液(以甲基橙为指示剂)

记录项目 \ 滴定序号	1	2	3
$V(NaOH)/mL$	25.00		
$V(HCl)_{终读数}/mL$			
$V(HCl)_{初读数}/mL$			
$V(HCl)/mL$			
$V(HCl)/V(NaOH)$			
$V(HCl)/V(NaOH)$的平均值			
相对偏差 $d_r/\%$			
相对平均偏差 $\bar{d}_r/\%$			

六、注意事项

(1)分析化学实验所用的水,通常为纯水(去离子水或蒸馏水)。故除特别指明外,本章所说的“水”即是“纯水”。

(2)注意控制好滴定速度,开始滴定时,滴定剂可一滴接一滴地滴入(切忌连成线),当接近终点时,应一滴一滴或半滴半滴地滴入。

(3)接近滴定终点时,应以少量去离子水冲洗锥形瓶内壁,否则将增大滴定误差。

七、思考题

(1)滴定管和移液管在使用前均要用待测溶液润洗,而滴定用的烧杯或锥形瓶为什么不能用待测液润洗呢?若酸式滴定管漏液、碱式滴定管尖端部分有气泡,应分别怎样处理?

(2)本实验中,配制 HCl 和 NaOH 标准溶液时,为什么用量筒量取 HCl 溶液,用台秤称取 NaOH 固体,而不用吸量管和分析天平?

(3)在每次滴定完成后,为什么要把溶液加至滴定管零点或零点稍下(0.5 mL 内),然后再进行第二次滴定?

(4)滴定分析中指示剂用量不能太多,为什么?

实验3　氢氧化钠标准溶液的配制与标定

一、实验目的

(1)掌握氢氧化钠标准溶液的配制与标定方法;

(2)了解基准物质邻苯二甲酸氢钾的性质及应用;

(3)掌握碱式滴定管的使用方法和酚酞指示剂判断滴定终点的方法;

(4)巩固减量法称量固体物质的操作。

二、实验原理

NaOH 标准溶液是滴定分析中最常用的碱标准溶液,常测定酸或酸性物质。固体 NaOH 具有很强的吸湿性,还易吸收空气中的 CO_2,且含有少量的硅酸盐、硫酸盐和氯化物等,因此只能用间接法配制 NaOH 标准溶液,再用基准物质标定其浓度。NaOH 易吸收空气中的 CO_2 而生成 Na_2CO_3,化学方程式为

$$2NaOH+CO_2 \xlongequal{} Na_2CO_3+H_2O$$

由于 Na_2CO_3 在饱和 NaOH 溶液中几乎不溶解,因此将 NaOH 制成饱和溶液(NaOH 含量约为 50%,相对密度约为 1.56 g/mL),待 Na_2CO_3 沉降后,吸取上清液,用新煮沸并冷却的去离子水稀释至所需浓度即可。

标定 NaOH 溶液浓度的基准物质有草酸($H_2C_2O_4 \cdot 2H_2O$)、邻苯二甲酸氢钾($KHC_8H_4O_4$,可简写为 KHP)等。通常选择邻苯二甲酸氢钾标定 NaOH 溶液,标定反应为

$$KHC_8H_4O_4+NaOH \xlongequal{} KNaC_8H_4O_4+H_2O$$

到化学计量点时,生成的 $KNaC_8H_4O_4$ 为弱酸强碱盐,溶液 pH 值约为 9.1,可用酚酞作指示剂。酚酞是一种有机弱酸,在酸性溶液中为无色,当碱色离子增加到一定浓度时,溶液将呈粉红色,可借此判断滴定终点(粉红色 30 s 内不褪即为终点)。

根据相关实验数据可以算出 NaOH 标准溶液的浓度,公式如下:

$$c(NaOH)=\frac{m(KHC_8H_4O_4)}{V(NaOH)\times M(KHC_8H_4O_4)}\times 1\,000$$

三、主要仪器与试剂

仪器:电子分析天平,台秤,称量瓶,碱式滴定管(50 mL),量筒,烧杯,试剂瓶(1 000 mL,带橡胶塞),锥形瓶(250 mL)。

试剂:NaOH(s)、酚酞指示剂(0.1%乙醇溶液)、邻苯二甲酸氢钾。

四、实验步骤

1.NaOH 溶液的配制

(1)NaOH 饱和溶液的配制

用台秤称取 110 g NaOH 固体,倒入装有 100 mL 去离子水的烧杯中,搅拌使之溶解,冷却后装入试剂瓶中,盖好橡皮塞,静置,澄清后备用。

(2)0.1 mol/L NaOH 滴定溶液的配制

用 10 mL 量筒量取 NaOH 饱和溶液的上清液约 5.5 mL,加入预先盛有 100 mL 新煮沸并冷却的去离子水的 1 000 mL 试剂瓶中,用水荡洗量筒数次,洗液转移至上述试剂瓶中,加水稀释至 1 000 mL,盖好瓶塞,摇匀,备用。

2.0.1 mol/L NaOH 溶液浓度的标定

用减量法准确称取(0.5±0.1)g (精确至 0.1 mg)已于 110~120 ℃下干燥的邻苯二甲酸氢钾,置于 250 mL 锥形瓶中,加入 20~30 mL 去离子水使其溶解(若不溶可稍加热,然后冷却),然后加入 2~3 滴酚酞指示剂,用待标定 NaOH 溶液滴定至溶液刚呈微红色,且 30 s 内不褪去即为终点,记录所消耗的 NaOH 溶液的体积。平行测定 3 次,根据相关实验数据,计算 NaOH 标准溶液的浓度和相对平均偏差(≤0.2%)。

五、数据分析与处理

按要求将相关实验数据填入表 4-4 中。

表 4-4 NaOH 标准溶液浓度的标定

记录项目 \ 滴定序号	Ⅰ	Ⅱ	Ⅲ
$m(KHC_8H_4O_4)/g$	$m_0=$	$m_1=$	$m_2=$
	$m_1=$	$m_2=$	$m_3=$
	$m_{Ⅰ}=$	$m_{Ⅱ}=$	$m_{Ⅲ}=$
$V(NaOH)/mL$	$V_{终Ⅰ}=$	$V_{终Ⅱ}=$	$V_{终Ⅲ}=$
	$V_{初Ⅰ}=$	$V_{初Ⅱ}=$	$V_{初Ⅲ}=$
	$V_{Ⅰ}=$	$V_{Ⅱ}=$	$V_{Ⅲ}=$
$c(NaOH)/(mol \cdot L^{-1})$			
$\bar{c}(NaOH)/(mol \cdot L^{-1})$			
相对偏差 $d_r/\%$			
相对平均偏差 $\bar{d}_r/\%$			

注:m_0——第一次倾出前称量瓶及 $KHC_8H_4O_4$ 的总质量;m_1——第一次倾出后的总质量,m_2、m_3,以此类推;$m_{Ⅰ}$——第一次测定消耗的 $KHC_8H_4O_4$ 的质量,$m_{Ⅰ}=m_0-m_1$,$m_{Ⅱ}$、$m_{Ⅲ}$,以此类推。

六、注意事项

(1)NaOH 固体极易吸潮,所以 NaOH 固体应放在表面皿上或小烧杯中称量,不能在称量纸上称量，并且称量速度应尽量快。

（2）NaOH 饱和溶液的腐蚀性很强，长期保存时，最好用聚乙烯塑料试剂瓶储存。一般情况下，可用玻璃瓶储存，但必须用橡皮塞。

（3）$KHC_8H_4O_4$ 溶解较慢，要待其溶解完全后才能用待标定的 NaOH 溶液滴定。

七、思考题

（1）基准物质 $KHC_8H_4O_4$ 实验前未作烘干处理，将使 NaOH 标准溶液浓度的标定结果偏高还是偏低？

（2）如何计算基准物质 $KHC_8H_4O_4$ 的质量范围？称量过多或过少对标定结果有何影响？

（3）用吸收了 CO_2 的 NaOH 标准溶液来测定盐酸的浓度，以酚酞为指示剂对测定结果有何影响？若改用甲基橙作指示剂，结果又将如何？

实验 4　盐酸标准溶液的配制与标定

一、实验目的

（1）掌握用无水碳酸钠作基准物质标定盐酸溶液的原理和方法，进一步熟悉滴定操作；

（2）掌握甲基橙指示剂的使用条件及其滴定终点的判断。

二、实验原理

盐酸标准溶液是滴定分析中常用的酸标准溶液，因为稀 HCl 溶液稳定性较好，且反应产物大多易溶于水，便于指示剂指示终点。

市售浓盐酸的相对密度约为 1.19 g/mL，含量约为 37%，浓度约为 12 mol/L。浓盐酸易挥发，因此配制盐酸标准溶液时需用间接法配制，即将浓盐酸稀释至接近所需浓度，然后用基准物质进行标定。

标定 HCl 溶液常用基准物无水 Na_2CO_3 和硼砂（$Na_2B_4O_7 \cdot 10H_2O$）等。本实验用无水 Na_2CO_3 作基准物质。标定反应的化学方程式为

$$2HCl+Na_2CO_3 = 2NaCl+H_2O+CO_2\uparrow$$

滴定至反应完全时，化学计量点的 pH 值约为 3.89，可选用甲基橙作指示剂（变色范围 pH 值为 3.1~4.4），溶液颜色由黄色刚变至橙色时即为滴定终点。用溴甲酚绿-二甲基混合指示剂时，颜色由绿色（或蓝绿色）变为亮黄色（pH 值约为 3.9）时即达滴定终点。

根据相关实验数据可以计算出 HCl 标准溶液的浓度，公式如下：

$$c(HCl)=\frac{2m(Na_2CO_3)}{V(HCl)\times M(Na_2CO_3)}\times 1\,000$$

三、主要仪器与试剂

仪器：电子分析天平，称量瓶，量筒，烧杯，试剂瓶，酸式滴定管，锥形瓶。

试剂：无水 Na_2CO_3，浓 HCl（密度约为 1.19 g/mL），甲基橙指示剂（0.1%水溶液）。

四、实验步骤

1.0.1 mol/L HCl 溶液的配制

用 10mL 量筒量取 4.2~4.5 mL 浓盐酸，倾入预先盛有 100 mL 去离子水的试剂瓶中，用水荡洗量筒数次，洗液全部转移至上述试剂瓶中，加水稀释至 500 mL，摇匀，贴好标签，待标定。

2.0.1 mol/L HCl 溶液浓度的标定

用减量法准确称取在 270~300 ℃下干燥至恒重的无水 Na_2CO_3 基准物 0.10~0.16 g(准确至 0.1 mg)，置于 250 mL 锥形瓶中，加入 20~30 mL 水溶解后，再加入 1~2 滴甲基橙指示剂，用待标定的 HCl 溶液滴定至溶液刚好由黄色变为橙色，记录消耗的 HCl 溶液的体积。平行测定 3 次，根据相关实验数据，计算 HCl 标准溶液的浓度和相对平均偏差(≤0.3%)。

五、数据分析与处理

按要求将相关实验数据填入表 4-5 中。

表 4-5　HCl 标准溶液浓度的标定

记录项目 \ 滴定序号	Ⅰ	Ⅱ	Ⅲ
$m(Na_2CO_3)$/g	$m_0=$	$m_1=$	$m_2=$
	$m_1=$	$m_2=$	$m_3=$
	$m_{\mathrm{I}}=$	$m_{\mathrm{II}}=$	$m_{\mathrm{III}}=$
$V(HCl)$/mL	$V_{终\mathrm{I}}=$	$V_{终\mathrm{II}}=$	$V_{终\mathrm{III}}=$
	$V_{初\mathrm{I}}=$	$V_{初\mathrm{II}}=$	$V_{初\mathrm{III}}=$
	$V_{\mathrm{I}}=$	$V_{\mathrm{II}}=$	$V_{\mathrm{III}}=$
$c(HCl)/(mol\cdot L^{-1})$			
$\bar{c}(HCl)/(mol\cdot L^{-1})$			
相对偏差 d_r/%			
相对平均偏差 $\bar{d}_r$/%			

六、注意事项

(1)在 270~300 ℃下干燥 Na_2CO_3 可以除去水分和少量 $NaHCO_3$。但加热温度不应超过 300 ℃，否则将导致部分 Na_2CO_3 转化为 Na_2O。干燥至恒重的无水 Na_2CO_3 有吸湿性，因此宜采用减量法快速称取，且称量瓶一定要盖严。

(2)甲基橙是双色指示剂，为了便于终点颜色判断，加入指示剂的量不宜过多。

(3)本实验在临近滴定终点时，由于形成了 H_2CO_3—$NaHCO_3$ 缓冲溶液，溶液 pH 值变化不大，终点变色不够敏锐，因此临近滴定终点时应剧烈摇动锥形瓶(或加热冷却后再滴定)。

七、思考题

(1)为什么把无水 Na_2CO_3 放在称量瓶中称量？称量瓶是否要预先称准？称量时盖子是否要盖好？

(2)称好的基准物质无水 Na_2CO_3 需加 20～30 mL 水溶解,水的体积是否要准确量取？为什么？

(3)已干燥至恒重的无水 Na_2CO_3 在保存过程中吸湿,若仍用它标定 HCl 溶液的浓度,则会使标定结果偏大还是偏小？

实验 5　铵盐中氮含量的测定(甲醛法)

一、实验目的

(1)掌握甲醛法间接测定铵盐中氮含量的原理和方法;

(2)进一步掌握滴定操作和酸碱指示剂选择原理。

二、实验原理

常见的硫酸铵、硝酸铵和氯化铵是强酸弱碱盐,但由于 NH_4^+ 的酸性太弱($K_a=5.6\times10^{-10}$),故不能直接用 NaOH 标准溶液滴定。生产和实验室中常采用甲醛法测定铵盐中的氮含量。

甲醛法基于如下化学反应:

$$4NH4^{+}+6HCHO = (CH_2)_6N_4H^{+}+3H^{+}+6H_2O$$

反应中生成的 H^+和$(CH_2)_6N_4H^+$(Ka=7.1×10^{-6})可用 NaOH 标准溶液滴定。达化学计量点时,溶液 pH 值约为 8.8,故可选择酚酞作指示剂,滴定至淡红色且 30 s 内不褪即为终点。

$$(CH_2)_6N_4H^{+}+3H^{+}+4OH^{-} = (CH_2)_6N_4+4H_2O$$

根据 NH_4^+与 OH^-的等化学量关系,可间接计算出铵盐中的氮含量(%),计算公式如下:

$$w(N)=\frac{c(NaOH)\times V(NaOH)\times10^{-3}\times Ar(N)}{m_s}\times100\%$$

式中,Ar(N)是 N 的相对原子质量,m_s 是铵盐试样的质量。

三、主要仪器与试剂

仪器:台秤,电子分析天平,碱式滴定管(50 mL),移液管,量杯,量筒,烧杯,试剂瓶(1 000 mL,带橡胶塞),锥形瓶。

试剂:$(NH_4)_2SO_4$(s),NaOH(A.R.),邻苯二甲酸氢钾基准物质,甲醛溶液(1:1),酚酞指示剂(0.1%乙醇溶液)。

四、实验步骤

1.0.1 mol/L NaOH 溶液的配制和标定

参见实验 3,以邻苯二甲酸氢钾作基准物质(使用前在 110～120 ℃下干燥至恒重),以酚酞为指示剂(0.1%乙醇溶液)。

2.甲醛溶液的处理

由于受空气氧化,甲醛中常含有微量甲酸,故应事先除去,否则将导致测定结果偏高。中性甲醛溶液(1:1)的制备:取市售40%甲醛溶液的上清液20 mL于烧杯中,用水稀释一倍,加入1~2滴酚酞指示剂,再小心滴加0.1 mol/L NaOH标准溶液滴定至溶液呈浅粉色,然后用未中和的甲醛(40%甲醛溶液的上清液用水稀释一倍)滴至刚好无色。

3.铵盐中氮含量的测定

用减量法准确称取$(NH_4)_2SO_4$试样1.3~2.0 g(精确至0.1 mg),置于100 mL烧杯中,用30 mL水溶解,然后定量转移至250 mL容量瓶中,最后用去离子水稀释至刻度线,摇匀备用。

用移液管准确移取上述$(NH_4)_2SO_4$试液25.00 mL于锥形瓶中,然后加入5 mL中性甲醛溶液(1:1),再加入1~2滴酚酞指示剂并摇匀,静置1 min后,用0.1 mol/L NaOH标准溶液滴定至溶液呈粉红色且30 s内不褪色即为终点,记录所消耗的NaOH溶液的体积。平行测定3次,根据相关实验数据,计算铵盐中的氮含量(%)和相对平均偏差。

五、数据分析与处理

按要求将相关实验数据填入表4-6中。

表4-6　铵盐中氮含量的测定

记录项目 \ 滴定序号	Ⅰ	Ⅱ	Ⅲ
m_s/g	$m_0=$	$m_1=$	$m_2=$
	$m_1=$	$m_2=$	$m_3=$
	$m_{Ⅰ}=$	$m_{Ⅱ}=$	$m_{Ⅲ}=$
$c(NaOH)/(mol\cdot L^{-1})$			
$V(NaOH)$/mL	$V_{终Ⅰ}=$	$V_{终Ⅱ}=$	$V_{终Ⅲ}=$
	$V_{初Ⅰ}=$	$V_{初Ⅱ}=$	$V_{初Ⅲ}=$
	$V_{Ⅰ}=$	$V_{Ⅱ}=$	$V_{Ⅲ}=$
$w(N)$/%			
$\overline{w}(N)$/%			
相对偏差d_r/%			
相对平均偏差$\overline{d}_r$/%			

六、注意事项

(1)若铵盐试样中含有游离酸,则可以甲基红为指示剂,用0.1 mol/L NaOH标准溶液滴定至溶液呈橙色,以除去游离酸,然后再加入甲醛溶液进行测定。

(2)临近终点时,每滴加一滴NaOH标准溶液都需充分摇匀,最好每两滴间隔2~3 s,滴定至溶液呈粉红色且持续 30 s 内不褪色即为终点。同时要将锥形瓶壁的溶液用少量去离子水冲洗下去，否则将增大测定误差。

七、思考题

(1)测定铵盐中的氮含量时，能否用 NaOH 标准溶液直接滴定？为什么？

(2)中和甲醛试剂中的甲酸和铵盐试样中的游离酸时，应分别选择甲基红和酚酞中的哪一种作指示剂？为什么？

(3)测定铵盐试样中的氮含量时，能否改用甲基橙作指示剂？

(4)能否用甲醛法测定 NH_4Cl、NH_4NO_3 和 NH_4HCO_3 中的氮含量？为什么？

实验 6　混合碱中碳酸钠和碳酸氢钠含量的测定(双指示剂法)

一、实验目的

(1)了解强碱弱酸盐在滴定过程中 pH 值的变化及指示剂的选择；

(2)掌握双指示剂法测定混合碱中碳酸钠和碳酸氢钠含量以及总碱量的原理及方法；

(3)进一步熟练滴定操作和正确判断滴定终点的方法；

(4)学习连续滴定的相关计算。

二、实验原理

混合碱通常是指 $NaHCO_3$ 与 Na_2CO_3 或 Na_2CO_3 与 NaOH 的混合物。欲测定混合碱中各组分的含量，可用盐酸标准溶液进行滴定，根据滴定过程中 pH 值的变化情况，选用两种不同指示剂分别指示第一、第二化学计量点，即“双指示剂法”。

由 Na_2CO_3 和 $NaHCO_3$ 组成的混合碱，可先在试样溶液中加入酚酞指示剂，用 HCl 标准溶液滴定至红色刚好褪去(即为第一终点)，记录消耗的 HCl 标准溶液的体积 V_1。此时溶液中的 Na_2CO_3 被滴定成 $NaHCO_3$，反应如下：

$$Na_2CO_3+HCl = NaHCO_3+NaCl$$

然后再向上述溶液中加入甲基橙指示剂，继续用 HCl 标准溶液滴定至溶液由黄色刚变为橙色(即为第二终点)，记录消耗的 HCl 标准溶液的体积 V_2。此时溶液中的 $NaHCO_3$ 被全部中和为 H_2CO_3，反应如下：

$$NaHCO_3+HCl = NaCl+CO_2\uparrow+H_2O$$

结合两步消耗的 HCl 标准溶液的体积可以分别计算出混合碱中 Na_2CO_3 和 $NaHCO_3$ 的含量以及该混合碱的总碱量(通常以 Na_2O 的含量表示)。计算公式分别如下：

$$w(Na_2CO_3)=\frac{c(HCl)\times V_1\times\frac{M(Na_2CO_3)}{1\ 000}}{m_s}\times100\%$$

$$w(NaHCO_3)=\frac{c(HCl)\times(V_2-V_1)\times\frac{M(NaHCO_3)}{1\ 000}}{m_s}\times100\%$$

$$w(Na_2O)=\frac{\frac{1}{2}\times c(HCl)\times(V_2+V_1)\times\frac{M(Na_2O)}{1\ 000}}{m_s}\times100\%$$

式中，m_s 为混合碱试样质量。

三、主要仪器与试剂

仪器：电子分析天平，称量瓶，酸式滴定管（50 mL），锥形瓶，容量瓶，量筒，烧杯，试剂瓶（500 mL，带橡胶塞），移液管。

试剂：HCl 标准溶液（0.1 mol/L），混合碱试样（Na_2CO_3 和 $NaHCO_3$ 组成），无水 Na_2CO_3 基准物质，酚酞指示剂（0.1%乙醇溶液），甲基橙指示剂（0.1%水溶液）。

四、实验步骤

1.0.1mol/L HCl 标准溶液的配制与标定

参见实验 4，以无水 Na_2CO_3 作基准物质（于 270~300 ℃下干燥 2 h，稍冷后置于干燥器中冷却至室温备用，一周内有效），以甲基橙（0.1%水溶液）为指示剂。

2.混合碱溶液的配制及相关组分含量的测定

用电子分析天平准确称取混合碱试样 0.15~0.2 g（精确至 0.1 mg），置于 250 mL 锥形瓶中，加入 50 mL 去离子水，不断摇晃锥形瓶至混合碱试样完全溶解。再加入 2 滴酚酞指示剂使溶液显红色，然后用 0.1 mol/L HCl 标准溶液滴定至红色刚好褪去，记录消耗的 HCl 标准溶液的体积 V_1。

在上述溶液中加入 2 滴甲基橙指示剂，继续用 0.1 mol/L HCl 标准溶液滴定，直到溶液由黄色刚变为橙色，记录所消耗的 HCl 标准溶液的体积为 V_2。

按同样的操作平行测定 3 次，根据消耗的 HCl 标准溶液的体积可以分别计算出混合碱中 Na_2CO_3 和 $NaHCO_3$ 的含量，以及该混合碱的总碱量和相对平均偏差（≤0.3%）。

五、数据分析与处理

按要求将相关实验数据填入表 4-7 中。

表 4-7　混合碱中相关组分含量的测定

记录项目 \ 滴定序号		Ⅰ	Ⅱ	Ⅲ
m_s/g		m_0 =	m_1 =	m_2 =
		m_1 =	m_2 =	m_3 =
		$m_{\text{Ⅰ}}$ =	$m_{\text{Ⅱ}}$ =	$m_{\text{Ⅲ}}$ =
滴定开始至到达第一终点时消耗的 HCl 标准溶液的体积	$V_{终1}$/mL			
	$V_{初}$/mL			
	V_1/mL			

续表

记录项目 \ 滴定序号		Ⅰ	Ⅱ	Ⅲ
第一终点至到达第二终点时消耗的 HCl 标准溶液的体积	$V_{终2}$/mL			
	$V_{终1}$/mL			
	V_2/mL			
$w(Na_2CO_3)$/%				
$\overline{w}(Na_2CO_3)$/%				
相对偏差 d_r/%				
相对平均偏差 $\overline{d}_r$/%				
$w(NaHCO_3)$/%				
$\overline{w}(NaHCO_3)$/%				
相对偏差 d_r/%				
相对平均偏差 $\overline{d}_r$/%				
$w(Na_2O)$/%				
$\overline{w}(Na_2O)$/%				
相对偏差 d_r/%				
相对平均偏差 $\overline{d}_r$/%				

六、注意事项

(1)临近第一终点时,滴定速度不要过快,同时摇动要均匀,否则会造成 HCl 局部过浓,Na_2CO_3 直接转化为 CO_2,带来滴定误差;但滴定速度也不能太慢,以免空气中的 CO_2 进入溶液中。

(2)达到第二终点时溶液的颜色为橙色,颜色若太黄会造成计算出的 $NaHCO_3$ 含量偏低,若太红会造成 $NaHCO_3$ 含量偏高。

(3)临近第二终点时,一定要充分摇动锥形瓶,以除去过量的 CO_2,避免形成 H_2CO_3 过饱和溶液,溶液 pH 值增大,导致终点提前,造成计算出的 $NaHCO_3$ 含量偏低。

七、思考题

(1)在临近第二终点时,为什么要充分摇动锥形瓶?如何用甲基橙指示剂判断第二终点?

(2)在用 HCl 标准溶液测定混合碱中 Na_2CO_3 和 $NaHCO_3$ 的含量时,若将混合碱试样的溶液在空气中放置一段时间后再开始滴定,对测定结果有什么影响?临近第一终点时,滴定速度过快或摇动不均匀,又将给测定结果造成什么影响?

(3)本实验用酚酞作指示剂时,滴定所消耗的 HCl 标准溶液较以甲基橙为指示剂的少,为什么?

实验7 EDTA标准溶液的配制与标定

一、实验目的

(1)掌握EDTA标准溶液的配制和标定方法;

(2)掌握络合滴定的原理,了解络合滴定的特点;

(3)熟悉金属指示剂的使用原则及变色原理。

二、实验原理

乙二胺四乙酸(简称EDTA,常用H_4Y表示),是分析化学中使用最广泛的一种螯合剂,能与大多数金属离子形成1∶1型的稳定螯合物。EDTA在水中的溶解度很小[0.02 g/(100 mL H_2O),22 ℃],不适合滴定分析,故常用溶解度较大的乙二胺四乙酸二钠(简称EDTA二钠,也简写为EDTA)[11.1 g/(100 mL H_2O),约0.3 mol/L,pH值约为4.5,22 ℃]配制标准溶液。

常用于标定EDTA溶液的基准物质有Zn、Cu、Pb、Bi、ZnO、Bi_2O_3、$CaCO_3$、$MgSO_4 \cdot 7H_2O$、$Zn(Ac)_2 \cdot 3H_2O$等。一般选用被测元素的纯金属或者化合物作基准物质,这样标定条件与测定条件尽量一致,可减小实验误差。

(1)以$CaCO_3$为基准物标定EDTA溶液

若EDTA溶液用于测定Ca^{2+}、Mg^{2+}等离子,则宜选择$CaCO_3$作基准物质,以钙指示剂指示终点。首先加HCl溶液与$CaCO_3$作用制成钙标准溶液,反应方程式如下:

$$CaCO_3+2HCl \Longrightarrow CaCl_2+H_2O+CO_2\uparrow$$

然后吸取一定量钙标准溶液,调节溶液酸碱度至pH值为12~13,用钙指示剂,以待标定的EDTA溶液滴定至从酒红色变为纯蓝色即为滴定终点,其变色原理为:

滴定前:$Ca^{2+}+HIn^{2-}$(纯蓝色) $\Longrightarrow$ $CaIn^{-}$(酒红色)$+H^+$

滴定中:$Ca^{2+}+H_2Y^{2-} \Longrightarrow CaY^{2-}+2H^+$

终点时:$CaIn^{-}$(酒红色)$+H_2Y^{2-} \Longrightarrow CaY^{2-}+HIn^{2-}$(纯蓝色)$+H^+$

(2)以ZnO为基准物标定EDTA溶液

若EDTA溶液用于测定Pb^{2+}、Bi^{3+}等离子,则宜以ZnO或金属锌为基准物,用二甲酚橙(XO)为指示剂,对EDTA溶液进行标定。在pH=5~6的介质中,游离状态的二甲酚橙为黄色,滴定开始前Zn^{2+}与二甲酚橙形成比较稳定的紫红色的络合物,使溶液呈现紫红色。当用EDTA标准溶液滴定时,由于EDTA能与Zn^{2+}形成更稳定的无色离子ZnY^{2-},反应达到化学计量时释放出游离状态的二甲酚橙指示剂,溶液由紫红色变为亮黄色即为滴定终点。

络合滴定用水应为去离子水或二次蒸馏水,不含Fe^{3+}、Al^{3+}、Cu^{2+}、Ca^{2+}、Mg^{2+}等杂质离子。

三、主要仪器与试剂

仪器:酸式滴定管(50 mL),移液管,电子分析天平,台秤,量筒,锥形瓶,试剂瓶,烧杯。

试剂:乙二胺四乙酸二钠($Na_2H_2Y \cdot 2H_2O$)(s),$CaCO_3$基准物质,ZnO基准物质,NaOH

(6 mol/L),HCl(6 mol/L),六次甲基四胺(20%),钙指示剂,二甲酚橙指示剂(0.2%水溶液)。

四、实验步骤

1.0.01 mol/L EDTA 溶液的配制

用台秤称取 1.8~2.0 g $Na_2H_2Y \cdot 2H_2O$ 溶解于 200 mL 温热的去离子水中,然后转移至试剂瓶中稀释至 500 mL,摇匀备用(如浑浊可过滤后使用)。

2.以 $CaCO_3$ 为基准物标定 EDTA 溶液

(1)0.01 mol/ L Ca^{2+}标准溶液的配制

用减量法准确称取碳酸钙 0.25~0.3 g(精确至 0.1 mg)置于 100 mL 烧杯中,加少量去离子水润湿,盖上表面皿,再从杯嘴边缘逐滴加入约 10 mL 6 mol/L HCl 溶液,使 $CaCO_3$ 全部溶解。加水 50 mL,微沸 1 min 以除去 CO_2 和过量的 HCl,冷却后完全转移至 250 mL 容量瓶中,用少量水冲洗表面皿底部和烧杯内壁数次,洗液一并转入容量瓶,加水稀释至刻度线,摇匀备用。计算 Ca^{2+}标准溶液的准确浓度。

(2)用 Ca^{2+}标准溶液标定 EDTA 溶液

用移液管准确移取 25.00 mL Ca^{2+}标准溶液于 250 mL 锥形瓶中,加入 25 mL 水、2mL 6 mol/L NaOH溶液(调节溶液酸碱度至 pH=12~13)和适量(米粒大小)钙指示剂,摇匀后,用待标定的 EDTA 溶液滴定,溶液刚好从酒红色变为纯蓝色即为终点,记录消耗的 EDTA 溶液的体积。平行测定 3 次,根据相关实验数据,计算 EDTA 标准溶液的浓度和相对平均偏差(≤0.2%)。

3.以 ZnO 为基准物标定 EDTA 溶液

(1)Zn^{2+}标准溶液的配制

用电子分析天平准确称取已在 800~1 000 ℃灼烧 20 min 以上的基准物 ZnO 0.2~0.25 g(精确至 0.1 mg)置于 100 mL 烧杯中,逐滴加入 6 mol/L HCl,边滴加边搅拌至 ZnO 完全溶解,然后定量转移入 250 mL 容量瓶中,用水稀释至刻度线,摇匀备用。计算 Zn^{2+}标准溶液的准确浓度。

(2)用 Zn^{2+}标准溶液标定 EDTA 溶液

用移液管准确移取 25.00 mL Zn^{2+}标准溶液于 250 mL 锥形瓶中,加入 25 mL 水和 2~3 滴二甲酚橙指示剂,然后滴加六次甲基四胺(20%)至溶液呈稳定的紫红色后再多加 3 mL。然后用待标定的 EDTA 溶液滴定,溶液刚好由红紫色变成亮黄色即为终点,记录消耗的 EDTA 溶液的体积。平行测定 3 次,根据相关实验数据,计算 EDTA 标准溶液的浓度和相对平均偏差(≤0.2%)。

五、数据分析与处理

按要求将相关实验数据填入表 4-8 和表 4-9 中。

表 4-8　以 $CaCO_3$ 为基准物标定 EDTA 溶液

记录项目＼滴定序号	Ⅰ	Ⅱ	Ⅲ
$c(Ca^{2+})/(mol \cdot L^{-1})$			
$V(Ca^{2+})/mL$	25.00 mL		
$V(EDTA)/mL$	$V_{终Ⅰ}=$	$V_{终Ⅱ}=$	$V_{终Ⅲ}=$
	$V_{初Ⅰ}=$	$V_{初Ⅱ}=$	$V_{初Ⅲ}=$
	$V_{Ⅰ}=$	$V_{Ⅱ}=$	$V_{Ⅲ}=$
$c(EDTA)/(mol \cdot L^{-1})$			
$\bar{c}(EDTA)/(mol \cdot L^{-1})$			
相对偏差 $d_r/\%$			
相对平均偏差 $\bar{d}_r/\%$			

表 4-9　以 ZnO 为基准物标定 EDTA 溶液

记录项目＼滴定序号	Ⅰ	Ⅱ	Ⅲ
$c(Zn^{2+})/(mol \cdot L^{-1})$			
$V(Zn^{2+})/mL$	25.00 mL		
$V(EDTA)/mL$	$V_{终Ⅰ}=$	$V_{终Ⅱ}=$	$V_{终Ⅲ}=$
	$V_{初Ⅰ}=$	$V_{初Ⅱ}=$	$V_{初Ⅲ}=$
	$V_{Ⅰ}=$	$V_{Ⅱ}=$	$V_{Ⅲ}=$
$c(EDTA)/(mol \cdot L^{-1})$			
$\bar{c}(EDTA)/(mol \cdot L^{-1})$			
相对偏差 $d_r/\%$			
相对平均偏差 $\bar{d}_r/\%$			

根据相关数据计算 EDTA 标准溶液的浓度，公式如下：

$$c(EDTA)=\frac{m(CaCO_3)}{V(EDTA)\times M(CaCO_3)}\times 1\ 000$$

或

$$c(EDTA)=\frac{m(ZnO)}{V(EDTA)\times M(ZnO)}\times 1\ 000$$

六、注意事项

(1)加入 HCl 溶液溶解 $CaCO_3$ 粉末时，加入的 HCl 溶液不宜过多，且必须盖上表面皿，溶液应在微沸状态下除去 CO_2 和过量的 HCl。

(2)一般选用被测元素的纯金属或者化合物作基准物质标定 EDTA 溶液，这样可使标定条件与测定条件尽量一致，从而减小误差。

(3)络合反应的速率比较慢，滴加 EDTA 溶液的速度不能过快。临近终点时，应逐滴加入 EDTA 溶液，并充分摇动锥形瓶，以便准确显示终点颜色。

七、思考题

(1)为什么常使用乙二胺四乙酸二钠而不使用乙二胺四乙酸来配制 EDTA 标准溶液？

(2)常用的标定 EDTA 溶液的基准物质有哪些？应该如何选择？用 HCl 溶液溶解 $CaCO_3$ 基准物质时，操作中应注意些什么？

(3)本实验为什么要使用两种基准物质和两种指示剂分别标定 EDTA 溶液？

(4)当以 XO 为指示剂，用 Zn^{2+} 标准溶液标定 EDTA 溶液的浓度时，最适宜的 pH 值范围是多少？终点变色原理是什么？

(5)在络合滴定中，为什么要加入适量的缓冲溶液来控制溶液的酸碱度？

实验 8　自来水总硬度及钙、镁含量的测定(络合滴定法)

一、实验目的

(1)进一步掌握 EDTA 标准溶液的配制和标定方法；

(2)掌握络合滴定法测定自来水中钙、镁含量的原理和方法；

(3)掌握铬黑 T 和钙指示剂的使用条件和终点颜色变化的原理；

(4)了解水硬度的表示方法。

二、实验原理

Ca^{2+}、Mg^{2+} 是自来水中存在的主要金属离子。含有钙镁盐类的水称为硬水。通常用 Ca^{2+}、Mg^{2+} 的总含量来表示水的总硬度，其中包括碳酸盐硬度(又叫暂时性硬度，水中 Ca^{2+}、Mg^{2+} 以酸式碳酸盐形式存在，遇热即形成碳酸盐沉淀)和永久性硬度(又称非碳酸盐硬度，Ca^{2+}、Mg^{2+} 以硫酸盐、硝酸盐和氯化物形式存在)。硬度对工业用水影响很大，各种工业用水对水的硬度都有一定的要求。饮用水硬度过高会影响肠胃消化功能。因此，硬度是水质分析的重要指标之一。

测定水的总硬度的标准分析方法是络合滴定法，在 pH = 10 的氨性缓冲溶液中，以铬黑 T(EBT)为指示剂，用 EDTA 标准溶液滴定待测水样中的 Ca^{2+}、Mg^{2+}。铬黑 T 和 EDTA 都能与 Ca^{2+}、Mg^{2+} 形成络合物，其络合物的稳定性顺序为 $CaY^{2-} > MgY^{2-} > MgIn^- > CaIn^-$。滴定开始前铬黑 T 先与 Mg^{2+} 形成酒红色的络合物。当在待测水样中滴入 EDTA 标准溶液时，首先与其结合的是 Ca^{2+}，其次是游离状态的 Mg^{2+}，然后 EDTA 再夺取 $MgIn^-$ 中的 Mg^{2+}，释放出铬黑 T 指示剂，溶液颜色由酒红色变为纯蓝色，指示终点的到达。该过程中发生的反应如下：

滴定前：

$$Mg^{2+}+HIn^{2-}(\text{纯蓝色}) \rlap{=}\;= MgIn^{-}(\text{酒红色})+H^{+}$$

滴定开始至终点前：

$$Ca^{2+}+H_2Y^{2-} = CaY^{2-}+2H^{+}$$

$$Mg^{2+}+H_2Y^{2-} = MgY^{2-}+2H^{+}$$

达滴定终点时：

$$MgIn^{-}(\text{酒红色})+H_2Y^{2-} = MgY^{2-}+HIn^{2-}(\text{纯蓝色})+H^{+}$$

Ca^{2+}含量的测定原理与总硬度测定原理相同，但需加入 NaOH 调节溶液酸碱度至 pH 值为 12~13，使 Mg^{2+}生成难溶的 $Mg(OH)_2$ 沉淀。然后加入钙指示剂，达滴定终点时，溶液也由酒红色变为纯蓝色。Mg^{2+}含量可由总硬度减去 Ca^{2+}含量即可得到。

目前我国主要采用将水中钙、镁离子的总量换算成 $CaCO_3$ 的含量（mg/L 或 mmol/L）或 CaO 的含量[单位为德国度(°dH)，1°dH 相当于 10 mg CaO]来表示水的总硬度。我国卫生部颁布的《生活饮用水卫生标准》规定，生活饮用水总硬度以 $CaCO_3$ 计，不得超过 450 mg/L（若以 CaO 计，则不超过 25°dH）。

三、主要仪器与试剂

仪器：台秤，电子分析天平，酸式滴定管（50 mL），移液管（50 mL），量筒，锥形瓶，试剂瓶，烧杯。

试剂：乙二胺四乙酸二钠（$Na_2H_2Y \cdot 2H_2O$），NaOH（6 mol/L），HCl（6 mol/L），$CaCO_3$ 基准物质，氨性缓冲溶液（pH = 10，27g NH_4Cl 溶于适量水中，加浓氨水 175 mL，用水稀释至 500 mL），铬黑 T 指示剂（将 1 g 铬黑 T 与 100 g NaCl 研细混匀，装入棕色广口试剂瓶），钙指示剂（将 1 g 钙指示剂与 100 g NaCl 研细混匀，装入棕色广口试剂瓶）。

四、实验步骤

1.0.01 mol/L EDTA 标准溶液的配制

参见实验 7。

2.自来水总硬度的测定

打开水龙头放水数分钟，然后用洗净且干燥的烧杯取自来水样 500 mL 备用。准确移取 100.00 mL 自来水样于 250 mL 锥形瓶中，加入 10 mL 氨性缓冲液和适量（米粒大小）铬黑 T 指示剂，用 EDTA 标准溶液滴定，至溶液颜色刚好由酒红色变为纯蓝色即为终点。记录消耗的 EDTA 标准溶液的体积 V_1。平行测定 3 次，根据相关实验数据，计算自来水的总硬度和相对平均偏差。

3.自来水中 Ca^{2+}、Mg^{2+}含量的测定

用移液管准确移取 100.00 mL 自来水样于 250 mL 锥形瓶中，加 2 mL 6 mol/L NaOH 调节溶液酸碱度至 pH 值为 12~13，Mg^{2+}生成难溶的 $Mg(OH)_2$ 沉淀，然后加入钙指示剂与 Ca^{2+}形成酒红色的络合物。用 EDTA 标准溶液滴定待测水样，并不断摇动锥形瓶，至溶液颜色刚好由酒红色变为纯蓝色即为终点。记录消耗的 EDTA 标准溶液的体积 V_2。平行测定 3 次，根据相关实验数据，计算自来水中 Ca^{2+}的质量浓度（mg/L）和相对平均偏差。

根据 $\overline{V}_1$ 和 $\overline{V}_2$ 可以计算出待测水样中 Mg^{2+}的质量浓度（mg/L）。

五、数据分析与处理

按要求将相关实验数据填入表 4-10 和表 4-11 中（EDTA 标准溶液浓度的标定表格参见实验 7）。

表 4-10　自来水总硬度的测定

记录项目＼滴定序号		Ⅰ	Ⅱ	Ⅲ
V(待测水样)/mL		100.00		
c(EDTA)/(mol·L^{-1})				
V(EDTA)/mL	$V_{终1}$			
	$V_{初}$			
	V_1			
$\overline{V}_1$/mL				
$\rho(CaCO_3)$/(mg·L^{-1})				
$\overline{\rho}(CaCO_3)$/(mg·L^{-1})				
相对偏差 d_r/%				
相对平均偏差 $\overline{d}_r$/%				

表 4-11　Ca^{2+}、Mg^{2+}含量的测定

记录项目＼滴定序号		Ⅰ	Ⅱ	Ⅲ
V(待测水样)/mL		100.00		
c(EDTA)/(mol·L^{-1})				
V(EDTA)/mL	$V_{终2}$			
	$V_{初}$			
	V_2			
$\overline{V}_2$/mL				
$\rho(Ca^{2+})$/(mg·L^{-1})				
$\overline{\rho}(Ca^{2+})$/(mg·L^{-1})				
相对偏差 d_r/%				
相对平均偏差 $\overline{d}_r$/%				
$\rho(Mg^{2+})$/(mg·L^{-1})				

结合两步消耗的 EDTA 标准溶液的体积可以分别计算出自来水的总硬度及 Ca^{2+}、Mg^{2+}的含量（以质量浓度 mg/L 表示），计算式如下：

$$\rho(CaCO_3)=\frac{c(EDTA)V_1M(CaCO_3)}{100.00}\times1\ 000$$

$$\rho(Ca^{2+})=\frac{c(EDTA)V_2Ar(Ca)}{100.00}\times1\ 000$$

$$\bar{\rho}(Mg^{2+})=\frac{c(EDTA)(\bar{V}_1-\bar{V}_2)Ar(Mg)}{100.00}\times1\ 000$$

式中，$Ar(Ca)$、$Ar(Mg)$分别是 Ca、Mg 的相对原子质量。

六、注意事项

(1)铬黑 T 与 Mg^{2+}的显色灵敏度高于其与 Ca^{2+}的显色灵敏度，当待测水样中 Mg^{2+}含量太少时，终点颜色不敏锐。滴定前可以在待测水样中加入适量的 Mg^{2+}-EDTA 溶液，Ca^{2+}把 Mg^{2+}从 Mg^{2+}-EDTA 中置换出来，Mg^{2+}与 EBT 形成酒红色的络合物，终点时溶液颜色由酒红色变为纯蓝色，从而提高终点变色的敏锐性。

(2)络合反应的速率较酸碱反应慢，滴定过程应该慢滴快摇，尤其是临近终点时，EDTA 标准溶液更要慢慢加入，同时用力摇动锥形瓶，确保终点显色敏锐。

(3)待测水样中含有 Fe^{3+}、Al^{3+}、Cu^{2+}、Pb^{2+}、Zn^{2+}等，会干扰 Ca^{2+}、Mg^{2+}的测定，此时可以在 pH<4 的情况下加入三乙醇胺掩蔽 Fe^{3+}和 Al^{3+}，加入 Na_2S 掩蔽 Cu^{2+}、Pb^{2+}和 Zn^{2+}，然后调节溶液酸碱度至滴定 pH 值，再加入适量指示剂即可用 EDTA 标准溶液滴定。

(4)当水样中 HCO_3^-和 H_2CO_3 含量较高时，终点变色将不敏锐，此时可将水样用 HCl 酸化并煮沸后再测定或者采用返滴定法。

七、思考题

(1)水的总硬度是指什么？目前我国主要采用什么方法来计算水的总硬度？

(2)测定自来水的总硬度时，应选择什么物质作为标定 EDTA 溶液的基准物质？为什么？

(3)测定自来水的总硬度时，用什么指示剂指示终点？溶液 pH 值应控制在什么范围？用什么缓冲溶液来调节溶液的酸碱度？

(4)用络合滴定法测定自来水的总硬度时，哪些共存离子有干扰？应采取什么措施消除其干扰？

(5)测定自来水总硬度时为什么要控制溶液 pH=10，而测定 Ca^{2+}的含量时要调节溶液 pH 值为 12~13？当溶液 pH>13 时，能否准确测定 Ca^{2+}的含量？

实验 9　铅铋混合液中 Bi^{3+}、Pb^{2+}含量的连续测定(络合滴定法)

一、实验目的

(1)掌握通过控制酸度连续测定 Bi^{3+}、Pb^{2+}的原理和方法；

(2)巩固酸效应对配位滴定的影响理论。

(3)掌握二甲酚橙(XO)作指示剂时终点颜色的判断。

二、实验原理

Bi^{3+}、Pb^{2+}均能与EDTA形成稳定的络合物,两者的 $\lg K$ 值分别为27.94和18.04,稳定性相差很大($\Delta\lg K=9.90>6$)。因此,可以通过控制酸度的方法在一份试液中连续滴定以分别测定出混合液中Bi^{3+}和pb^{2+}的含量。测定时,均以二甲酚橙(XO)作指示剂。XO在pH<6时呈黄色,在pH>6.3时呈红色,与Bi^{3+}、Pb^{2+}所形成的络合物均呈紫红色,其稳定性比Bi^{3+}、Pb^{2+}和EDTA所形成的络合物低,而且Pb^{2+}-XO的稳定性低于Bi^{3+}-XO的稳定性。

测定时先用HNO_3调节溶液酸碱度至pH值约为1,然后加入XO指示剂,此时Bi^{3+}与XO形成的络合物使溶液呈紫红色。然后用EDTA标准溶液滴定至溶液由紫红色突变为亮黄色,即为滴定Bi^{3+}的终点;之后在混合液中加入六次甲基四胺,调节溶液酸碱度至pH值为5~6,此时Pb^{2+}与XO形成紫红色络合物,继续用EDTA标准溶液滴定至溶液再次突变为亮黄色,即为滴定Pb^{2+}的终点。

结合两步消耗的EDTA标准溶液的体积可以分别计算出混合液中Bi^{3+}、Pb^{2+}的含量(以质量浓度g/L表示),公式如下:

$$\rho(Bi^{3+})=\frac{c(\text{EDTA})V_1A_r(\text{Bi})}{25.00}$$

$$\rho(Pb^{2+})=\frac{c(\text{EDTA})V_2A_r(\text{Pb})}{25.00}$$

式中,A_r(Bi)、A_r(Pb)分别是Bi、Pb的相对原子质量。

三、主要仪器与试剂

仪器:酸式滴定管(50 mL),电子分析天平,台秤,量筒,烧杯,试剂瓶,移液管,锥形瓶。

试剂:ZnO(基准试剂,800~1 000 ℃灼烧20 min以上);EDTA标准溶液(0.01 mol/L);HNO_3(0.10 mol/L);六次甲基四胺溶液(20%);HCl(1:1);二甲酚橙指示剂(0.2%水溶液);铅铋混合液(Bi^{3+}、Pb^{2+}各约为0.010 mol/L,含HNO_3 0.15 mol/L)。

四、实验步骤

1.0.01 mol/L EDTA标准溶液的配制与标定

参见实验7。

2.Bi^{3+}、Pb^{2+}含量的连续测定

用移液管准确移取25.00 mL铅铋混合溶液于250 mL锥形瓶中,加入10 mL 0.10 mol/L HNO_3和1~2滴二甲酚橙指示剂,用EDTA标准溶液滴定至溶液由紫红色变为亮黄色,即为滴定Bi^{3+}的终点,记录消耗的EDTA标准溶液的体积V_1;滴加20%的六次甲基四胺溶液到上述溶液中至溶液呈稳定的紫红色后,再过量5 mL,继续用EDTA标准溶液滴定至溶液由紫红色变为亮黄色,即为滴定Pb^{2+}的终点,记录消耗的EDTA标准溶液的体积V_2。平行测定3次,根据相关实验数据,计算混合液中Bi^{3+}、Pb^{2+}的含量(g/L)及相对平均偏差。

五、数据分析与处理

按要求将相关实验数据填入表4-12中。

表 4-12　铅铋混合液中 Bi^{3+}、Pb^{2+} 含量的测定

记录项目 \ 滴定序号		Ⅰ	Ⅱ	Ⅲ
V(铅铋混合液)/mL		25.00		
c(EDTA)/(mol · L^{-1})				
滴定开始至达到 Bi^{3+} 滴定终点所消耗的 EDTA 的体积	$V_{终1}$			
	$V_{初}$			
	V_1			
第一终点至达到 Pb^{2+} 滴定终点 EDTA 的体积	$V_{终2}$			
	$V_{终1}$			
	V_2			
$\rho(Bi^{3+})$/(g · L^{-1})				
$\bar{\rho}(Bi^{3+})$/(g · L^{-1})				
相对偏差 d_r/%				
相对平均偏差 $\bar{d}_r$/%				
$\rho(Pb^{2+})$/(g · L^{-1})				
$\bar{\rho}(Pb^{2+})$/(g · L^{-1})				
相对偏差 d_r/%				
相对平均偏差 $\bar{d}_r$/%				

六、注意事项

(1) Bi^{3+} 容易水解，最初配制的铅铋混合液中应保持 HNO_3 浓度较高，临用前再加水稀释至 HNO_3 浓度约 0.15 mol/L。

(2) 在测定 Bi^{3+} 和 Pb^{2+} 时，一定要注意让溶液保持合适的 pH 值，滴加六次甲基四胺溶液至溶液呈稳定的紫红色后，应再过量 5 mL。

(3) 滴定时，溶液颜色变化为：紫红色→红色→橙黄色→亮黄色。一定要注意终点颜色的准确判断，尤其是在 Bi^{3+} 的滴定终点时 EDTA 溶液不能过量，否则会使 Bi^{3+} 含量偏高，而 Pb^{2+} 含量偏低，结果误差较大。

七、思考题

(1) 用 EDTA 标准溶液连续滴定 Bi^{3+}、Pb^{2+} 时，为什么选用二甲酚橙作指示剂？选用铬黑 T 作指示剂可以吗？

(2) 能否取两份等量的铅铋混合溶液，一份在 pH ≈ 1.0 时滴定 Bi^{3+} 含量，另一份在 pH = 5 ~ 6 时滴定 Bi^{3+}、Pb^{2+} 总含量？为什么？

(3) 用 EDTA 标准溶液滴定 Pb^{2+} 时要调节溶液的酸碱度至 pH = 5 ~ 6，为什么加入的是六次甲基四胺而不是醋酸钠、NaOH 或者氨水？

实验 10　高锰酸钾标准溶液的配制与标定

一、实验目的

(1)掌握高锰酸钾标准溶液的配制和标定方法;

(2)掌握自身指示剂指示滴定终点的判断方法。

二、实验原理

市售高锰酸钾试剂常含有少量 MnO_2 和其他杂质,如硫酸盐、硝酸盐等。另外,蒸馏水中也常含有微量还原性物质,它们能使 $KMnO_4$ 还原为 $MnO(OH)_2$。$MnO(OH)_2$ 以及光、热等外界条件的改变又能促进 $KMnO_4$ 的分解:

$$4MnO_4^- + 2H_2O = 4MnO_2\downarrow + 3O_2\uparrow + 4OH^-$$

因此,$KMnO_4$ 溶液的浓度容易改变,其标准溶液只能间接配制。

为了配制较稳定的 $KMnO_4$ 溶液,常采用以下措施:

①称取稍多于理论量的 $KMnO_4$ 溶液,溶解在一定体积的蒸馏水中;

②将配制好的溶液加热至沸,并保持微沸 1 h,冷却后储存于棕色瓶中,然后放置 2~3 d,使溶液中可能存在的还原性物质完全氧化;

③用微孔玻璃漏斗过滤,除去析出的沉淀;

④将过滤后的 $KMnO_4$ 溶液储存于棕色试剂瓶中避光保存,以待标定。如需要浓度较小的 $KMnO_4$ 溶液,可用蒸馏水稀释并标定后使用。

标定 $KMnO_4$ 标准溶液的基准物很多,如 $Na_2C_2O_4$、As_2O_3、$H_2C_2O_4\cdot 2H_2O$ 和纯铁丝等。其中 $Na_2C_2O_4$ 最常用,它具有易提纯、性质稳定和不含结晶水等优点。$Na_2C_2O_4$ 在 105~110 ℃下烘干 2 h,冷却后即可使用。

在 H_2SO_4 介质中,用 $Na_2C_2O_4$ 作基准物质标定 $KMnO_4$ 溶液的反应如下:

$$2MnO_4^- + 5C_2O_4^{2-} + 16H^+ = 2Mn^{2+} + 10CO_2\uparrow + 8H_2O$$

滴定时利用 MnO_4^- 本身的紫红色指示终点。为了使该反应能够定量而较快地进行,应注意以下滴定条件:

①温度:该反应在室温下速率缓慢,故常将溶液加热至 70~85 ℃滴定。但温度不宜过高,否则在酸性溶液中会使部分 $H_2C_2O_4$ 发生分解:

$$H_2C_2O_4 = CO_2\uparrow + CO\uparrow + H_2O$$

②酸度:酸度过低,$KMnO_4$ 易分解为 MnO_2;酸度过高,会促使 $H_2C_2O_4$ 分解。滴定开始时的适宜酸度一般为 $c(H^+)\approx 1$ mol/L。

③滴定速度:MnO_4^- 与 $C_2O_4^{2-}$ 的反应是自身催化反应,产物 Mn^{2+} 是催化剂。开始滴定时加入的 $KMnO_4$ 溶液褪色较慢,溶液中 Mn^{2+} 含量较少,此时滴定速度要慢。随着溶液中 Mn^{2+} 含量的增加,滴定速度也可适当加快。否则,部分 $KMnO_4$ 来不及与 $C_2O_4^{2-}$ 反应,就在热的酸性溶液中发生分解:

$$4MnO_4^- + 12H^+ \longrightarrow 4Mn^{2+} + 5O_2\uparrow + 6H_2O$$

④滴定终点：达到滴定终点后稍微过量的 MnO_4^- 使溶液呈粉红色而指示终点的到达。该终点颜色不太稳定，这是因为空气中的还原性气体及尘埃都能还原 MnO_4^-，使溶液的粉红色逐渐消失。所以，滴定时溶液中出现的粉红色如在 30 s 内不褪色，即可认为已经达到滴定终点。

根据相关实验数据可以计算出 $KMnO_4$ 标准溶液的浓度，公式如下：

$$c(KMnO_4) = \frac{2}{5} \times \frac{m(Na_2C_2O_4)}{V(KMnO_4) \times M(Na_2C_2O_4)} \times 1\ 000$$

三、主要仪器与试剂

仪器：电子分析天平，棕色酸式滴定管，移液管，烧杯，量筒，3 号（或 4 号）微孔玻璃漏斗，棕色试剂瓶，锥形瓶。

试剂：$Na_2C_2O_4$（A.R.），$KMnO_4$（A.R.），3 mol/L H_2SO_4 溶液。

四、实验步骤

1.0.02 mol/L $KMnO_4$ 溶液的配制

用台秤称取 1.6 g $KMnO_4$ 固体置于大烧杯中，加 500 mL 水，盖上表面皿，将配好的溶液加热至微沸 1 h，冷却后倒入棕色试剂瓶中，于暗处静置 2～3 d 后，用微孔玻璃漏斗过滤，滤液储存于棕色试剂瓶中备用。

2.$KMnO_4$ 溶液的标定

用电子分析天平准确称取 0.13～0.2 g（精确至 0.1 mg）已预先干燥过的基准物质 $Na_2C_2O_4$（在 110 ℃下干燥约 2 小时，然后置于干燥器中冷却），置于 250 mL 锥形瓶中，加 40 mL 蒸馏水和 10 mL 3 mol/L H_2SO_4 使其溶解，慢慢加热至刚有蒸汽冒出（约 70～85 ℃），趁热用待标定的 $KMnO_4$ 溶液滴定。开始滴定时速度要慢并摇动均匀，随后滴定速度可适当加快，但仍需按照滴定规则进行。临近终点时，紫红色褪去很慢，此时应减慢滴定速度，同时充分摇匀，滴定至溶液显粉红色并保持 30 s 不褪色即为终点，记录消耗的 $KMnO_4$ 溶液的体积。平行测定 3 次，根据相关实验数据，计算 $KMnO_4$ 溶液的浓度和相对平均偏差。

五、数据分析与处理

按要求将相关实验数据填入表 4-13 中。

表 4-13　$KMnO_4$ 标准溶液浓度的标定

滴定序号 / 记录项目	Ⅰ	Ⅱ	Ⅲ
$m(Na_2C_2O_4)/g$	$m_0=$	$m_1=$	$m_2=$
	$m_1=$	$m_2=$	$m_3=$
	$m_{\text{I}}=$	$m_{\text{II}}=$	$m_{\text{III}}=$

续表

滴定序号 / 记录项目	I	Ⅱ	Ⅲ
$V(KMnO_4)$/mL	$V_{终I}$ =	$V_{终Ⅱ}$ =	$V_{终Ⅲ}$ =
	$V_{初I}$ =	$V_{初Ⅱ}$ =	$V_{初Ⅲ}$ =
	V_I =	$V_Ⅱ$ =	$V_Ⅲ$ =
$c(KMnO_4)/(mol \cdot L^{-1})$			
$\bar{c}(KMnO_4)/(mol \cdot L^{-1})$			
相对偏差 d_r/%			
相对平均偏差 $\bar{d}_r$/%			

六、注意事项

(1)在室温条件下,MnO_4^- 与 $C_2O_4^{2-}$ 的反应速率较慢,因此通过加热可以提高反应速率。但温度不宜太高,若高于 90 ℃,则会使部分 $H_2C_2O_4$ 发生分解。

(2)开始滴定时加入的 $KMnO_4$ 溶液褪色较慢,溶液中 Mn^{2+} 含量较少,此时滴定速度要慢。随着溶液中 Mn^{2+} 含量增加,滴定速度也可适当加快,但仍须注意不能过快,否则部分 $KMnO_4$ 来不及与 $C_2O_4^{2-}$ 反应,即在热的酸性溶液中发生分解。临近终点时,反应物浓度降低,反应速度也随之变慢,此时应小心缓慢地滴入 $KMnO_4$ 溶液。

(3)本实验的终点颜色不太稳定,这是因为空气中的还原性气体及尘埃等均能还原 $KMnO_4$,使溶液的粉红色逐渐消失,故 30 s 内不褪色即可认为已到达终点。

(4)$KMnO_4$ 标准溶液应放在酸式滴定管中,由于 $KMnO_4$ 溶液颜色比较深,液面的弯月面下沿不易看出,所以读数时视线应与液面两侧的最高点在同一水平线上。

七、思考题

(1)配制 $KMnO_4$ 溶液时为什么要煮沸,并放置 2~3 d 后用微孔玻璃漏斗过滤?能否用普通滤纸过滤?

(2)用 $Na_2C_2O_4$ 基准物质标定 $KMnO_4$ 溶液时,应如何控制酸度?酸度过高或过低有何影响?能否用 HNO_3 或 HCl 代替 H_2SO_4 调节溶液的酸度?为什么?

(3)用 $Na_2C_2O_4$ 基准物质标定 $KMnO_4$ 溶液时,应如何控制温度?温度过高或过低有何影响?

(4)标定 $KMnO_4$ 标准溶液时,为什么第一滴 $KMnO_4$ 溶液加入后紫红色褪去很慢,以后褪色较快?

实验11　双氧水中过氧化氢含量的测定(高锰酸钾法)

一、实验目的

(1)掌握高锰酸钾法测定双氧水中过氧化氢含量的基本原理和方法;

(2)掌握高锰酸钾法滴定终点的准确判断方法。

二、实验原理

双氧水是医药、卫生行业上广泛使用的消毒剂,它在酸性溶液中能被 $KMnO_4$ 定量氧化成氧气和水,其反应如下:

$$5H_2O_2+2MnO_4^-+6H^+ \longrightarrow 2Mn^{2+}+8H_2O+5O_2\uparrow$$

由于 H_2O_2 不稳定,加热易分解,故反应在室温下进行。开始时反应速率较慢,滴入的 $KMnO_4$ 溶液褪色缓慢,待 Mn^{2+} 生成后,由于 Mn^{2+} 的催化作用加快了反应速度,滴定速度也可适当加快,但仍需按照滴定规则进行。滴定时溶液中出现的粉红色如在30 s内不褪去,则可认为已经达到滴定终点。

三、主要仪器与试剂

仪器:台秤(0.1 g),电子分析天平,棕色酸式滴定管(50 mL),移液管,吸量管,烧杯,量筒,3号(或4号)微孔玻璃漏斗,棕色试剂瓶,锥形瓶。

试剂:$KMnO_4$(s,A.R.),市售双氧水(30%),H_2SO_4(3 mol/L),$Na_2C_2O_4$(s,A.R.,预先在110 ℃下烘干约2 h,然后置于干燥器中冷却备用)。

四、实验步骤

1.$KMnO_4$ 溶液(0.02 mol/L)的配制与标定

参见实验10。

2.双氧水中 H_2O_2 含量的测定

用吸量管准确吸取1.00 mL市售双氧水(30%)于内盛200 mL去离子水的250 mL的容量瓶中,加水稀释至刻度线,摇匀后备用。

用移液管准确移取25.00 mL上述稀释液于250 mL锥形瓶中,加入5 mL 3 mol/L H_2SO_4 酸化,然后用 $KMnO_4$ 标准溶液滴定到溶液呈粉红色且30 s不褪色即为终点,记录消耗的 $KMnO_4$ 溶液的体积。平行测定3次,根据相关实验数据,计算未经稀释的市售双氧水中 H_2O_2 的含量和相对平均偏差。

五、数据分析与处理

按要求将相关实验数据填入表4-14中($KMnO_4$ 标准溶液的标定表格参见实验10表4-13)。

表 4-14　双氧水中 H_2O_2 含量的测定

记录项目 \ 滴定序号	Ⅰ	Ⅱ	Ⅲ
$V(H_2O_2$ 稀释试样$)/mL$	25.00		
$V(KMnO_4)/mL$	$V_{终Ⅰ}=$	$V_{终Ⅱ}=$	$V_{终Ⅲ}=$
	$V_{初Ⅰ}=$	$V_{初Ⅱ}=$	$V_{初Ⅲ}=$
	$V_Ⅰ=$	$V_Ⅱ=$	$V_Ⅲ=$
$c(KMnO_4)/(mol \cdot L^{-1})$			
ρ(市售双氧水)$/(g \cdot mL^{-1})$			
$\bar{\rho}$(市售双氧水)$/(g \cdot mL^{-1})$			
相对偏差 $d_r/\%$			
相对平均偏差 $\bar{d}_r/\%$			

根据相关数据可以计算出市售双氧水中 H_2O_2 的含量(g/mL)，公式如下：

$$\rho(\text{市售双氧水})=\frac{250.00}{1.00}\times\frac{5}{2}\times\frac{c(KMnO_4)V(KMnO_4)}{25.00}\times\frac{M(H_2O_2)}{1\,000}$$

六、注意事项

(1)市售双氧水中 H_2O_2 的含量较高，具有强烈腐蚀性，在用吸量管吸取市售双氧水配制稀溶液时要小心操作。

(2)如果待测的市售双氧水中加有少量乙酰苯胺等作稳定剂，滴定时稳定剂也会被 $KMnO_4$ 氧化，从而引起较大误差，所以此时应采用碘量法或者铈量法进行测定。

七、思考题

(1)在酸性介质中，用 $KMnO_4$ 溶液测定双氧水中 H_2O_2 的含量时，能否通过加热溶液来提高反应速率？为什么？

(2)本实验能否用 HNO_3 或 HCl 代替 H_2SO_4 控制溶液的酸度？为什么？

(3)用高锰酸钾法测定 H_2O_2 的含量时，有时滴定开始前会向 H_2O_2 溶液中滴入 1~2 滴 1 mol/L $MnSO_4$溶液，其作用是什么？

实验 12　重铬酸钾法测定铁矿石中铁的含量(无汞法)

一、实验目的

(1)掌握 $K_2Cr_2O_7$ 标准溶液的配制方法及使用;

(2)熟悉矿石试样的酸溶解法;

(3)了解测定前对酸溶解后的试样溶液进行预还原的目的和操作方法;

(4)掌握重铬酸钾法(无汞法)测定铁矿石中铁含量的原理和方法;

(5)了解氧化还原指标剂的作用原理。

二、实验原理

铁矿石的主要成分是 $Fe_2O_3 \cdot xH_2O$。盐酸是溶解铁矿石的理想溶剂,溶解后生成的 Fe^{3+} 必须用还原剂预先还原为 Fe^{2+},才能用 $K_2Cr_2O_7$ 标准溶液滴定。

经典的重铬酸钾法测定铁含量时,用 $SnCl_2$ 作预还原剂,剩余的 $SnCl_2$ 用 $HgCl_2$ 除去,然后用 $K_2Cr_2O_7$ 标准溶液滴定生成的 Fe^{2+}。这种方法操作简便,测定结果准确,但是 $HgCl_2$ 有剧毒,会造成严重的环境污染。

近年来,为了保护环境,提倡无汞法($SnCl_2$-$TiCl_3$ 联合还原法)测定铁含量。其基本原理是:准确称取一定量已处理好的铁矿石试样,用热的浓盐酸将其完全溶解后,趁热小心滴加 $SnCl_2$ 溶液将大部分 Fe^{3+}还原为 Fe^{2+},溶液由红棕色变为浅黄色;加入 Na_2WO_4 溶液作指示剂,滴加 $TiCl_3$ 溶液将剩余的 Fe^{3+}全部还原为 Fe^{2+},然后过量 1~2 滴 $TiCl_3$ 溶液即可将溶液中的 Na_2WO_4 还原为蓝色的五价钨化物,俗称"钨蓝",故指示溶液呈蓝色;小心滴加稀释 10 倍的 $K_2Cr_2O_7$ 标准溶液至蓝色刚好消失,从而指示矿石处理预还原的终点。采用 $SnCl_2$-$TiCl_3$ 联合还原的反应方程式如下:

$$Fe_2O_3+6HCl = 2Fe^{3+}+6Cl^-+3H_2O$$

$$2Fe^{3+}+Sn^{2+} = Sn^{4+}+2Fe^{2+}$$

$$Fe^{3+}+Ti^{3+}+2H_2O = Fe^{2+}+TiO_2+4H^+$$

在硫磷混酸介质中,加入二苯胺磺酸钠作指示剂,用 $K_2Cr_2O_7$ 标准溶液滴定至溶液呈稳定的紫色即为终点,$K_2Cr_2O_7$ 滴定 Fe^{2+}的反应方程式为

$$Cr_2O_7^{2-}+6Fe^{2+}+14H = 6Fe^{3+}+2Cr^{3+}+7H_2O$$

滴定前加入的 H_3PO_4 能与 Fe^{3+}结合生成无色的$[Fe(PO_4)_2]^{3-}$络离子,可以消除 Fe^{3+}的黄色干扰终点的正确判断;同时,$[Fe(PO_4)_2]^{3-}$使溶液中 Fe^{3+}的浓度大幅下降,从而降低了 Fe^{3+}/Fe^{2+}电对的电极电位,使滴定突跃范围增大,二苯胺磺酸钠指示剂能清楚准确地指示终点。

三、主要仪器与试剂

仪器:电子分析天平,酒精灯,酸式滴定管(50 mL),烧杯,量筒,锥形瓶。

试剂:$K_2Cr_2O_7$(A.R.或基准试剂),铁矿石试样,浓盐酸,二苯胺磺酸钠溶液 2 g/L,$SnCl_2$

溶液(60 g/L,称取 6 g $SnCl_2 \cdot 2H_2O$ 溶于 20 mL 热浓盐酸中,加水稀释至100 mL),硫磷混酸(将 200 mL 浓硫酸在搅拌下缓慢注入 500 mL 水中,冷却后加入 300 mL 浓磷酸,混匀),Na_2WO_4 溶液(250 g/L,称取 25 g Na_2WO_4 溶于适量水中,加 5 mL 浓磷酸,加水稀释至 100 mL),(1+19)$TiCl_3$ 溶液[取 $TiCl_3$ 溶液(15%~20%),用(1+9)盐酸稀释 20 倍,加一层液体石蜡保护]。

四、实验步骤

1.0.017 mol/L $K_2Cr_2O_7$ 标准溶液的配制

用减量法在电子分析天平上准确称取 1.2~1.3 g(精确至 0.1 mg)已预先烘干(于 150 ℃下干燥 1 h)的 $K_2Cr_2O_7$,置于 100 mL 烧杯中,加适量去离子水溶解后定量转移至 250 mL 容量瓶中,加水稀释至刻度线,摇匀,备用。

2.铁矿石试样中铁含量的测定

(1)铁矿石试样的溶解

在电子分析天平上准确称取 0.2 g(精确至 0.1 mg)铁矿石试样,置于 250 mL 锥形瓶中,加少量去离子水润湿样品,再加入 10 mL 浓盐酸,盖上表面皿。在通风橱中小火煮沸数分钟(切勿煮干),滴加 8~10 滴 60 g/L $SnCl_2$ 溶液,继续小火煮沸,至溶液中的残渣为白色时,即表明铁矿石试样溶解完全。用少量去离子水冲洗表面皿和锥形瓶内壁,此时溶液呈红棕色。

(2)Fe^{3+} 的还原

趁热(溶液温度应不低于 60 ℃,否则需加热至 70~80 ℃)用胶头滴管小心滴加 60 g/L $SnCl_2$ 溶液,边加边摇动锥形瓶,至溶液由红棕色变为浅黄色(大部分 Fe^{3+} 已被还原为 Fe^{2+})。用少量去离子水冲洗锥形瓶内壁后,加入 4 滴 250 g/L Na_2WO_4 溶液和 50 mL 水并加热,在摇动时逐滴加入(1+19)$TiCl_3$ 溶液至溶液呈蓝色。用冷水冲洗锥形瓶外壁使溶液冷却至室温后,小心滴加已稀释 10 倍的 $K_2Cr_2O_7$ 标准溶液至蓝色刚好消失。

(3)Fe^{2+} 的测定

将上述试液加去离子水稀释至 150 mL,再加入 10 mL 硫磷混酸和 5~6 滴 2 g/L 二苯胺磺酸钠指示剂,立即用 $K_2Cr_2O_7$ 标准溶液滴定至溶液呈稳定的紫色即为终点,记录所消耗的 $K_2Cr_2O_7$ 标准溶液的体积。

平行滴定 3 份试样,根据相关实验数据,计算铁矿石试样中铁的含量(%)和相对平均偏差。

五、数据分析与处理

按要求将相关实验数据填入表 4-15 和表 4-16 中。

表 4-15　$K_2Cr_2O_7$ 标准溶液的配制

$m(K_2Cr_2O_7)$/g	m_0 =
	m_1 =
	$m_{\text{I}} = m_0 - m_1$ =
$V(K_2Cr_2O_7)$/mL	
$c(K_2Cr_2O_7)/(mol \cdot L^{-1})$	

表 4-16　铁矿石试样中铁含量的测定

滴定序号 / 记录项目	Ⅰ	Ⅱ	Ⅲ
$c(K_2Cr_2O_7)/(mol \cdot L^{-1})$			
m(铁矿石试样)/g			
$V(K_2Cr_2O_7)/mL$	$V_{终Ⅰ}=$	$V_{终Ⅱ}=$	$V_{终Ⅲ}=$
	$V_{初Ⅰ}=$	$V_{初Ⅱ}=$	$V_{初Ⅲ}=$
	$V_{Ⅰ}=$	$V_{Ⅱ}=$	$V_{Ⅲ}=$
$w(Fe)/\%$			
$\overline{w}(Fe)/\%$			
相对偏差 $d_r/\%$			
相对平均偏差 $\overline{d}_r/\%$			

$K_2Cr_2O_7$ 标准溶液浓度及铁矿石试样中的铁含量(%)按如下公式计算：

$$c(K_2Cr_2O_2)=\frac{1\,000m(K_2Cr_2O_7)}{V(K_2Cr_2O_7)\times M(K_2Cr_2O_7)}$$

$$w(Fe)=\frac{c(K_2Cr_2O_7)\times V(K_2Cr_2O_7)\times Ar(Fe)}{1\,000m(\text{铁矿石试样})}\times 100\%$$

式中，$M(K_2Cr_2O_7)$ 是 $K_2Cr_2O_7$ 的摩尔质量，$Ar(Fe)$ 是 Fe 的相对原子质量。

六、注意事项

(1)铁矿石试样预还原处理的条件控制：

①稀释试样溶液时，应确保溶液酸度够高，以避免水解。

②用 $SnCl_2$ 还原 Fe^{3+} 时，溶液温度应不低于 60 ℃，否则还原反应速率太慢，黄色褪去不易观察，易使 $SnCl_2$ 过量。用胶头滴管小心滴加 $SnCl_2$ 溶液，滴至溶液从红棕色变为浅黄色即可。如 $SnCl_2$ 溶液不慎过量，可滴加高锰酸钾溶液至试样溶液颜色变为浅黄色。

③矿石试样应预处理一份立即测定一份，不能同时预处理几份后再分别滴定，否则放置过程中 Fe^{2+} 易被氧化。

(2)二苯胺磺酸钠指示剂也要消耗一定量的 $K_2Cr_2O_7$，故不能多加。

(3)在硫磷混酸介质中，由于生成了 $[Fe(PO_4)_2]^{3-}$，从而降低了 Fe^{3+}/Fe^{2+} 电对的电极电位，Fe^{2+} 更容易被氧化。因此，试液中加入硫磷混酸后，应立即用 $K_2Cr_2O_7$ 标准溶液滴定。

七、思考题

(1)预处理试样溶液时，为什么要趁热逐滴加入 $SnCl_2$ 溶液？

(2)先后加入 $SnCl_2$ 和 $TiCl_3$ 作还原剂的目的是什么？若不慎加入过量的 $SnCl_2$ 应采取什么措施？

(3)测定 Fe^{2+} 时，为什么要加入硫磷混酸溶液？为什么加入硫磷混酸后应立即滴定？

实验 13　碘和硫代硫酸钠标准溶液的配制与标定

一、实验目的

(1)掌握 I_2 和 $Na_2S_2O_3$ 溶液的配制方法与保存条件；

(2)掌握标定 I_2 和 $Na_2S_2O_3$ 溶液浓度的原理和方法。

二、实验原理

碘量法是利用 I_2 的氧化性和 I^- 的还原性来进行滴定的分析方法。凡是电极电势小于 $E^{\ominus}(I_2/I^-)$ 的还原性物质，都可以直接用 I_2 标准溶液滴定，这种方法称为直接碘量法；凡是电极电势比 $E^{\ominus}(I_2/I^-)$ 高的氧化性物质，都可以直接用 I^- 还原，然后用 $Na_2S_2O_3$ 标准溶液滴定析出的 I_2，这种方法称为间接碘量法。碘量法的基本反应为

$$I_2+2S_2O_3^{2-} = S_4O_6^{2-}+2I^-$$

碘量法常用 I_2 和 $Na_2S_2O_3$ 两种标准溶液，下面分别讨论着两种标准溶液的配制和标定。

1.$Na_2S_2O_3$ 标准溶液的配制与标定(间接碘量法)

$Na_2S_2O_3$ 不是基准物质，不能直接配制准确浓度的溶液。配制好的 $Na_2S_2O_3$ 溶液不稳定，水中微生物、CO_2 和光照都能使其分解，空气中的 O_2 也可将其氧化。因此，配制 $Na_2S_2O_3$ 溶液时，应用新煮沸并冷却的蒸馏水，同时加入少量 Na_2CO_3 溶液(浓度约为 0.02%，保持 pH 值为 9~10)抑制细菌生长。$Na_2S_2O_3$ 溶液应储于棕色瓶中，置于暗处，经 7~10 d 再标定。长期使用的溶液应定期标定。

通常用 $K_2Cr_2O_7$ 作基准物标定 $Na_2S_2O_3$ 溶液的浓度。标定时准确称取一定量的 $K_2Cr_2O_7$ 基准物质，在酸性溶液中与过量的 KI 作用，析出的 I_2 以淀粉作指示剂，立即用 $Na_2S_2O_3$ 溶液滴定，相关反应如下：

$$Cr_2O_7^{2-}+6I^-+14H^+ = 2Cr^{3+}+3I_2+7H_2O$$

$$I_2+2S_2O_3^{2-} = S_4O_6^{2-}+2I^-$$

2.I_2 标准溶液的配制与标定

用升华法可制得纯碘，纯碘可用作基准物质直接配制 I_2 标准溶液。但 I_2 的挥发性会导致分析天平的腐蚀，而普通的碘纯度不高，故通常采用间接法配制 I_2 标准溶液，即先配成近似浓度，然后再标定。

在台秤上称取一定量的 I_2，加入过量的 KI 混合，置于研钵中，加少量水充分研磨，使 I_2 完全溶解，然后再加水稀释，装入棕色瓶中于冷暗处保存。

I_2 的挥发和 I^- 在酸性介质中的氧化，是碘量法的主要误差来源。因此溶液中应维持适当过量的 I^-，使 I^- 与 I_2 形成 I_3^- 以减少 I_2 的挥发；空气能氧化 I^-，引起 I_2 浓度增加，此氧化作用缓

慢,但会因光、热及酸的作用而加速,所以 I_2 溶液应储于棕色瓶中于冷暗处保存。

I_2 溶液浓度可用基准物质 As_2O_3 直接标定,也可用已标定好的 $Na_2S_2O_3$ 标准溶液间接标定。由于 As_2O_3 有剧毒,所以通常选择 $Na_2S_2O_3$ 标准溶液,反应为

$$I_2+2S_2O_3^{2-} = S_4O_6^{2-}+2I^-$$

三、主要仪器与试剂

仪器:台秤,电子分析天平,酸式滴定管(50 mL),移液管,吸量管,烧杯,量筒,棕色试剂瓶,碘量瓶。

试剂:$Na_2S_2O_3 \cdot 5H_2O$(s),Na_2CO_3(s),KI(s),I_2(s),$K_2Cr_2O_7$(A.R.或基准试剂),KI(10%),HCl(6 mol/L),淀粉溶液(1%)。

四、实验步骤

1.0.05 mol/L I_2 标准溶液的配制

用台秤称取 13 g I_2 和 25 g KI 置于研钵或烧杯中,加水少许,研磨或搅拌至 I_2 全部溶解,然后转移至棕色瓶中,加水稀释至 1 000 mL,塞紧,摇匀后置冷暗处保存,备用。

2.0.1 mol/L $Na_2S_2O_3$ 标准溶液的配制

用台秤称取 25 g $Na_2S_2O_3 \cdot 5H_2O$ 于烧杯中,加入 300 mL 新煮沸并已冷却的去离子水,待完全溶解后,用新煮沸并已冷却的去离子水稀释至 1 000 mL,加入 0.2 g Na_2CO_3,储于棕色瓶中,于冷暗处放置 7~14 d 后标定。

3.0.05 mol/L I_2 标准溶液浓度的标定

用移液管准确移取 25.00 mL 待标定的 I_2 标准溶液于 250 mL 碘量瓶中,加 50 mL 去离子水,用步骤 3 中已标定好的 $Na_2S_2O_3$ 溶液滴定至溶液呈浅黄色后,加入 1 mL 1%淀粉溶液作指示剂,继续滴定至蓝色刚好消失即为终点,记录消耗的 $Na_2S_2O_3$ 溶液的体积。平行测定 3 次,根据相关实验数据,计算 I_2 标准溶液的浓度和相对平均偏差。

4.0.1 mol/L $Na_2S_2O_3$ 标准溶液浓度的标定

用电子分析天平准确称取 0.10~0.15 g(精确至 0.1 mg)已预先烘干的 $K_2Cr_2O_7$ 于 250 mL 碘量瓶中,加入 20 mL 水使之溶解。再加入 20 mL 10%KI 溶液和 5 mL 6 mol/L HCl 溶液,盖好瓶塞摇匀后于暗处放置 5 min。然后加入 50 mL 水稀释后立即用待标定的 $Na_2S_2O_3$ 溶液滴定至溶液呈浅黄绿色,再加入 1 mL 1%淀粉溶液作指示剂,继续滴定至溶液蓝色刚好消失而呈亮绿色即为终点,记录消耗的 $Na_2S_2O_3$ 溶液的体积。平行测定 3 次,根据相关实验数据,计算 $Na_2S_2O_3$ 标准溶液的浓度和相对平均偏差。

五、数据分析与处理

按要求将相关实验数据填入表 4-17 和表 4-18 中。

表 4-17　$Na_2S_2O_3$ 标准溶液浓度的标定

滴定序号 / 记录项目	Ⅰ	Ⅱ	Ⅲ
$m(K_2Cr_2O_7)/g$	$m_0=$	$m_1=$	$m_2=$
	$m_1=$	$m_2=$	$m_3=$
	$m_Ⅰ=$	$m_Ⅱ=$	$m_Ⅲ=$
$V(Na_2S_2O_3)/mL$	$V_{终Ⅰ}=$	$V_{终Ⅱ}=$	$V_{终Ⅲ}=$
	$V_{初Ⅰ}=$	$V_{初Ⅱ}=$	$V_{初Ⅲ}=$
	$V_Ⅰ=$	$V_Ⅱ=$	$V_Ⅲ=$
$c(Na_2S_2O_3)/(mol\cdot L^{-1})$			
$\bar{c}(Na_2S_2O_3)/(mol\cdot L^{-1})$			
相对偏差 $d_r/\%$			
相对平均偏差 $\bar{d}_r/\%$			

表 4-18　I_2 标准溶液浓度的标定

滴定序号 / 记录项目	Ⅰ	Ⅱ	Ⅲ
$\bar{c}(Na_2S_2O_3)/(mol\cdot L^{-1})$			
$V(Na_2S_2O_3)/mL$	$V_{终Ⅰ}=$	$V_{终Ⅱ}=$	$V_{终Ⅲ}=$
	$V_{初Ⅰ}=$	$V_{初Ⅱ}=$	$V_{初Ⅲ}=$
	$V_Ⅰ=$	$V_Ⅱ=$	$V_Ⅲ=$
$V(I_2)/mL$			
$c(I_2)/(mol\cdot L^{-1})$			
$\bar{c}(I_2)/(mol\cdot L^{-1})$			
相对偏差 $d_r/\%$			
相对平均偏差 $\bar{d}_r/\%$			

根据相关数据可以计算出 I_2 和 $Na_2S_2O_3$ 标准溶液的浓度，公式如下：

$$c(Na_2S_2O_3)=\frac{m(6\ K_2Cr_2O_7)}{V(Na_2S_2O_3)\times M(K_2Cr_2O_7)}\times 1\ 000$$

$$c(I_2)=\frac{c(2Na_2S_2O_3)V(Na_2S_2O_3)}{V(I_2)}$$

六、注意事项

(1) $K_2Cr_2O_7$ 与 I^- 的反应较慢，可以通过加入过量的 KI 和控制溶液酸度[$c(H^+)=0.2$～

0.4 mol/L为宜]的方法加快反应速率，并在暗处放置约5 min以使反应完全。

(2)空气能氧化I^-，引起I_2浓度增加，此氧化作用缓慢，但会因为光、热及酸的作用而加速，所以I_2溶液应储于棕色瓶中于冷暗处保存。

(3)标定$Na_2S_2O_3$溶液时，$K_2Cr_2O_7$被还原后生成的Cr^{3+}使溶液呈绿色，妨碍终点颜色观察。因此，在用$Na_2S_2O_3$溶液滴定前应预先加水稀释，使Cr^{3+}浓度降低，绿色变浅，终点时溶液由蓝色变为亮绿色，容易观察。同时稀释也可以使溶液的酸度降低，利于$Na_2S_2O_3$滴定I_2。

(4)$Na_2S_2O_3$滴定I_2时，淀粉指示剂不能过早加入，否则大量的I_2会与淀粉结合成蓝色物质而不容易解离出来，造成终点延后。

(5)标定$Na_2S_2O_3$溶液时，滴定已达终点的溶液放置后会变蓝色，如果是5 min以后变蓝，那就是空气氧化I^-所致；若在5 min以内甚至更短时间变回蓝色，则表明在用$Na_2S_2O_3$溶液滴定前$K_2Cr_2O_7$和KI未能完全反应，溶液稀释得太早，遇此情况，应重做实验。

(6)I_2的挥发和I^-在酸性介质中的氧化，是碘量法的主要误差来源，因此实验中每次只能准备一份试样来滴定。

七、思考题

(1)要配制和保存浓度比较稳定的I_2和$Na_2S_2O_3$标准溶液，应采取什么措施？

(2)标定$Na_2S_2O_3$溶液时，加入的KI溶液的量是否要很精确？配制I_2标准溶液时，为什么要加入KI？

(3)用$K_2Cr_2O_7$作基准物标定$Na_2S_2O_3$溶液时，为什么要加入过量的KI和HCl溶液？为什么要在暗处放置一定时间后才加水稀释？

(4)用I_2标准溶液滴定$Na_2S_2O_3$溶液时应在滴定前预先加入淀粉指示剂，而用$Na_2S_2O_3$标准溶液滴定I_2溶液时必须在临近终点之前才加入淀粉指示剂，为什么？终点颜色变化有何不同？

实验14　铜盐中铜含量的测定(间接碘量法)

一、实验目的

(1)掌握间接碘量法测定铜盐中铜含量的原理和方法；

(2)进一步掌握淀粉指示剂的正确使用方法和变色原理；

(3)进一步掌握$Na_2S_2O_3$标准溶液的配制和标定方法。

二、实验原理

铜盐中铜的含量可采用间接碘量法测定。在酸性溶液中，Cu^{2+}与过量的KI反应，析出与之计量相当的I_2，用$Na_2S_2O_3$标准溶液滴定，用淀粉作指示剂(临近终点时加入)，相关反应如下：

$$2Cu^{2+} + 5I^- = 2CuI\downarrow + I_3^-$$

$$I_3^- + 2S_2O_3^{2-} = 3I^- + S_4O_6^{2-}$$

上述反应中，I^-既是还原剂，又是沉淀剂和络合剂。因此需加入过量的 KI，一方面可促使反应进行完全，另一方面又可使氧化产物 I_2 形成 I_3^-，以增加 I_2 的溶解度，同时避免 I_2 的挥发损失。

由于 CuI 沉淀强烈吸附 I_2，所以分析结果偏低。为了减少 CuI 沉淀对 I_2 的吸附，可在临近终点时加入 KSCN，使 CuI 转化成溶解度更小的 CuSCN，释放出被吸附的 I_2：

$$CuI + SCN^- \xlongequal{} CuSCN + I^-$$

为了避免 Cu^{2+} 水解，溶液 pH 值应严格控制在 3.0~4.0 之间。pH 值过高，Cu^{2+}会加速I^-被空气氧化为 I_2 的反应，使测定结果偏高；pH 值过低，Cu^{2+}可能水解，使反应不完全，且反应速度变慢，终点延后。由于 Cu^{2+}易与 Cl^-形成络合物，故选择 H_2SO_4 而不用 HCl 调节酸碱度。

三、主要仪器与试剂

仪器：台秤（0.1 g），电子分析天平，酸式滴定管（50 mL），移液管，吸量管，烧杯，量筒，棕色试剂瓶，锥形瓶。

试剂：$CuSO_4 \cdot 5H_2O$(s，A.R.)，$Na_2S_2O_3 \cdot 5H_2O$(s)，Na_2CO_3(s)，KI(s)，$K_2Cr_2O_7$(A.R.或基准试剂)，KSCN（10%），HCl（6 mol/L），KI（10%），H_2SO_4（1 mol/L），淀粉溶液（1%）。

四、实验步骤

1.0.1 mol/L $Na_2S_2O_3$ 标准溶液的配制与标定

参见实验 13。

2.铜盐中铜含量的测定

准确称取 $CuSO_4 \cdot 5H_2O$ 0.50~0.75 g（精确至 0.1 mg），置于 250 mL 锥形瓶中，加入 5 mL 1 mol/L H_2SO_4 溶液和 80 mL 去离子水使其溶解。加入 5 mL 20%KI 溶液后，立即用 $Na_2S_2O_3$ 标准溶液滴定至浅黄色，然后加入 1 mL 1%淀粉溶液作指示剂，继续滴定至浅蓝色，再加入 10%KSCN 溶液 10 mL 并充分摇匀（此时溶液蓝色加深），再继续用 $Na_2S_2O_3$ 标准溶液滴定到蓝色刚好消失即为终点，此时溶液为米色或者粉色的悬浊液，记录消耗的 $Na_2S_2O_3$ 溶液的体积。平行测定 3 次，根据相关实验数据，计算铜盐中的铜含量（%）和相对平均偏差。

五、数据分析与处理

按要求将相关实验数据填入表 4-19 中。

表 4-19 铜盐中铜含量的测定

滴定序号 / 记录项目	Ⅰ	Ⅱ	Ⅲ
$m(CuSO_4 \cdot 5H_2O)/g$	$m_0 =$	$m_1 =$	$m_2 =$
	$m_1 =$	$m_2 =$	$m_3 =$
	$m_Ⅰ =$	$m_Ⅱ =$	$m_Ⅲ =$
$c(Na_2S_2O_3)/(mol \cdot L^{-1})$			

续表

记录项目 \ 滴定序号	Ⅰ	Ⅱ	Ⅲ
$V(Na_2S_2O_3)$/mL	$V_{终Ⅰ}=$	$V_{终Ⅱ}=$	$V_{终Ⅲ}=$
	$V_{初Ⅰ}=$	$V_{初Ⅱ}=$	$V_{初Ⅲ}=$
	$V_{Ⅰ}=$	$V_{Ⅱ}=$	$V_{Ⅲ}=$
$w(Cu)/\%$			
$\overline{w}(Cu)/\%$			
相对偏差 $d_r/\%$			
相对平均偏差 $\overline{d}_r/\%$			

铜盐中铜含量(%)的计算公式如下：

$$w(Cu)=\frac{\overline{c}(Na_2S_2O_3)\times V(Na_2S_2O_3)\times A_r(Cu)}{m_s}\times 1\ 000$$

式中，$A_r(Cu)$是 Cu 的相对原子质量，m_s 是铜盐试样的质量。

六、注意事项

(1)为了减少 CuI 沉淀对 I_2 的吸附，可在临近终点时加入 KSCN，使 CuI 转化成溶解度更小的 CuSCN，释放出被吸附的 I_2。但是 KSCN 溶液只能在临近终点时加入，否则大量的 I_2 的存在有可能氧化 SCN^-，从而影响测定的准确度。

(2)在铜盐溶液中加入 KI 后，Cu^{2+} 与 KI 反应，析出 I_2 的速度很快，故应立即用 $Na_2S_2O_3$ 标准溶液滴定。

七、思考题

(1)在测定铜盐中的铜含量时加入过量 KI 的作用是什么?

(2)在测定铜盐中的铜含量时为什么要加入 KSCN? 加入过早有什么影响?

(3)若铜盐试样中含有微量 Fe^{3+}，对测定结果有何影响? 可加入何种试剂消除其影响?

实验15 可溶性氯化物中氯离子含量的测定(莫尔法)

一、实验目的

(1)掌握莫尔法测定氯离子含量的原理和方法；

(2)掌握 $AgNO_3$ 标准溶液的配制和标定方法；

(3)掌握铬酸钾指示剂的正确使用。

二、实验原理

莫尔法是以 K_2CrO_4 为指示剂，在中性或弱碱性溶液中用 $AgNO_3$ 标准溶液滴定 Cl^-（或 Br^-）的分析方法。由于 AgCl 的溶解度比 Ag_2CrO_4 小，所以在滴定过程中首先析出白色 AgCl 沉淀。滴定终点时，稍微过量的 Ag^+ 与 CrO_4^{2-} 生成砖红色的 Ag_2CrO_4 沉淀，它与白色 AgCl 沉淀混合在一起，使溶液略显橙色而指示终点。主要反应如下：

$$Ag^+ + Cl^- \xlongequal{\quad} AgCl\downarrow（白色）$$

$$2Ag^+ + CrO_4^{2-} \xlongequal{\quad} Ag_2CrO_4\downarrow（砖红色）$$

酸度和指示剂用量是莫尔法的主要影响因素：

①酸度：滴定应在中性或在弱碱性溶液中进行，最适宜的 pH 值范围为 6.5~10.5（若有铵盐存在，为避免生成$[Ag(NH_3)_2]^+$，应将溶液 pH 值控制在 6.5~7.2 之间）；

②指示剂用量：终点时 K_2CrO_4 的浓度一般以 5×10^{-3}mol/L 为宜。

莫尔法的选择性较差，凡能与 Ag^+ 生成难溶化合物或配合物的阴离子，如 PO_4^{3-}、AsO_4^{3-}、SO_3^{2-}、S^{2-}、CO_3^{2-}、$C_2O_4^{2-}$ 等都会干扰测定；凡能与 CrO_4^{2-} 生成难溶化合物的阳离子也会干扰测定，如 Ba^{2+}、Pb^{2+}等，Ba^{2+}的干扰可通过加入过量 Na_2SO_4 消除。Al^{3+}、Fe^{3+}、Bi^{3+}、Sn^{4+}等高价金属离子在中性或弱碱性溶液中易水解产生沉淀，也不应存在。大量 Cu^{2+}、Ni^{2+}、Co^{2+}等有色离子将影响终点的观察，所以同样不应存在。

三、主要仪器与试剂

仪器：台秤，电子分析天平，棕色酸式滴定管，移液管，烧杯，量筒，锥形瓶，棕色试剂瓶。

试剂：$AgNO_3$（A.R.），NaCl 基准试剂，K_2CrO_4 溶液（5%），含氯试样（氯含量约为 60%）；

四、实验步骤

1.0.1 mol/L $AgNO_3$ 标准溶液的配制

用台秤称取 $AgNO_3$ 晶体 8.5 g 于小烧杯中，用少量纯水溶解后，转入棕色试剂瓶中，加水稀释至 500 mL 后摇匀置于暗处备用。

2.0.1 mol/L $AgNO_3$ 标准溶液浓度的标定

用电子分析天平准确称取 1.4~1.5 g（精确至 0.1 mg）NaCl 基准试剂于 100 mL 烧杯中，加水溶解后转移至 250 mL 容量瓶中，用水冲洗烧杯数次，洗液一并转入容量瓶中，加水定容，摇匀备用。

用移液管准确移取 25.00 mL NaCl 试液于 250 mL 锥形瓶中，加入 25 mL 水和 1 mL 5% K_2CrO_4 溶液，在不断摇动下，用 $AgNO_3$ 溶液滴定至刚呈现浅橙色即为终点，记录消耗的$AgNO_3$溶液的体积。平行测定 3 次，根据相关实验数据，计算 $AgNO_3$ 溶液的浓度和相对平均偏差。

3.含氯试样的分析

准确称取含氯试样（氯含量约为 60%）1.5~1.8 g（精确至 0.1 mg）于 100 mL 烧杯中，加水溶解后定量转入 250 mL 容量瓶中，用水冲洗烧杯数次，洗液一并转入容量瓶中，稀释至刻度线，摇匀。

准确移取 25.00 mL 含氯试样溶液于锥形瓶中，加入 25 mL 水和 1 mL 5% K_2CrO_4，在不断摇动下，用 $AgNO_3$ 溶液滴定至呈现砖红色即为终点。平行测定 3 次，根据试样的质量和滴定消耗的 $AgNO_3$ 标准溶液的体积，计算试样中 Cl^- 的含量（%）和相对平均偏差。

五、数据分析与处理

按要求将相关实验数据填入表 4-20、表 4-21 和表 4-22 中。

表 4-20　NaCl 标准溶液的配制

m（NaCl 基准试剂）/g	$m_0=$
	$m_1=$
	$m_{\mathrm{I}}=m_0-m_1$
V（NaCl）/mL	
c（NaCl）/（mol·L^{-1}）	

表 4-21　$AgNO_3$ 标准溶液浓度的标定

滴定序号 / 记录项目	Ⅰ	Ⅱ	Ⅱ
c（NaCl）/（mol·L^{-1}）			
V（NaCl）/mL	25.00		
$V(AgNO_3)$/mL	$V_{终\mathrm{I}}=$	$V_{终\mathrm{II}}=$	$V_{终\mathrm{III}}=$
	$V_{初\mathrm{I}}=$	$V_{初\mathrm{II}}=$	$V_{初\mathrm{III}}=$
	$V_{\mathrm{I}}=$	$V_{\mathrm{II}}=$	$V_{\mathrm{III}}=$
$c(AgNO_3)$/（mol·L^{-}）			
$\bar{c}(AgNO_3)$/（mol·L^{-}）			
相对偏差 d_r/%			
相对平均偏差 $\bar{d}_r$/%			

表 4-22　含氯试样分析

滴定序号 / 记录项目	Ⅰ	Ⅱ	Ⅲ
V（含氯试样）/mL	25.00		
$\bar{c}(AgNO_3)$/（mol·L^{-1}）			
$V(AgNO_3)$/mL	$V_{终\mathrm{I}}=$	$V_{终\mathrm{II}}=$	$V_{终\mathrm{III}}=$
	$V_{初\mathrm{I}}=$	$V_{初\mathrm{II}}=$	$V_{初\mathrm{III}}=$
	$V_{\mathrm{I}}=$	$V_{\mathrm{II}}=$	$V_{\mathrm{III}}=$

续表

记录项目 \ 滴定序号	Ⅰ	Ⅱ	Ⅲ
$w(Cl^-)/\%$			
$\overline{w}(Cl^-)/\%$			
相对偏差 $d_r/\%$			
相对平均偏差 $\overline{d}_r/\%$			

根据相关数据计算含氯试样中 Cl^- 的含量(%),公式如下:

$$w(Cl^-)=\frac{250.00}{25.00}\times\frac{\overline{c}(AgNO_3)\times V(AgNO_3)\times\frac{1}{1\ 000}\times A_r(Cl)}{m_s}\times 100\%$$

式中,$A_r(Cl)$ 是 Cl 的相对原子质量,m_s 是含氯试样的质量。

六、注意事项

(1)指示剂用量对滴定结果的准确度有影响,终点时 K_2CrO_4 的浓度一般以 5×10^{-3} mol/L 为宜。

(2)莫尔法应在中性或弱碱性溶液中进行,最适宜的 pH 值范围是 6.5~10.5;若有铵盐存在,为避免生成 $Ag(NH_3)_2^+$,应将溶液的 pH 值控制在 6.5~7.2 之间。

(3)$AgNO_3$ 见光易分解,故需保存在棕色瓶中,且滴定时应使用棕色酸式滴定管;盛装过 $AgNO_3$ 溶液的滴定管应先用蒸馏水冲洗数次,再用自来水冲洗,以免产生 AgCl 沉淀附着在滴定管内壁,不易洗净。含银废液必须回收处理,不能随意倾倒。

(4)本实验用水应为不含 Cl^- 的纯水。

七、思考题

(1)莫尔法测定氯时,应如何控制溶液 pH 值? pH 值过高或过低会有什么影响?

(2)莫尔法以 K_2CrO_4 作指示剂,K_2CrO_4 浓度过大或过小对测定结果有何影响?

(3)能否用莫尔法以 NaCl 标准溶液直接滴定 Ag^+? 为什么? 如果用莫尔法测定 Ag^+,应如何操作?

实验 16 邻菲罗啉分光光度法测定微量铁

一、实验目的

(1)掌握邻菲罗啉分光光度法测定微量铁的原理和方法;

(2)掌握绘制吸收曲线的方法,正确选择测定波长;

(3)学会制作标准曲线;

(4)掌握722型分光光度计的正确使用,了解其工作原理。

二、实验原理

分光光度法测量的理论依据是朗伯-比尔定律。当入射光波长 λ 及光程 b 一定时,在一定浓度范围内,有色物质的吸光度 A 与该物质的浓度 c 成正比,即

$$A = \varepsilon bc$$

只要绘出以吸光度 A 为纵坐标,浓度 c 为横坐标的标准曲线,测出试液的吸光度,就可以由标准曲线查得对应的浓度值,即未知样的含量。同时,还可应用相关的回归分析软件,将数据输入计算机,得到标准曲线的回归方程。

邻菲罗啉(1,10-邻菲罗啉,也称邻二氮菲)是测定微量铁的较好显色剂,在 pH=2~9 的条件下,二价铁离子与邻菲罗啉生成稳定的橘红色络合物,此络合物的 $\lg K_{稳}=21.3$,摩尔吸光系数 $\varepsilon_{510}=1.1\times10^4$ L/(mol·cm),而 Fe^{3+} 与邻菲罗啉作用生成蓝色络合物,$\lg K_{稳}=14.1$,稳定性较差。因此在加入显色剂之前,应用盐酸羟胺($NH_2OH\cdot HCl$)将 Fe^{3+} 还原为 Fe^{2+},反应方程式如下:

$$2Fe^{3+}+2NH_2OH\cdot HCl = 2Fe^{2+}+N_2\uparrow+2H_2O+4H^++2Cl^-$$

测定时,溶液 pH 值控制在 2~9 较适宜,pH 值过高,反应速度慢,pH 值太低,则 Fe^{2+} 水解,影响显色。本实验采用 HAc-NaAc 缓冲溶液控制溶液 pH≈5.0,使显色反应进行完全。用邻菲罗啉可测定试样中铁的含量。

为获知待测溶液中铁的含量,需首先绘制标准曲线,根据标准曲线的回归方程,通过测定样品的吸光度,计算样品中铁离子浓度。

本方法的选择性很高,相当于铁量40倍的 Sn^{2+}、Al^{3+}、Ca^{2+}、Mg^{2+}、Zn^{2+}、SiO_3^{2-},20倍的 Cr^{3+}、Mn^{2+}、VO_3^-、PO_4^{3-},5倍的 Co^{2+}、Ni^{2+}、Cu^{2+} 等离子不干扰测定。Bi^{3+}、Ca^{2+}、Hg^{2+}、Ag^+、Zn^{2+} 等离子与显色剂邻菲罗啉生成沉淀,因此当待测溶液中含有这些离子时应注意它们的干扰作用。

三、主要仪器与试剂

仪器: 722型分光光度计,比色管(50 mL),刻度吸量管。

试剂:HCl (6 mol/L),铁标准溶液(100 μg/mL)准确称取0.431 7 g铁盐$NH_4Fe(SO_4)_2\cdot 12H_2O$,置于烧杯中,加入20 mL 6 mol/L HCl溶液和少量水,溶解后,定量转移至500 mL容量瓶中,加水稀释至刻度线,充分摇匀,即得含 Fe^{3+} 浓度为 100 μg/mL 的标准溶液),盐酸羟胺 10%(新配,0.1%),邻菲罗啉溶液(新配,0.1%),HAc-NaAc 缓冲溶液(pH≈5)(称取 136 g NaAc,加水使之溶解,再加入 120 mL 冰醋酸,加水稀释至 500 mL)。

四、实验步骤

1.绘制吸收曲线

用吸量管准确吸取铁标准溶液(100 μg/mL)0.00、0.80 mL 分别置于两支 50 mL 比色管中,加入 1 mL 10%盐酸羟胺溶液、3 mL 0.1%邻菲罗啉溶液和 5 mL HAc-NaAc 缓冲溶液,加去离子水稀释至刻度线,充分摇匀。放置 10 min 后,在 722 型分光光度计上用 1 cm 比色皿,以试剂溶液为参比溶液,在 440~560 nm 波长范围内每隔 10 nm 测定一次吸光度 A 值(临近最大吸收波长附近时应间隔 5 nm),将测定结果填于表 4-23 中。然后以波长为横坐标,吸光度 A 值

为纵坐标，绘制邻菲罗啉铁的吸收曲线，求出测定铁的最大吸收波长 λ_{max}。

2.标准曲线的绘制

在7支50 mL比色管中，用吸量管分别加入100 μg/mL铁标准溶液0.00、0.20、0.40、0.60、0.80、1.00 mL，再加入10%盐酸羟胺溶液1 mL、HAc—NaAc缓冲溶液5 mL、0.1%邻菲罗啉溶液3 mL，加去离子水稀释至刻度线，摇匀。放置10 min后，在步骤1所确定的最大吸收波长下，用1 cm比色皿，以空白试剂作为参比，依次测定各溶液的吸光度 A 值，将测定结果填于表4-24中。以吸光度 A 为纵坐标，铁的质量浓度 c 为横坐标，绘制出标准曲线，并选择相应的回归分析软件，将所得的各次测定结果输入计算机，求得标准曲线的回归方程。

3.试样中铁含量的测定

用吸量管准确移取1.00 mL未知试样溶液（铁含量以在标准曲线范围内为宜）于50 mL比色管中，按绘制标准曲线的操作，加入各种试剂使之显色，用水稀释至刻度线，摇匀。以不加铁的试剂溶液作参比，于分光光度计上测得吸光度 A 值，由标准曲线回归方程计算试样中微量铁的浓度（以 μg/mL 为单位）。

五、数据分析与处理

1.吸收曲线

表4-23　不同波长吸光度

波长 λ/nm	440	450	460	470	480	490	500	505
吸光度 A								
波长 λ/nm	510	515	520	530	540	550	560	
吸光度 A								

绘制吸收曲线，确定最大吸收波长 λ_{max} = ______ nm。

2.标准曲线

表4-24　标准溶液吸光度的测定

序　号	1	2	3	4	5	6
V(铁标液)/mL						
c(铁)/(μg · mL^{-1})						
吸光度 A						

绘制标准曲线，列出标准曲线方程。

3. 水样分析

计算未知溶液中 $c(Fe^{2+})$ = ______ μg/mL。

六、注意事项

（1）显色过程中，每加入一种试剂均要摇匀，且不能颠倒各种试剂的加入顺序。

（2）试样和工作曲线测定的实验条件应保持一致，所以最好两者同时显色同时测定。

七、思考题

(1)在进行 Fe^{3+} 标准曲线的绘制实验时,加入试剂的顺序能否任意改变?

(2)在进行 Fe^{3+} 标准曲线的绘制实验时,哪些溶液应准确加入比色管?哪些则不必准确加入?为什么?

722 型分光光度计操作方法

1.接通电源预热 20 min(保证光路畅通)。

2.按 MODE 键设置波长(同时调整 100%T 旋钮),在 T 方式下调透光率为 100%。

3.打开样品室,将挡光体插入比色皿架推入光路。

4.盖上样品室盖,在 T 方式下,按 0%T 键调透光率为零。

5.取出挡光体,盖好样品室盖,按 100%T/OA 键调透光率为 100%。

6.按方式键 MODE,将方式设为吸光度 A。

7.将参比溶液和被测溶液分别倒入比色皿中。

8.打开样品室盖,将比色皿架插入槽中,盖上试样室盖。

9.将参比溶液推入光路中,按 100%T 调“0”(在 A 方式下调 100%,A=0)。

10.将被测溶液推入光路中,显示器显示被测样品的吸光度。

11.测定完毕,关闭仪器电源开关(短时间不用,不必关闭电源,打开试样室盖即可),将比色皿取出,洗干净,擦干,放回原处。拔下电源插头,待仪器冷却 10 min 后盖上防尘罩。

第 5 章 有机化学实验

实验 1　熔点的测定

一、实验目的

(1)了解熔点测定的意义;

(2)了解熔点与物质纯度的关系;

(3)学习熔点测定的方法,掌握提勒管测定熔点的操作。

二、实验原理

物质的熔点,是指在一定大气压下纯物质的液相和固相处于平衡状态时的温度,这时固相和液相的蒸气压相等。在一定条件下,纯物质的熔点为固定值,是物质的重要物理性质之一,可以用来鉴别物质和鉴定固体物质的纯度。如果将杂质加入纯物质中,将出现熔点下降、熔程增长的现象。因此,利用混合熔点法可以鉴别混合物中各组分是否相同。当测得一未知物的熔点与已知某物质熔点相同或相近时,可以将该已知物与未知物混合,分别按照 1:9、1:1、9:1 3 种比例混合。如果熔点不变,则为相同物;如果熔点下降、熔程增长,则为不同物。但也有生成固熔体或新化合物的情况。

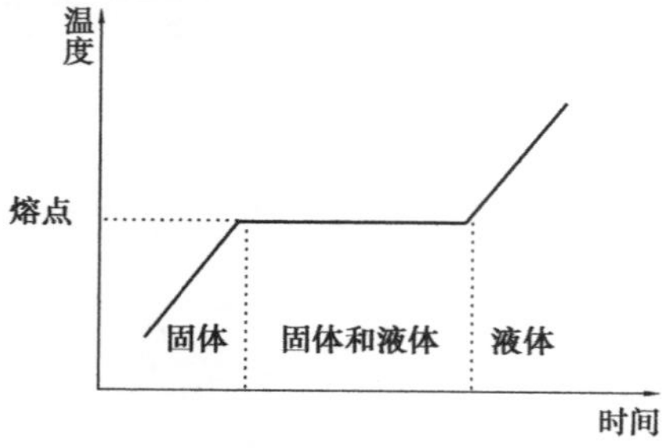

图 5-1　物质形态随时间和温度变化的示意图

如图 5-1 所示,物质形态随时间和温度的变化而变化,当加热纯固体物质时,在一段时间内温度上升,固体不熔;当固体开始熔化时,温度不变,直至所有固体都转变为液体,温度才又开始上升。纯物质的熔点和凝固点是一致的。

实际上测定的熔点不是单一的温度,而是固体熔化的温度范围,即物质的熔程,指固体开始熔融时的温度到全部熔融时的温度。

熔点常用提勒管法和显微熔点测定仪法测定。

三、主要仪器与试剂

仪器：提勒管，表面皿，玻璃棒，研钵，毛细管，酒精灯，开口塞，温度计等。
试剂：肉桂酸，尿素，液体石蜡。

四、实验步骤

1.样品的装入

将少许干燥试样放在干净的表面皿上用玻璃棒或不锈钢刮刀将其研成粉末，垒成小堆。将市售毛细管在酒精灯上熔融封闭一端，制成熔点管。开口端向下插入粉末中，反复几次后，把熔点管开口端向上，轻轻地在桌面上敲击，使粉末落入和填紧管底。最好取一支长为 30~40 cm的玻璃管，垂直于干净的表面皿上，将装有试样的熔点管从玻璃管上端自由落下，可更好地达到上述目的。如此重复数次，使管内装入高为 2~3 mm 紧密结实的试样。粘于管外的粉末须拭去，以免玷污加热浴液。要测得准确的熔点，试样一定要研得极细，装得紧实，使热量的传导迅速均匀。对于蜡状试样，为了解决研细及装管的困难，可选用较大口径（2 mm 左右）的毛细熔点管。

2.熔点浴

熔点浴的设计最重要的一点是使受热均匀，便于控制和观察温度。提勒管是实验室中最常用的熔点浴。

提勒管，又称 b 形管，如图 5-2 所示。提勒管管口装有开口软木塞，温度计插入其中，且刻度面向木塞开口，水银球位于提勒管上下两叉管口之间。装好试样的熔点管借助少许浴液黏附于温度计下端，使试样位于水银球侧面中部。再用橡皮圈套在温度计和熔点管的上部，使试样管不掉入浴液中。在图示部位加热，受热的浴液沿管上升，从而在整个提勒管内形成对流循环，使试样均匀受热。

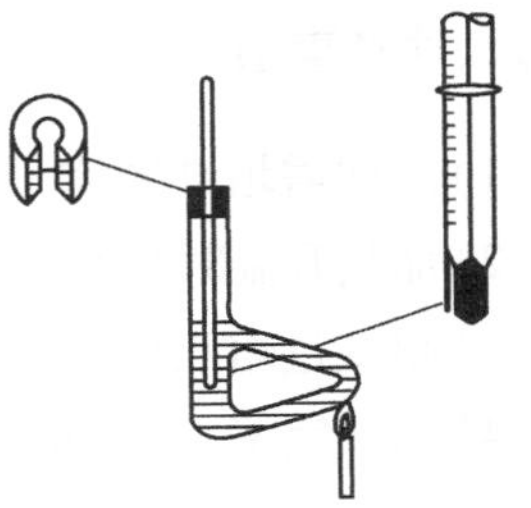

图 5-2　提勒管熔点测定装置图

在测定熔点时，凡是试样熔点在 220 ℃以下时，均可用浓硫酸作浴液。当有机物和其他有机杂质混入硫酸浴液时，硫酸浴液会变黑，影响熔点的观察，此时可加入少许硝酸钾晶体共热使之脱色。

除浓硫酸外，也可用磷酸（用于 300 ℃以下）、石蜡油或有机硅油等作浴液。

3.熔点的测定

将装好试样的提勒管垂直夹于铁架上，以浓硫酸作加热液体，以小火在图 5-2 所示部位缓缓加热。开始时升温速度可以较快，到距离熔点 10~15 ℃时，调整火焰使温度上升速度为 1~2 ℃/min。越接近熔点，升温速度应越慢（注意：升温速度是准确测定熔点的关键）。这样做一方面是为了保证有充足的时间让热量由管外传至管内，使固体熔化；另一方面因观察者不能同时观察温度计读数和试样的变化情况，只有缓慢加热，才能使此项误差减小）。记下试样开始塌落并有液相（俗称出汗）产生（初熔）时和固体完全消失（全熔）时的温度计读数，即该化合物的熔程。要注意，在初熔前必须仔细观察是否有萎缩或软化、放出气体以及其他分解现象。例如某物质在 130 ℃时开始萎缩，在 131 ℃时有液滴出现，在 132 ℃时全部熔化，则应记录如下：熔点为 131～132 ℃，130 ℃时萎缩。

熔点测定，至少要有 2 次重复的数据。每一次测定都必须用新的熔点管另装试样，不能将已测过熔点的熔点管冷却，使其中的试样固化后再做第二次测定；因为有时某些物质会发生部分分解，有些会转变成具有不同熔点的其他结晶形式。测定易升华物质的熔点时，应将熔点管的开口端烧熔封闭，以免升华逸出。如果要测定未知物的熔点，应先粗测 1 次，粗测时升温速度可稍快，知道大致熔点范围后，待浴温冷却至熔点以下 30 ℃左右，再取另一根装样的熔点管作精密测定。熔点测好后，温度计的读数须对照温度计校正图进行校正。

五、数据分析与处理

按要求将相关实验数据填入表 5-1 中。

表 5-1　测定熔点数据记录表

试　样	初熔温度/℃	终熔温度/℃	熔点/℃	熔点距/℃
试样 1				
试样 2				
…				

六、注意事项

(1)试样需填装紧实。
(2)加热升温时先快后慢，待接近熔点时，严控升温速度，使升温速度维持在 1～2 ℃/min。
(3)测试过熔点的毛细管不能重复使用。
(4)测试完毕，勿直接用冷水冲洗热的温度计，避免温度计因温差过大而炸裂。

七、思考题

(1)如何用测定熔点的方法来判断物质的纯度？
(2)今有固体化合物 A、B，且两者熔点相同，能否断定 A、B 为同一物质？如何断定？
(3)测定熔点时，若遇下列情况，将会产生什么结果？
①熔点管管壁太厚；
②熔点管底部封闭不完全；
③熔点管不洁净；
④试样未完全干燥或者含有杂质；
⑤试样研磨不细或者填装不紧实；
⑥加热太快。

实验2　正溴丁烷的制备

一、实验目的

(1)学习用溴化钠、正丁醇和浓硫酸制备正溴丁烷的原理和方法；
(2)掌握回流及有害气体吸收装置的安装及操作；
(3)巩固蒸馏操作，掌握液体有机物的洗涤、干燥等基本操作。

二、实验原理

正溴丁烷可以用溴化钠、正丁醇和浓硫酸共热而制得。

主反应：

$$NaBr+H_2SO_4 \longrightarrow HBr+NaHSO_4$$
$$C_4H_9OH+HBr \longrightarrow C_4H_9Br+H_2O$$

副反应：

$$C_4H_9OH \longrightarrow CH_3CH_2CH=CH_2+H_2O$$
$$2n\text{-}C_4H_9OH \longrightarrow (n\text{-}C_4H_9)_2O+H_2O$$
$$2HBr+H_2SO_4 \longrightarrow Br_2+SO_2\uparrow+2H_2O$$

三、主要仪器与试剂

仪器：圆底烧瓶(50 mL)，球形冷凝管，直形冷凝管，二通活塞导气管，分液漏斗，蒸馏头，接引管，锥形瓶，玻璃漏斗。

试剂：正丁醇(7 mL，0.075 mol)，溴化钠(10 g，0.097 mol)，浓硫酸，饱和碳酸氢钠，无水氯化钙。

四、实验步骤

在50 mL圆底烧瓶中加入10 g研细的溴化钠，再加入7 mL正丁醇，连接好回流装置，再从冷凝管的顶端分次倒入事先稀释冷却好的20 mL稀硫酸(以浓硫酸∶水=1∶1稀释制得)，充分振荡，混合均匀，按图5-3连接实验装置，在冷凝管的上口接一尾气吸收装置(可用氢氧化钠稀溶液或者水作为气体吸收液)。玻璃漏斗不能浸没在液体中，以防止液体倒吸。

加热回流30 min。控制火温大小，保持微微沸腾状态，并不时振荡烧瓶几次，以便反应充分进行。回流速度控制在1~2滴/s，不要太快，确保无溴化氢气体逸出，油层越来越厚，呈淡黄色。稍后冷却，取下气体吸收装置和球形冷凝管，改装蒸馏装置，蒸馏出粗产物正溴丁烷(最初的馏出物主要是正溴丁烷等有机物，随后蒸出的主要是水及少量有机物)。待基本无油珠蒸出时，停止加热，冷却后拆除装置。

将馏出物转移至分液漏斗(分液漏斗的正确分液如图5-4所示)，加入5 mL水洗涤。将下层粗产物分入干燥的烧杯中，从分液漏斗的上口将残留液倒入废液桶，再将烧杯中的粗产物转移至分液漏斗，重复上述操作，依次用3 mL浓硫酸、5 mL饱和碳酸氢钠溶液、5 mL水洗涤。

最后将有机层盛于干燥的锥形瓶中，加入适量无水氯化钙干燥，塞紧瓶口。间歇摇动，直至液体澄清，除去氯化钙，将液体粗产物进行蒸馏，收集 99~103 ℃的馏分，得到产品。观察产品外观，称量，计算产率。

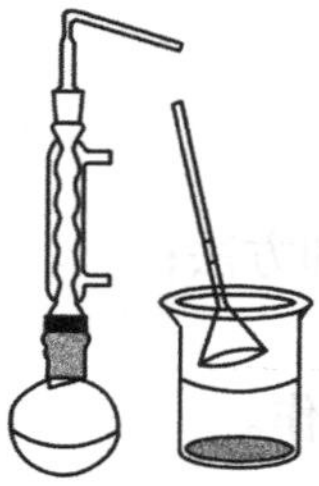

图 5-3　回流装置图

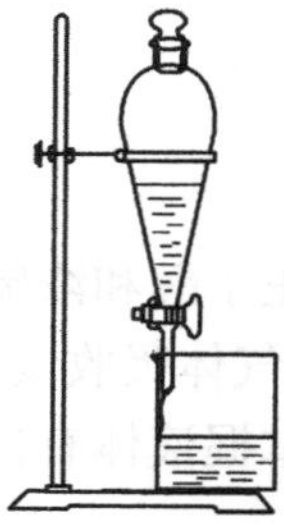

图 5-4　分液漏斗萃取装置图

五、数据分析与处理

理论产量正溴丁烷：m=______g。

粗品产量：m=______g；外观____________。

纯产品产量：m=______g；收集产品的沸点范围：__________；外观____________。

产率：η=______。

六、注意事项

(1)粗产物正溴丁烷是否蒸完，可以根据以下 3 点来判断：

①馏出液是否由浑浊变澄清；

②蒸馏烧瓶内的油层是否消失；

③馏出液滴入水中，是否有油珠。

(2)浓硫酸具有强氧化性和腐蚀性，取用时应注意安全。

(3)注意加热温度，不能过高，以免产生的溴化氢来不及反应而逸出。

(4)使用分液漏斗洗涤粗产物时，要注意分清产品在哪一层。

(5)最后蒸馏精制产品时，要将无水氯化钙除去，并保证整套蒸馏装置干净和干燥。

七、思考题

(1)加料时，可以先将溴化钠与浓硫酸混合，然后再加正丁醇和水吗？为什么？

(2)反应后的产物可能含有哪些杂质？各步洗涤的目的何在？用浓硫酸洗涤时为何要用干燥的分液漏斗？

(3)用分液漏斗洗涤产物时，正溴丁烷时而在上层，时而在下层，如何简便地加以判断？

(4)为什么用分液漏斗洗涤产物时，经摇动后要立即放气？应从哪里放气并指向什么方向？

实验3 乙醚的制备

一、实验目的

(1)掌握实验室制备乙醚的原理和方法；
(2)学习由醇脱水制备醚的方法；
(3)掌握低沸点易燃液体的操作要点。

二、实验原理

醚是常用的优良溶剂,能溶解多数有机化合物,有的反应(如格氏反应)必须在醚中进行。因此,在有机合成中,醚有着广泛的应用。本实验通过醇分子间脱水制备乙醚,所用的催化剂是硫酸。

主反应：

$$2CH_3CH_2OH \xrightarrow[140\ ℃]{H_2SO_4} CH_3CH_2OCH_2CH_3+H_2O$$

副反应：

$$CH_3CH_2OH \xrightarrow[>160\ ℃]{H_2SO_4} CH_2{=\!=}CH_2+H_2O$$

$$CH_3CH_2OH+H_2SO_4 \longrightarrow CH_3{-}\overset{\overset{\displaystyle O}{\|}}{C}{-}H + SO_2 + 2H_2O$$

$$CH_3\overset{\overset{\displaystyle O}{\|}}{C}{-}H + H_2SO_4 \longrightarrow CH_3\overset{\overset{\displaystyle O}{\|}}{C}{-}OH + SO_2 + H_2O$$

三、主要仪器与试剂

仪器:三颈圆底烧瓶,球形冷凝管,温度计,直形冷凝管,多功能梨形漏斗,锥形瓶,分液漏斗,圆底烧瓶,数显恒温磁力搅拌器。

试剂:95%乙醇(35 mL,0.60 mol),浓 H_2SO_4,NaOH 溶液(5%),NaCl 饱和溶液,$CaCl_2$ 饱和溶液,无水氯化钙。

四、实验步骤

在干燥的三颈圆底烧瓶中,加入 10 mL 95%乙醇。在冷水浴冷却下,一边摇动一边缓慢滴加 10 mL 浓硫酸,加毕,充分摇动使其均匀混合,然后加入 1~2 粒沸石。如图 5-5 所示连接好实验装置,在三颈圆底烧瓶的一个侧口安装分液漏斗,一个侧口安装 200 ℃温度计。漏斗末端及温度计水银球均应浸入液面以下距瓶底 0.5~1 cm 处。另一侧口装直形冷凝管,用一接收瓶接收液体,接收瓶用冷水冷却,接引管支管接橡皮管,将尾气导入下水道。

在分液漏斗中加入 25 mL 95%乙醇,然后用数显恒温磁力搅拌器加热三颈圆底烧瓶,使反应温度较快地升至140 ℃。此时,开始由漏斗慢慢向烧瓶滴入95%乙醇,控制滴入速度与馏出速度大致相等(1~2 滴/s),并控制反应液温度处于135~145 ℃,0.5~1 h滴加完毕。继续加热10 min,当温度上升到160 ℃时,撤去热源,停止反应。

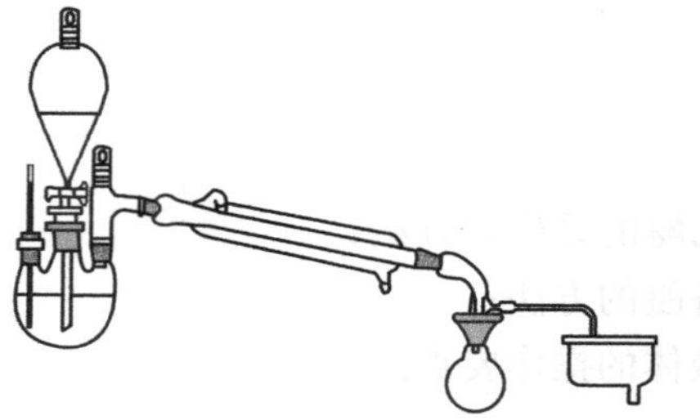

图5-5 制备乙醚的装置图

将接收瓶中的馏出液转移至分液漏斗中,依次用8 mL 5%氢氧化钠溶液、8 mL饱和氯化钠溶液洗涤,最后每次用8 mL饱和氯化钙溶液洗涤两次。分去水层,将乙醚层倒入干燥的锥形瓶中,用少许无水氯化钙干燥。(注意锥形瓶仍需用冷水冷却)

将干燥后的液体小心地转入蒸馏烧瓶中,加入沸石,安装常压蒸馏装置,用水浴或者电热套缓缓加热,蒸馏,收集33~38 ℃时的馏分。称重,计算产率。

五、注意事项

(1)控制加热,使温度较快地升到100 ℃以上,然后稍降电压使反应液温度不超过150 ℃。

(2)在140 ℃时就有乙醚馏出,此时再滴入乙醇,就可继续与硫酸氢乙酯作用生成乙醚。所以滴入乙醇的速度应与乙醚馏出的速度相等。若滴加过快,不仅乙醇未及时作用就被蒸出,且使反应液的温度骤降,减少乙醚的产量。

六、思考题

(1)用乙醇经浓硫酸催化制备乙醚时,为什么乙醇-浓硫酸混合液加热到乙醇沸点以上时,乙醇不会被蒸出?如在滴加乙醇时去掉直形冷凝管,将产生什么后果?

(2)在用饱和氯化钙溶液洗涤之前,为何要先用饱和氯化钠溶液洗涤?

(3)在用硫酸处理乙醇和正丙醇的混合物时,可以得到三种醚的混合物,它们是什么?而用硫酸处理叔丁醇和乙醇的混合物时,却得到产率很高的一种醚,它可能是什么醚?为什么?

实验4 苯甲酸的制备

一、实验目的

(1)掌握用高锰酸钾氧化甲苯制备苯甲酸的方法和原理;

(2)巩固回流、减压过滤、重结晶等操作。

二、实验原理

芳香族羧酸通常由芳香烃氧化制取。本实验采用甲苯制备苯甲酸，因为苯环较稳定，不易氧化，而环上的支链可以被氧化成羧基。反应方程式如下：

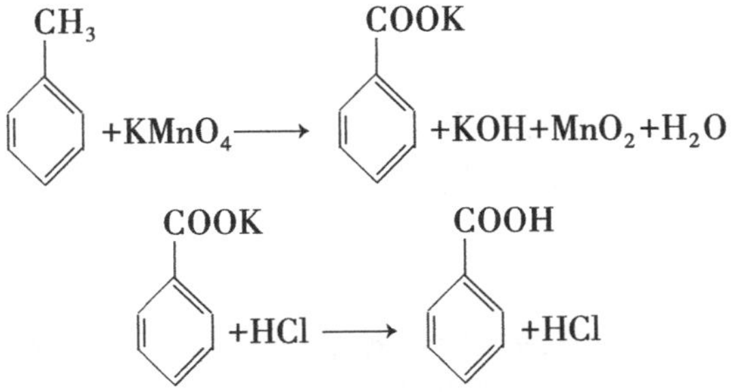

三、主要仪器与试剂

仪器：圆底烧瓶，冷凝管，数显恒温磁力搅拌器，漏斗，吸滤瓶，真空泵。

试剂：甲苯（3.0 mL，0.028 mol），$KMnO_4$（8.5 g，0.054 mol），浓 HCl，亚硫酸氢钠。

四、实验步骤

在圆底烧瓶中加入 3.0 mL 甲苯和 20 mL 水，上口装回流冷凝管，通过数显恒温磁力搅拌器搅拌加热，回流后从冷凝管上口分批加入 8.5 g 高锰酸钾。黏附在冷凝管内壁的高锰酸钾用 9 mL 水洗入瓶内。继续回流反应直到甲苯层近于消失、回流液不再出现油珠，氧化基本完成（需3～4 h）。停止加热。

对反应后的混合物趁热减压过滤，用少量热水洗涤二氧化锰滤渣。合并滤液和洗涤液，于冰水浴中冷却，然后用浓盐酸酸化至刚果红试纸变蓝，晶体析出。用少量冷水洗涤晶体后抽干、烘干，得粗产品。称量，计算产率。

五、注意事项

（1）高锰酸钾每次加入量不宜过多，否则反应将异常剧烈。必须待反应平缓后再加下一批。

（2）滤液如果呈紫色，可加入少量亚硫酸氢钠使紫色褪去，重新抽滤。

（3）苯甲酸可以用水作溶剂进行重结晶提纯。

六、思考题

（1）氧化反应中影响苯甲酸产量的重要因素有哪些？

（2）加亚硫酸氢钠的目的是什么？

（3）两次减压过滤的目的及操作有什么不同？

实验5　乙酸乙酯的制备

一、实验目的

(1)了解酯化反应的原理和酯的制备方法;
(2)学习并掌握蒸馏、回流、分液等操作。

二、实验原理

羧酸酯一般由醇和羧酸在少量酸性催化剂(如浓硫酸)存在下发生酯化反应而制得。

本实验用乙醇和乙酸在少量浓硫酸的催化下反应生成乙酸乙酯。乙酸乙酯能与水形成二元共沸物,沸点为70.4 ℃,低于乙醇和乙酸的沸点,极易蒸出,这是酯类制备中常用的方法。

主反应:

$$CH_3COOH+CH_3CH_2OH \xrightleftharpoons[120\sim150\ ℃]{H_2SO_4} CH_3COOC_2H_5+H_2O$$

副反应:

$$2CH_3CH_2OH \xrightarrow[140\ ℃]{H_2SO_4} C_2H_5OC_2H_5+H_2O$$

三、主要仪器与试剂

仪器:圆底烧瓶(50 mL),直形冷凝管,球形冷凝管,蒸馏头,锥形瓶,分液漏斗,圆底烧瓶(10 mL),温度计,温度计套,数显恒温磁力搅拌器。

试剂:无水乙醇(9.5 mL,0.2 mol),冰醋酸(6 mL,0.1 mol),浓 H_2SO_4,无水 Na_2SO_4,Na_2CO_3,NaCl,$CaCl_2$。

四、实验步骤

向50 mL圆底烧瓶中加入9.5 mL无水乙醇和6 mL冰醋酸,再一边摇动一边缓慢加入2 mL浓硫酸,放入1~2粒沸石,摇匀。接通冷凝水,用数显恒温磁力搅拌器以较低的电压加热,使溶液保持微沸,回流20 min,结束回流反应。待瓶内反应物冷却后,将回流装置改装成蒸馏装置,接收瓶用冷水冷却,加热蒸出约2/3的液体,大致蒸到蒸馏液泛黄,馏出速度减慢为止。向馏出液中慢慢滴加碳酸钠饱和溶液,一边滴加一边摇动,直至没有气体产生为止。将馏出液转移到分液漏斗,摇荡洗涤,静置,分去水层。油层分别用5 mL氯化钠饱和溶液、5 mL饱和氯化钙溶液和水各洗涤1次,分去水层。油层从分液漏斗上口倒入干燥的锥形瓶中,用无水硫酸钠干燥。

将干燥后的油层直接倒入圆底烧瓶中(注意将硫酸钠除去),装好蒸馏装置进行蒸馏,收集74~77 ℃的馏分。观察产品外观,称重,计算产率。

五、注意事项

(1)冰醋酸在16.6 ℃以下凝结为固体。若温度低于16.6 ℃,加料前应稍稍加热使其熔化。

(2)可用湿润的蓝色石蕊试纸检验 CO_2 的存在。

(3)酯层用碳酸钠溶液洗涤后，若紧接着用氯化钙溶液洗涤，则可能产生絮状碳酸钙沉淀，故在两步间必须用水洗涤。但由于乙酸乙酯在水中有一定的溶解度(17 份水可溶解 1 份乙酸乙酯)，故采用饱和氯化钠溶液代替水，以减少酯的损失。

(4)乙酸乙酯可与水、乙醇形成二元、三元共沸物，其组成及沸点见表 5-2。

表 5-2　乙酸乙酯与水、乙醇的共沸混合物

共沸物沸点/℃	组成/%		
	乙酸乙酯	乙醇	水
70.2	82.6	8.4	9.0
70.4	91.9	—	8.1
71.8	69.0	31.0	—

因此，水、醇的存在使沸点降低，影响产率。

(5)酯化反应是可逆反应，如何促使反应有利于酯的生成，应根据具体情况决定。

六、思考题

(1)酯化反应有何特点?

(2)采取什么措施可提高酯的产率? 馏出液中含有哪些成分?

(3)为什么要用饱和碳酸钠溶液、饱和氯化钠溶液和饱和氯化钙溶液洗涤? 如果先用饱和氯化钙溶液洗涤，可以吗? 为什么?

实验 6　间硝基苯胺的制备

一、实验目的

(1)掌握多硝基苯的部分还原反应;

(2)巩固搅拌、回流、减压过滤、重结晶等基本操作。

二、实验原理

芳香族多硝基化合物可用碱金属硫化物或者多硫化物、硫化铵等进行还原。还原时可以选择性地还原其中一个硝基为氨基。

反应式:

$$Na_2S+S \rightleftharpoons Na_2S_2$$

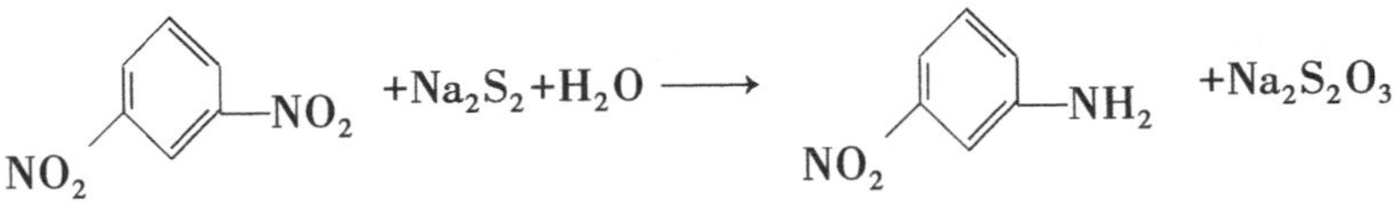

纯间硝基苯胺为浅黄色针状晶体，熔点为 114 ℃。

三、主要仪器与试剂

仪器：二颈圆底烧瓶，数显恒温磁力搅拌器，冷凝管，漏斗，吸滤瓶，真空泵，锥形瓶，分液漏斗。

试剂：$Na_2S \cdot 9H_2O$(8 g,0.033 mol)，硫黄粉，间二硝基苯(5 g,0.03 mol)，HCl，氨水。

四、实验步骤

1.多硫化钠溶液的制备

在 100 mL 锥形瓶中加入 8 g 硫化钠晶体和 30 mL 水，搅拌，溶解后加入 2 g 硫黄粉。一边振荡搅拌一边加热，直到硫黄粉全部溶解。过滤除去不溶物，得到澄清溶液，冷却备用。

2.间硝基苯胺的制备

在装有分液漏斗和回流冷凝管的 150 mL 二颈圆底烧瓶中加入 5 g 间二硝基苯和 40 mL 水。在数显恒温磁力搅拌器的搅拌下加热到回流，使熔融的间二硝基苯与水充分混合成很细的悬浮液。用滴管或分液漏斗将多硫化钠溶液在加热和搅拌下滴入烧瓶中，大约需 30 min 滴加完毕。然后继续加热回流反应 20 min。

静置并迅速冷却反应混合物。减压过滤析出的粗间硝基苯胺，除去水分。用少量冷水洗涤滤饼以除去残留的硫代硫酸钠。取出粗产物，加入 10 mL 稀盐酸[V(浓盐酸):V(水)=1:4]，加热使间硝基苯胺成盐溶解。抽滤除去硫黄和未反应的间二硝基苯。在滤液中加入过量浓氨水(pH=8)至溶液中析出黄色的间硝基苯胺。减压过滤除去碱液，再用冷水洗涤到中性，抽滤，得到粗产品。粗产品用水重结晶，得到黄色晶体。称量，计算产率。

五、注意事项

用吸管吸取少量反应物，滴在用硫酸铜溶液浸过的滤纸上，若生成的硫化铜黑色斑点在 20 s 内不消失，即可认为反应已达终点。

六、思考题

(1)能否用铁和盐酸作还原剂来制取间硝基苯胺？

(2)产品中混有哪些杂质？怎样除去？

实验 7　甲基橙的制备

一、实验目的

(1)掌握重氮化反应和重氮盐偶联反应制取甲基橙的原理和方法；

(2)进一步掌握微型洗涤、过滤、重结晶等基本操作。

二、实验原理

甲基橙,结构式命名为4-(4-(二甲氨基)苯偶氮)苯磺酸钠,是一种指示剂。它是由对氨基苯磺酸经重氮化后与N,N-二甲基苯胺的醋酸盐,在弱酸性介质中偶合得到的。偶合首先得到的是嫩红色的酸式甲基橙,称为酸性黄,在碱中酸性黄转变为橙色的钠盐,即甲基橙。

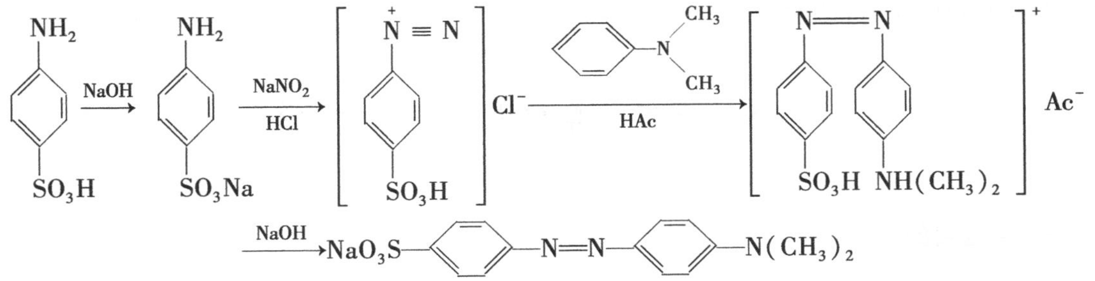

甲基橙为橙红色鳞状晶体或粉末,微溶于水,较易溶于热水,不溶于乙醇,显碱性。0.1%的水溶液是常用的酸碱指示剂,pH值变色范围为3.1(红)~4.4(黄)。

三、主要仪器与试剂

仪器:圆底烧瓶(50 mL),数显恒温磁力搅拌器,砂芯漏斗,吸滤瓶,真空泵,烧杯。

试剂:对氨基苯磺酸(2.1 g,0.012 mol),浓HCl,$NaNO_2$(0.8 g,0.011 mol),N,N-二甲基苯胺(1.2 g,0.010 mol),冰乙酸,NaOH溶液(5%),NaCl饱和溶液,乙醇,乙醚。

四、实验步骤

1.对氨基苯磺酸的重氮化反应

在50 mL圆底烧瓶中加入2.1 g对氨基苯磺酸和10 mL 5%NaOH溶液,在热水浴中加热溶解,冷却至室温后,加入0.8 g亚硝酸钠与6 mL水配成的溶液,溶解后继续用搅拌器搅拌,并将10 mL水和3 mL浓盐酸配成的溶液滴入该混合溶液中,期间,溶液温度保持在0~5 ℃,滴加完毕后继续在冰浴中放置5 min。

2.偶联反应

将1.3 mL N,N-二甲基苯胺和1 mL冰乙酸组成的溶液滴加到上述重氮盐溶液中,搅拌,滴加完毕继续搅拌10 min,此时有红色的酸性黄沉淀。在0~5 ℃下搅拌加入5%NaOH溶液,使反应液的pH值为10~11,需要NaOH溶液25~30 mL,此时红色沉淀呈细粒状沉淀析出,在冷水浴中冷却,使甲基橙晶体彻底析出。将沉淀用砂芯漏斗过滤,并依次用少量饱和氯化钠溶液、乙醇和乙醚洗涤,压紧抽干,得到粗产品。粗产品用水进行重结晶,待晶体完全析出后,减压过滤,再依次用少量水、乙醇和乙醚洗涤,压紧抽干粗产品。产品干燥后称重,计算产率。

五、注意事项

(1)重氮盐不稳定,达到一定温度时会分解,因此要严格控制反应温度。

(2)对氨基苯磺酸是两性化合物,酸性比碱性强,以酸性内盐存在,所以它能与碱作用成盐而不能与酸作用成盐。

(3)用乙醇和乙醚洗涤的目的是使产品迅速干燥。

六、思考题

(1)什么是重氮化反应？为什么此反应必须在低温强酸性及过量亚硝酸盐的条件下进行？

(2)什么叫偶联反应？

(3)为什么对氨基苯磺酸要与氢氧化钠反应后再加亚硝酸钠和盐酸进行重氮化反应，而不是直接与亚硝酸钠和盐酸反应？

实验 8　呋喃甲醇和呋喃甲酸的制备

一、实验目的

(1)了解呋喃甲醛进行坎尼扎罗(Cannizzaro)反应制备相应的醇和酸的原理和方法；

(2)掌握低沸点溶剂的操作要领和处理方法；

(3)掌握萃取、蒸馏、重结晶等基本操作。

二、实验原理

无 α-H 的醛在强碱作用下，可发生自身的氧化还原反应，即一分子醛还原为醇，另一分子醛氧化为酸，这种反应称为坎尼扎罗反应。

本实验以呋喃甲醛为反应物制备呋喃甲醇和呋喃甲酸。

反应式：

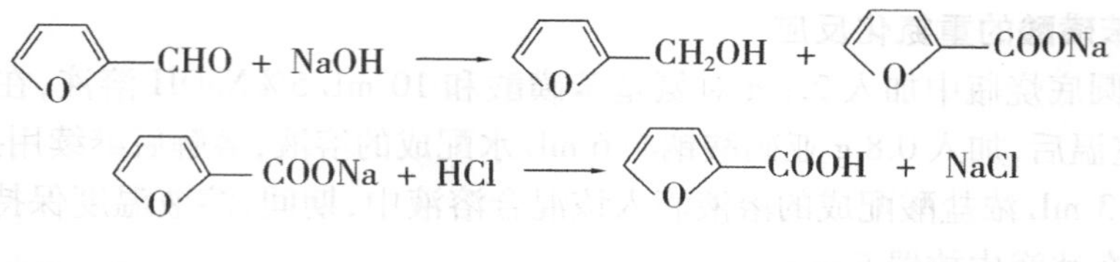

三、主要仪器与试剂

仪器：烧杯，滴管，圆底烧瓶，分液漏斗，蒸馏头，锥形瓶，冷凝管，布氏漏斗，抽滤瓶，真空泵，数显恒温磁力搅拌器。

试剂：呋喃甲醛(8.4 mL，0.1 mol)，NaOH，浓 HCl，活性炭，乙醚，无水硫酸镁。

四、实验步骤

在 100 mL 锥形瓶内加入 8.4 mL 呋喃甲醛和搅拌磁子，冰水浴冷却至 5 ℃，在数显恒温磁力搅拌器的搅拌下，用滴管滴加 NaOH 溶液(由 4 g NaOH 加 6 mL 水配制而成)，滴加过程中温度控制在 10 ℃左右。加完后，在此温度下继续搅拌 30 min，使反应完全，得到黄色浆状物。往黄色浆状物中加入约 10 mL 水，使其恰好溶解，溶液呈棕红色。

将棕红色溶液转移至分液漏斗中，用乙醚萃取 4 次(乙醚每次用量 8 mL)，所得醚层和水层分别盛放。合并醚层并用适量无水硫酸镁干燥，过滤，将滤液转移至圆底烧瓶中进行蒸馏。先蒸出乙醚(接收瓶置于冰水中冷却)；再升高温度蒸馏，收集 169~172 ℃的馏分，得到呋喃甲醇，量体积，回收，计算产率。

水层用约 8 mL 浓盐酸酸化至刚果红试纸变蓝，充分冷却得到浅黄色沉淀，减压过滤，用少量冷水洗涤，压紧，抽干。将粗产品转移至 50 mL 烧杯中，加入 15 mL 水，加热溶解后，稍冷，再加少许活性炭脱色，煮沸 5 min，趁热用折叠滤纸过滤。冷却滤液，析出白色晶体，待晶体充分析出后，减压过滤，得滤饼，烘干，得呋喃甲酸。

五、注意事项

(1)严格控制温度。若温度高于 12 ℃，反应过于剧烈难以控制；若低于 8 ℃，反应速度太慢，会积累一些氢氧化钠，之后一旦反应，升温迅速，会增加副反应，影响产率及纯度。

(2)乙醚萃取后的水层不得丢弃，待下一步转化制备呋喃甲酸。

(3)呋喃甲醇的收集温度可根据系统的真空度获得。

六、思考题

(1)乙醚萃取后的水溶液用 25%盐酸酸化到中性是否最合适？为什么？

(2)本实验得到的两种产物，利用什么原理加以分离？

(3)在反应过程中析出的黄色浆状物是什么？

实验 9　乙酰水杨酸的制备

一、实验目的

(1)了解阿司匹林的制备原理和方法；

(2)通过阿司匹林的制备实验，初步熟悉分离、提纯有机化合物的方法；

(3)巩固称量、溶解、结晶、洗涤、重结晶等基本操作。

(4)了解阿司匹林的药用价值。

二、实验原理

乙酰水杨酸，俗名阿司匹林，又称醋柳酸。乙酰水杨酸是一种历史悠久的解热镇痛药，用于治疗感冒、发热、头痛、牙痛、关节痛、风湿病等，还能抑制血小板聚集，也用于预防和治疗缺血性心脏病、心绞痛等。

水杨酸分子中含羟基(—OH)、羧基(—COOH)，具有双官能团。本实验用浓硫酸作催化剂，以乙酸酐为乙酰化试剂，与水杨酸的酚羟基发生酰化作用形成酯。

主反应：

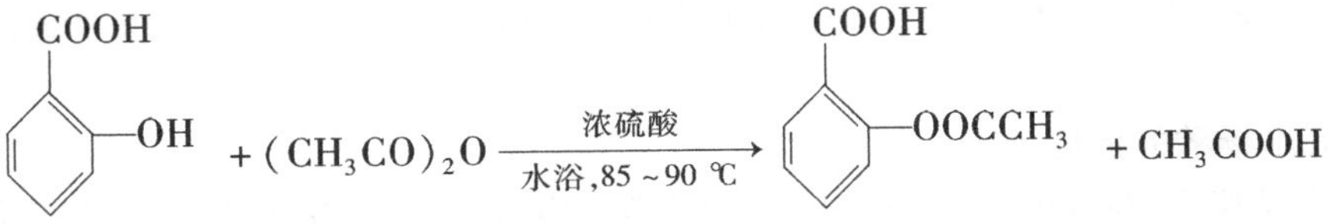

副反应：

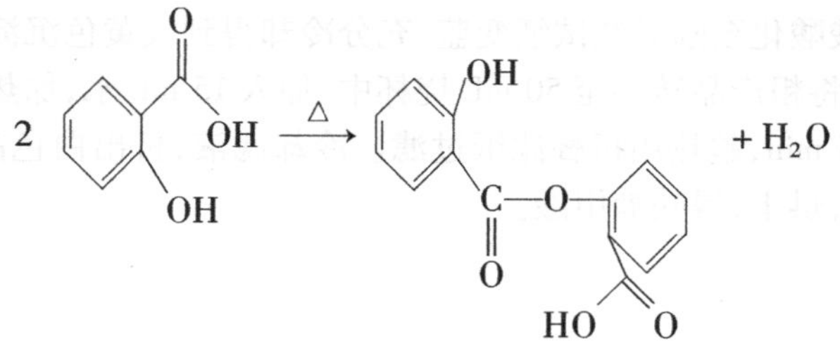

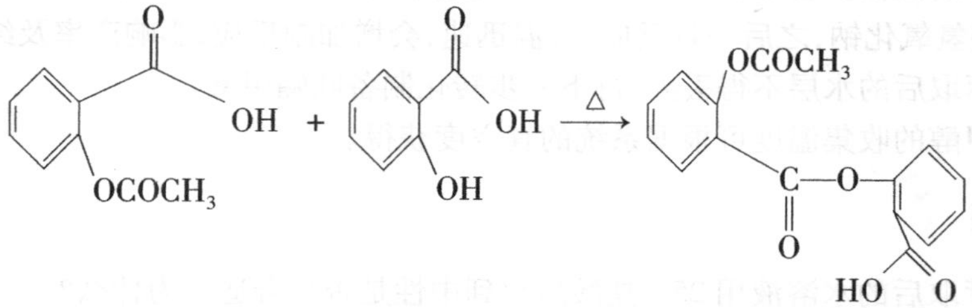

引入酰基的试剂称为酰化试剂，常用的乙酰化试剂有乙酰氯、乙酸酐、冰乙酸。本实验选用经济实惠而反应又较快的乙酸酐作酰化剂。

制备的粗产品不纯，除聚合物外，可能还有未反应的水杨酸等杂质。加入碳酸氢钠溶液，利用阿司匹林的钠盐溶于水而聚合物不与钠盐反应且不溶于水的特点，通过过滤将不溶性聚合物除去，达到分离的目的。阿司匹林的钠盐通过盐酸酸化析出阿司匹林沉淀。

本实验用 $FeCl_3$ 检测产品的纯度，此外还可用测定熔点的方法检测纯度。由于酚羟基可与 $FeCl_3$ 溶液反应形成深紫色的络合物，所以在产品中加入一定量的 $FeCl_3$ 溶液，若溶液呈紫蓝色，则说明产品中含有酚羟基；若无颜色变化，则认为产品纯度基本达到要求。

三、主要仪器与试剂

仪器：锥形瓶（25 mL），冷凝管，抽滤瓶，真空泵，布氏漏斗，烧杯。

试剂：水杨酸（2.0 g，0.014 mol），乙酸酐（5 mL，0.05 mol），浓 H_2SO_4，$NaHCO_3$ 饱和溶液，浓 HCl，$FeCl_3$ 溶液（1%）。

四、实验步骤

1.乙酰水杨酸的制备

将 2.0 g 水杨酸放入 25 mL 锥形瓶中，加入 5 mL 乙酸酐，再缓慢滴加 5 滴浓硫酸，缓缓旋摇，使水杨酸部分或全部溶解。将反应锥形瓶置水浴（85~90 ℃）上加热回流 15 min。取出锥形瓶，冷却，乙酰水杨酸在此期间结晶析出；若不析出晶体，则用玻璃棒摩擦瓶壁，并置混合物于冰水浴中稍加冷却，直至有结晶析出。然后用 40 mL 左右的水分次加入锥形瓶中，将产物转移至 100 mL 烧杯中。将烧杯置于冰水浴中冷却 15 min，使结晶完全。减压过滤，冷水洗涤滤饼，得粗产品。

2.乙酰水杨酸的提纯

将粗产品移入 100 mL 烧杯中，加入 25 mL 饱和碳酸氢钠溶液，搅拌直至无气泡逸出为止。减压过滤，滤除高聚物。将滤液转移至烧杯中，边搅拌边加入 15~20 mL 稀盐酸[V(浓盐酸) :

V(水) = 1 :1]，大量乙酰水杨酸沉淀析出，混合物置于冰水浴中冷却，使结晶完全。抽滤，冷水洗涤，抽干。将滤饼转移至表面皿中，用鼓风干燥箱将固体干燥至恒重，观察产物外观，称重，计算产率。

3.乙酰水杨酸的纯度检测

取少许产品于试管中，用 1 mL 乙醇溶解，再加入 3~4 mL 水稀释，滴加 1~2 滴 $FeCl_3$ 溶液，振荡，观察溶液颜色变化。

如果需要更纯的产品，可用苯乙醇、石油醚等作溶剂进行重结晶。

五、注意事项

(1)反应是无水反应，故需确保反应容器和药品干燥。

(2)反应温度不宜过高，否则将产生大量副产物影响产率。

(3)为使晶体析出彻底，需要降温和静置一定时间。

六、思考题

(1)反应容器为什么要干燥无水？

(2)为什么用乙酸酐而不用乙酸作酰化剂？

(3)加入浓硫酸的目的是什么？

实验 10 乙酰苯胺的制备

一、实验目的

(1)熟悉氨基酰化反应的原理及意义；

(2)掌握乙酰苯胺的制备方法；

(3)巩固重结晶操作。

二、实验原理

乙酰苯胺是非常重要的有机中间体，在医药、农药、精细化工、军事等领域被广泛应用。胺的乙酰化反应在有机合成中非常重要，常用来保护芳环上的氨基，使其不被反应试剂破坏。

制备乙酰苯胺常用的方法是芳胺与酰氯、醋酐或冰醋酸等试剂进行酰化反应。其中，酰氯反应最激烈，醋酐次之，冰醋酸最慢。采用酰氯或醋酐为酰化剂，反应进行较快，但原料价格较贵，而冰醋酸则相反。本实验以苯胺为原料，与冰醋酸加热反应生成乙酰苯胺和水。此反应为可逆反应，加入过量的醋酸，同时用分馏柱将反应过程中生成的水蒸出使反应向右移动，以提高乙酰苯胺的产率。

主反应：

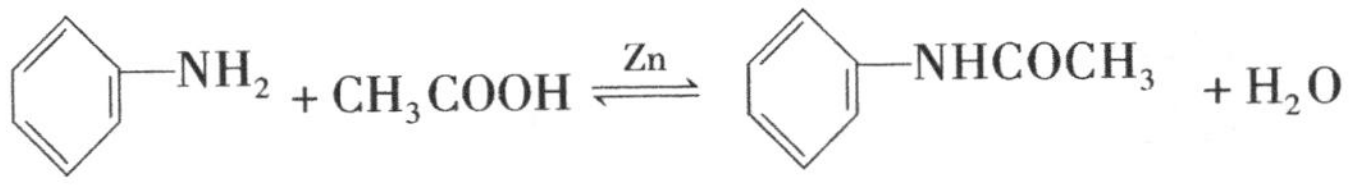

三、主要仪器与试剂

仪器：圆底烧瓶（50 mL），三角滤板漏斗，球形冷凝管，数显恒温磁力搅拌器，抽滤瓶，真空泵，布氏漏斗，烧杯。

试剂：苯胺（5 g，0.055 mol），冰醋酸（15 mL，15.8 g，0.26 mol），锌粉，活性炭。

四、实验步骤

在 50 mL 圆底烧瓶中加入 5 g 苯胺，然后再加入 15 mL 冰醋酸及少量锌粉，数显恒温磁力搅拌下加热回流反应，分馏移去生成的水。装置如图 5-6 所示。

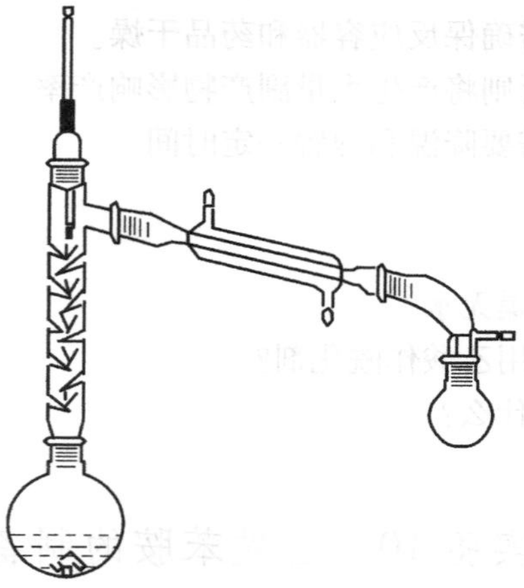

图 5-6　乙酰苯胺反应装置图

反应至无水分出，大约需要 2 h。结束反应，在搅拌下趁热将反应液小心地倒入盛有 50 mL冰水的烧杯中，搅拌使其结晶析出。充分冷却，待晶体完全析出后减压过滤，并用少量冷水洗涤，得到粗产物。

将粗乙酰苯胺放入烧杯中，加入 150 mL 水加热至沸腾，固体完全溶解，加 1 g 活性炭脱色，煮沸几分钟，趁热过滤，得产品。干燥至恒重，称重，计算产率。

纯乙酰苯胺是无色片状晶体，熔点 114 ℃。

五、注意事项

（1）苯胺在储存过程中易发生氧化，实验前需新鲜蒸馏，以免影响产品的质量。

（2）锌粉作为催化剂和抗氧化剂，不需要专门活化。

（3）反应液冷却后会立即析出固体附着在瓶壁上不易处理，故须趁热将反应液倒入冷水中，以除去过量的乙酸和未作用的苯胺。

六、思考题

（1）本实验中会发生哪些副反应，生成哪些副产物？

（2）锌粉的作用是什么？

（3）乙酰化反应是可逆反应，可采取哪些措施提高乙酰苯胺的产率？

实验11　肉桂酸的制备

一、实验目的

(1)了解柏琴反应原理,掌握肉桂酸的制备方法;

(2)掌握水蒸气蒸馏的原理、装置的安装和实验操作;

(3)熟练掌握重结晶法精制固体产品的操作。

二、实验原理

肉桂酸是生产冠心病药物"心可安"的重要中间体。其酯类衍生物是配制香精和食品香料的重要原料,它在农用塑料和感光树脂等精细化工产品的生产中也有广泛的应用。

柏琴反应:芳香醛和含有α-H的脂肪酸酐在碱性条件下,发生类似羟醛缩合,生成α,β-不饱和酸的反应。

在本实验中,芳香醛苯甲醛与具有α-H的醋酸酐,在无水碳酸钾的催化作用下共热发生缩合反应,生成芳基取代的α,β-不饱和酸。

主反应:

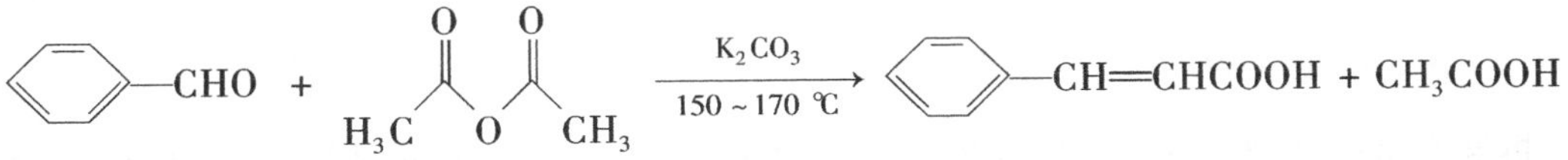

副反应:

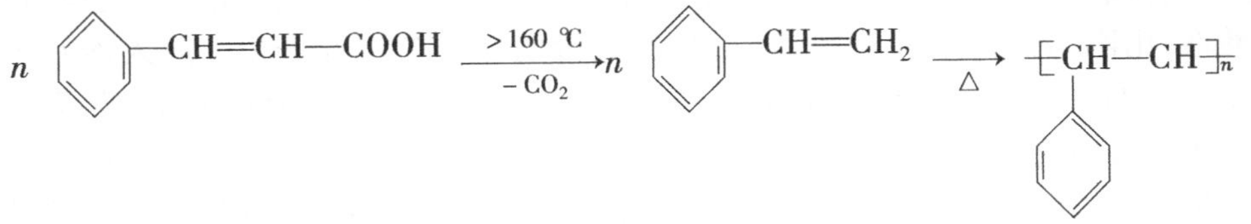

如果苯甲醛反应不完全,则容易被氧化成苯甲酸混在产品中不易除去,此时可采用水蒸气蒸馏将苯甲醛蒸出。水蒸气蒸馏是将不溶于水的挥发性物质与非挥发性物质进行分离的一种方法,是有机化学实验中常用的分离和纯化手段之一,适用于产物或杂质与水不混溶,沸点高,高温不分解,能与水共沸的有机物的分离和纯化。水蒸气蒸馏装置由水蒸气发生装置、安全玻璃管、蒸馏烧瓶、冷凝管、接收瓶等组成。

所得的粗产品含有聚合物等杂质,可以加入碳酸钠溶液,利用肉桂酸的钠盐溶于水而聚合物不与钠盐反应且不溶于水的特点,经过滤将不溶性聚合物除去,达到分离的目的。肉桂酸的钠盐经盐酸酸化后析出肉桂酸沉淀。

三、主要仪器与试剂

仪器:三颈圆底烧瓶,空气冷凝管,布氏漏斗,抽滤瓶,循环水真空泵,烧杯,表面皿。

试剂:苯甲醛(3 mL,0.03 mol),乙酐(5.5 mL,0.06 mol),无水碳酸钾,Na_2CO_3饱和溶液,浓HCl,pH试纸,活性炭。

四、实验步骤

在干燥的 100 mL 三颈圆底烧瓶中加入 3.0 g 研细的无水碳酸钾粉末、3 mL 新蒸馏过的苯甲醛和 5.5 mL 乙酐，振荡，使三者充分混合。三颈圆底烧瓶一侧管口安装温度计，温度计水银球插入混合物液面以下，但不要碰到瓶底，一侧口装上空气冷凝管，一侧管塞上玻璃塞，如图 5-7 所示。在石棉网上加热回流，温度升至 150 ℃左右，保持 30 min。反应初期由于有二氧化碳气体逸出，故有大量泡沫产生。注意控制温度，切勿使反应温度过高而导致乙酐被蒸出。

反应完毕，稍冷后，向反应烧瓶中加入 10 mL 水。一边充分摇动，一边慢慢加入饱和碳酸钠溶液，直至反应混合液呈弱碱性（用 pH 试纸检验，pH＝8 即可），然后进行水蒸气蒸馏，如图 5-8 所示。至馏出物无油珠为止。

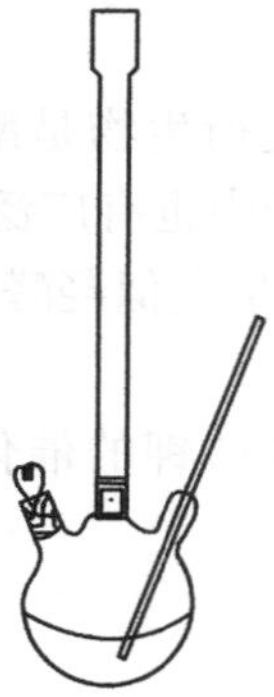

图 5-7　制备肉桂酸的反应装置图

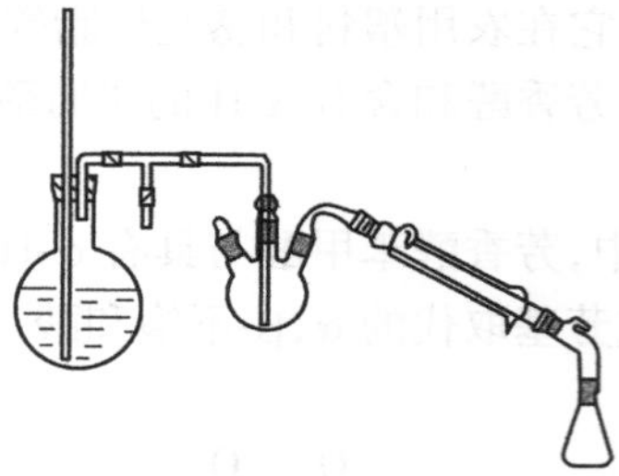

图 5-8　水蒸气蒸馏装置图

拆卸水蒸气蒸馏装置，将混合物转移至 250 mL 烧杯中，加入适量活性炭，煮沸 5 min，趁热抽滤，滤液用盐酸酸化。由于加酸（注意缓慢加入盐酸并搅拌）中和放出二氧化碳气体，溶液呈明显酸性，用刚果红试纸检测呈蓝色，且有大量明显白色沉淀产生。放入冷水浴中冷却 15 min，以使晶体彻底析出。待肉桂酸完全析出后，抽滤，产物用少量水洗涤，挤压去水分，产品转移至表面皿中，在红外灯或者 80 ℃烘箱中干燥至恒重，观察产品外观，称量，计算产率。

若需进一步提纯肉桂酸，可在热水中进行重结晶。纯肉桂酸有顺反异构体，通常以反式形式存在，为无色晶体，熔点 135.6 ℃。

五、注意事项

（1）本实验反应所用的仪器必须是干燥的。

（2）所用苯甲醛不能含苯甲酸，因在之后的处理中苯甲酸难以与肉桂酸分离。苯甲醛放久了易氧化成苯甲酸，故实验前需重新蒸馏苯甲醛，收集 170～180 ℃馏分。

（3）乙酸酐放久了，因吸潮和水解转变成乙酸，使用时应事先重新蒸馏，收集 132～140 ℃馏分。

六、思考题

（1）用什么方法检验水蒸气蒸馏是否完全？

（2）用水蒸气蒸馏除去的是什么？能否不用水蒸气蒸馏？

（3）能否用氢氧化钠代替碳酸钠？为什么？

(4)苯甲醛和丙酸酐在无水的丙酸钾存在下反应可得到什么产物？写出化学反应方程式。

实验 12　从茶叶中提取咖啡因

一、实验目的

(1)学习从天然物中提取有机物的原理和方法；
(2)了解研究天然产物的重要意义；
(3)掌握索氏提取器的工作原理和操作；
(4)了解升华法纯化固体有机物的原理和应用，掌握其操作方法。

二、实验原理

茶、咖啡、可乐等饮料可以提神、活跃思维，主要是因为其中含有咖啡因。咖啡因是一种生物碱，即天然的碱性含氮化合物，是杂环化合物嘌呤衍生物，化学名称是 1,3,7-三甲基-2,6-二氧嘌呤，其结构式如下。茶叶中含有多种生物碱，其中以咖啡因为主，占 1%～5%，此外还含有单宁酸、茶碱、可可豆碱，以及少量色素、维生素和蛋白质等。咖啡因是弱碱性化合物，可溶于氯仿、热水和乙醇，难溶于乙醚和苯(冷)。咖啡因纯品熔点为 235～236 ℃，含结晶水的咖啡因为无色针状结晶，具有升华性质。在 100 ℃时失去结晶水开始升华，在 120～178 ℃升华迅速。咖啡因具有刺激心脏、兴奋大脑神经和利尿等作用，因此可作为中枢神经兴奋药，也是复方阿司匹林等药物的成分之一。

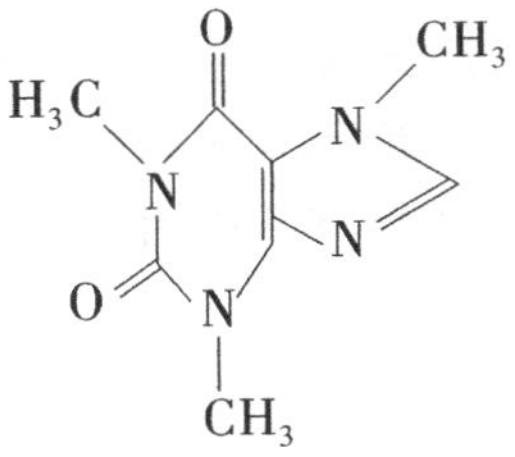

咖啡因

本实验为了提取茶叶中的咖啡因，根据其溶解性，选取 95%的乙醇作为萃取剂，并在脂肪提取器中连续萃取，得到含有咖啡因的乙醇溶液。然后通过蒸馏除去乙醇溶剂，得到粗咖啡因浓缩液。最后在油浴或者空气浴下常温升华提纯，得到精制咖啡因固体。具体升华原理参见相关内容部分。

三、主要仪器与试剂

仪器：圆底烧瓶，索氏提取器，蒸馏头，球形冷凝管，接引管，锥形瓶，蒸发皿，坩埚钳，玻璃漏斗，表面皿，刮刀。

试剂：茶叶(10 g)，生石灰，95%乙醇。

四、实验步骤

在 150 mL 圆底烧瓶中加入 3 粒沸石，称取 10 g 茶叶末，用滤纸包好放入索氏提取器的提取管中，量取 100 mL 95%乙醇，从提取管中倒入，装上球形冷凝管，如图 5-9 所示。加热回流开始萃取，多次虹吸至液体颜色变浅，结束回流，大约需要 2 h。

将提取装置改成蒸馏装置，加热，将乙醇尽量蒸去，回收乙醇。趁热将残余的黏稠物倒入蒸发皿中，加入 4 g 研细的生石灰，搅拌，在蒸气浴上蒸发，除去残留的乙醇和水分，待成块状物后移至石棉网上空气浴小火加热，焙炒片刻，彻底除去水分。研磨成粉状，在蒸发皿上盖一张刺有适量小孔且毛刺向上的滤纸，再在滤纸上罩一个大小合适的玻璃漏斗，漏斗颈部塞一小团棉花。用酒精灯隔着石棉网小火加热，控制温度，慢慢升华（如图 5-10 所示）。当发现有棕色烟雾产生时，停止加热，稍冷后轻轻取下漏斗，揭开滤纸，用刮刀将附着在滤纸上的咖啡因刮下，收集在表面皿中。搅拌残渣后，用较大的火再次加热片刻，升华完全，合并几次收集的咖啡因。观察产品形状，称量。

图 5-9　固液萃取装置图

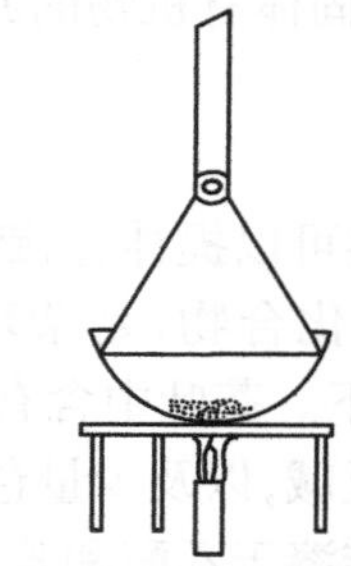

图 5-10　常压升华装置图

五、注意事项

(1)索氏提取器的虹吸管极细易折断，需轻拿轻放，小心使用。
(2)实验过程中升华是关键，加热温度不宜太高。
(3)蒸馏时不宜蒸得太干，否则会给转移造成困难。

六、思考题

(1)生石灰在实验中起什么作用？
(2)从固体中提取化合物，选择萃取剂的原则是什么？
(3)常压升华中，要得到纯净的产品，应该注意哪些问题？
(4)如何鉴定最后得到的产物是否是咖啡因？鉴定方法有哪些？

实验 13　绿色植物色素的提取

一、实验目的

(1)学习绿色植物色素的提取原理和方法；
(2)了解色谱分离的原理；
(3)掌握柱色谱操作。

二、实验原理

绿色植物的茎、叶中含有胡萝卜素、叶黄素和叶绿素等色素。胡萝卜素 $C_{40}H_{56}$ 有3种异构体,即α-胡萝卜素、β-胡萝卜素、γ-胡萝卜素,其中β-胡萝卜素最多,也最重要。叶黄素的分子式为 $C_{40}H_{56}O_2$。叶绿素有叶绿素 a($C_{55}H_{72}MgN_4O_5$)和叶绿素 b($C_{55}H_{70}MgN_4O_6$)2个异构体,它们都是吡咯衍生物与金属镁的配合物,是植物光合作用所必需的催化剂。

本实验先根据各色素的溶解度用石油醚-乙醇混合溶剂将它们从植物中提取出来,然后再根据各化合物的不同物理性质用色谱法进行分离。

色谱法是一种物理化学分析方法,它利用不同溶质与固定相和流动相之间的作用力(分配、吸附、离子交换等)的差别,当两相做相对移动时,各溶质在两相间进行多次平衡,使各组分被固体相保留的时间不同,从而达到相互分离。与经典的分离提纯方法(重结晶、升华、萃取和蒸馏等)相比,色谱法具有微量、快速、简便和高效等优点。按其操作不同,色谱可分为薄层色谱、柱色谱、纸色谱、气相色谱和高压液相色谱等。

本实验采用柱色谱进行分离。

柱色谱的分离原理:液体试样从柱顶加入,流经吸附柱时,由于吸附剂对液体中各组分的吸附能力不同而按一定的顺序吸附。然后从柱顶加入洗脱剂(流动相)淋洗,液体试样中各组分随洗脱剂按一定顺序从色谱柱下端流出:吸附能力弱的随洗脱剂首先流出,吸附能力强的后流出,分段接收,以达到分离、提纯的目的。

三、主要仪器与试剂

仪器:圆底烧瓶(20 mL),球形冷凝管,固液提取器,升华管,研钵,接收瓶,滴管。

试剂:菠菜叶 5 g,石油醚(60~90 ℃),丙酮,95%乙醇,正丁醇,苯,中性氧化铝。

四、实验步骤

1.提取色素

将 5 g 菠菜叶子于研钵中捣烂,用 30 mL 2 ∶1的石油醚-乙醇混合溶剂分几次浸取。过滤浸取液,滤液倒入分液漏斗中,加入等体积的水洗涤,弃去下层,石油醚层再用等体积的水洗涤两次。最后得到的有机相用无水硫酸钠干燥,备用。

2.色谱柱的装填

将 10 g Al_2O_3 与 10 mL 石油醚搅拌成糊状,并将其慢慢加入预先加了一定石油醚的色谱柱中,同时打开活塞,让石油醚流入接收瓶中,不时用橡胶棒敲打色谱柱,以稳定的速度装柱,使色谱柱装得均匀。装好的柱子不能有裂缝和气泡。在装好的柱子上放 0.5 cm 厚的石英砂或一片滤纸,并不断用石油醚洗脱,使色谱柱流实。然后放掉过剩的溶剂,直至溶剂面刚刚达到石英砂或滤纸的顶部,关闭活塞。

3.洗脱

将得到的萃取液的一半用滴管加入柱顶,打开活塞,让溶剂滴下,待溶剂面刚刚达到石英砂或滤纸的顶部时，用滴管加入几毫升石油醚，然后用石油醚-丙酮(9 :1)洗脱，当第一个黄色色带流出时，换一接收瓶接收，此为β-胡萝卜素。再用石油醚-丙酮(7 :3)洗脱，当第二个黄色色带流出时，换一接收瓶接收，此为叶黄素。再换用正丁醇-乙醇-水(3 :1 :1)洗脱，分别接收叶绿素 a(蓝绿色)和叶绿素 b(黄绿色)。

五、注意事项

(1)石油醚有毒，请在通风良好处使用。

(2)柱中的氧化铝任何时候都不得露出液面，以防有空气进入。

(3)色素全部进入柱体后，方可进行洗脱，以防拖尾影响分离效果。

六、思考题

(1)色素洗脱的原理是什么？

(2)几种色素的极性大小如何？

实验 14 果胶的提取

一、实验目的

(1)了解果胶的性质和提取的原理；

(2)掌握果胶的提取工艺；

(3)了解果胶在食品工业中的用途。

二、实验原理

果胶广泛存在于水果和蔬菜中，如苹果中的含量为 0.7%～1.5%，南瓜中的含量最多，为 7%～17%。果胶的主要用途是作酸性食品的胶凝剂、增稠剂等。果胶是一种分子中含有几百到几千个结构单元的线性多糖，其平均相对分子质量为 50 000～180 000，其基本结构是以 α-1,4 苷链结合的聚半乳糖醛酸。在聚半乳糖醛酸中，部分羧基被甲醇酯化，剩余的部分与钾、钠或铵等离子结合。高甲氧基果胶分子的部分链节如下所示：

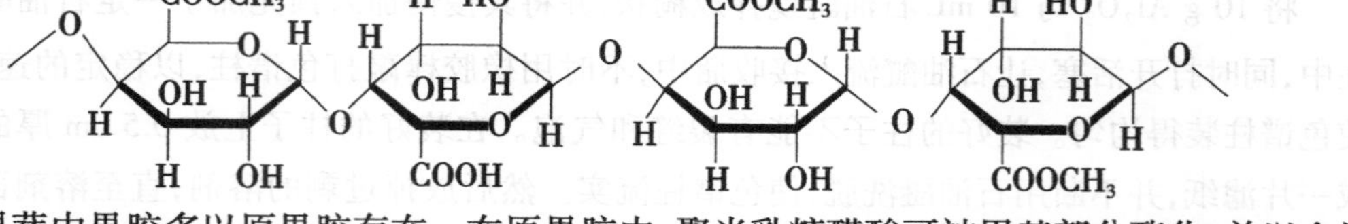

在果蔬中果胶多以原果胶存在。在原果胶中，聚半乳糖醛酸可被甲基部分酯化，并以金属离子桥(特别是钙离子)与多聚半乳糖醛酸分子残基上的游离羧基连接，其结构为

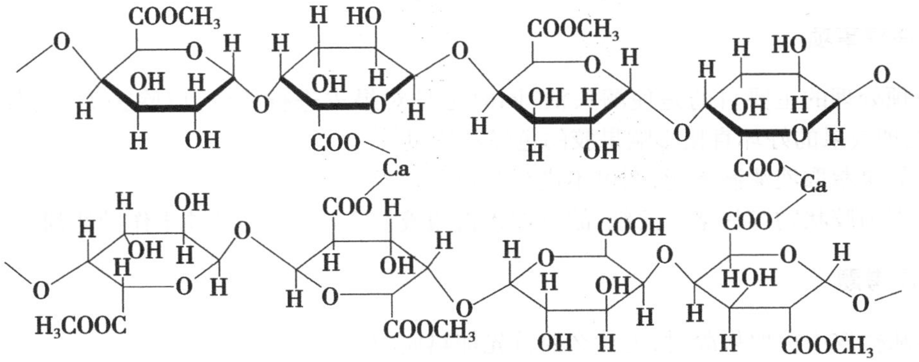

原果胶不溶于水,用酸水解时,这种金属离子桥(离子键)被破坏,即得到可溶性果胶。再对可溶性果胶进行纯化和干燥即可得到商品果胶。

本实验以橘皮为原料,采用酸法萃取、酒精沉淀这一最简单的工艺来提取果胶。

三、主要仪器与试剂

仪器:圆底烧瓶,冷凝管,100 目尼龙布,漏斗,吸滤瓶,循环水真空泵。

试剂:柑橘皮,HCl(0.3%),氨水(1%),95%乙醇,活性炭。

四、实验步骤

1.原材料预处理

称取新鲜柑橘皮 5 g 并用清水漂洗干净,加水 20 mL,加热到 90 ℃,保持 10 min 以达到灭酶的目的。取出橘皮用水冲洗后切成小颗粒,再用 50~60 ℃的热水漂洗至漂洗水无色,果皮无异味为止。

2.酸法萃取

将经过上述处理的橘皮加入 0.3%HCl 溶液(刚好浸没果皮),其 pH 值控制在 2.0~2.5,加热到 90 ℃左右,提胶 50 min,趁热用 100 目尼龙布(或四层纱布)过滤。

3.脱色

在上述滤液中加入活性炭,在 80 ℃下加热 20 min,以脱除色素和异味,并趁热过滤。

4.酒精沉淀

将上述滤液冷却,用 1%氨水调节 pH 值为 3~4,在不断搅拌下加入 95%乙醇,使混合液中的乙醇浓度为 50%~60%,然后静置 10 min,让果胶完全沉淀,用 100 目尼龙布过滤果胶,压干。将该果胶进一步用 95%乙醇处理,过滤,压干。

5.干燥

产品可在 105 ℃下烘干。

6.果胶凝胶试验

将 0.1 g 柠檬酸和 0.08 g 柠檬酸钠溶解于 10 mL 水中,将果胶适量拌入 1~2 倍白糖中,然后加入到柠檬酸和柠檬酸钠的溶液中,不断搅拌,加热至沸,在白糖完全溶解后继续煮沸 20 min,冷却后即成果酱。

五、注意事项

(1)预处理的主要目的是使酶失活,同时也是对果皮进行清洗,以除去泥土、杂质、色素等。预处理效果的好坏直接影响果胶的色泽和质量。

(2)如果萃取液清澈透明,则可不进行脱色。

(3)因为胶状物容易堵塞滤纸,故可加入占滤液量2%~4%的硅藻土作助滤剂。

六、思考题

(1)从橘皮中提取果胶时,为什么要首先加热使酶失活?

(2)在工业上,可以用什么果蔬原料来提取果胶?

实验15 安息香衍生物二苯基乙二酮的合成

一、实验目的

(1)学习用安息香制备α-二酮的原理与方法。

(2)掌握薄层色谱的原理及薄层板的制作方法。

(3)学习用薄层色谱法跟踪反应进程。

(4)巩固重结晶操作。

二、实验原理

二苯基乙二酮又称苯偶酰、联苯酰、联苯甲酰,是有机合成的重要中间体,可用于合成农药杀虫剂、医药苯妥英钠等,也可用作紫外线固化树脂的光敏剂,在医药、香料、日用化学品生产中有广泛应用。二苯基乙二酮可以由安息香氧化制得,氧化过程中常用浓硝酸作氧化剂,但反应生成的二氧化氮严重污染环境。故本实验采用 $FeCl_3 \cdot 6H_2O$ 作氧化剂,具体反应为

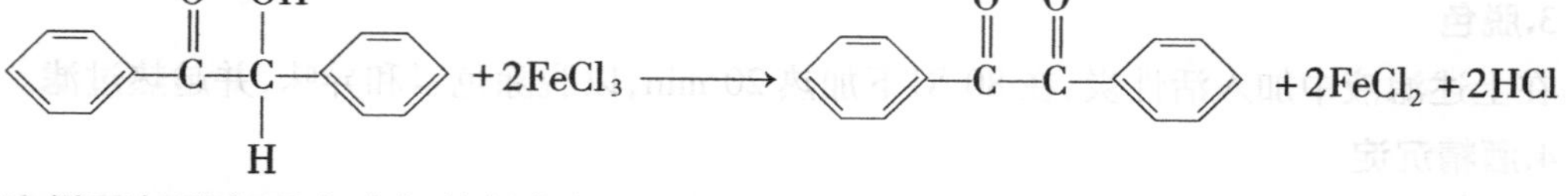

这样不仅避免了生成氮的氧化物,而且产率高,质量好,操作方便、安全。

简单的薄层色谱法虽然不能准确地说明反应混合物中各组分的含量,但是却可以方便而清楚地指示氧化反应的进程。在反应过程中,通过不断取样分析来监测反应的进程在实际应用中有着重要的意义。如果反应进行时不加以监测,为了保证反应完全,往往加长反应的时间,这不仅浪费了时间和能源,而且已经得到的产物往往还会进一步发生变化,使产率和产品纯度都较低。

三、主要仪器与试剂

仪器:圆底烧瓶,冷凝管,真空泵,漏斗,吸滤瓶。

试剂：安息香（2.1 g，0.01 mol），醋酸，$FeCl_3 \cdot 6H_2O$（9.0 g，0.033 mol），GF_{254}硅胶，羧甲基纤维素钠，二氯甲烷。

四、实验步骤

1.薄层板的制作及活化

①选用2.5 cm×7.5 cm 规格的玻片约 8 块，洗净，用蒸馏水淋洗两次后烘干，用时再用酒精棉球擦除手印至对光平放无斑痕。

②配制 0.5%羧甲基纤维素钠的水溶液。羧甲基纤维素钠不易溶于水，需在加热条件下搅拌溶解。

③称取 12 g GF_{254}硅胶，趁热，边搅拌边慢慢加入盛有 32 mL 0.5%羧甲基纤维素钠清液的烧杯中，调成糊状，平铺在玻片上。

④玻片晾干后（大约 30 min），放入 50 ℃烘箱中干燥，30 min 后将温度调到 110 ℃活化 30 min，然后取出于室温下冷却，待用。

2.二苯基乙二酮的制备

在 100 mL 三颈瓶中装入醋酸 10 mL、水 5 mL、$FeCl_3 \cdot 6H_2O$ 9.0 g，磁力搅拌至全溶后，加入安息香 2.1 g，接上回流冷凝管和气体吸收装置，搅拌下加热至回流，控制反应温度为（90±5）℃，每隔 30 min 用毛细管取出少量反应液，在薄层色谱板上跟踪反应的进程，展开剂为二氯甲烷。当安息香全部消失时，反应完全。将溶液转移至装有 50 mL 冰水的烧杯中，此时有晶体出现。冷却、结晶、抽滤，用大量冰水洗涤，得到黄色固体粗产品。粗产品用 80%乙醇重结晶，得到淡黄色针状晶体，称重，计算产率。

二苯基乙二酮的熔点为 95~96 ℃。

五、注意事项

（1）制板时要求薄层平滑均匀，并将吸附剂调得稍稀些，使其具有一定流动性，特别注意薄层板的边缘要齐，否则影响走板效果。

（2）用薄层板跟踪反应进程时，安息香在产品后方显色（呈月牙形），其全部消失约需 2 h。

六、思考题

（1）反应结束后加水的目的是什么？

（2）从结构特点说明产物为什么呈黄色晶体？

（3）本实验中的制备方法还有哪些不足？如何改进使得其制备工艺更加绿色环保？

实验 16　微波法制备对苯二甲酸

一、实验目的

（1）学习废物资源利用，强化环保意识；

（2）了解微波辐射下废聚酯（PET）解聚制备对苯二甲酸的原理和方法；

(3)掌握微波技术的原理和方法。

二、实验原理

聚酯解聚得到对苯二甲酸(TPA)和乙二醇(EG)的过程,是聚对苯二甲酸乙二醇(PET,简称"聚酯")聚合的逆向反应。PET 的解聚主要有水解法、甲醇醇解法、乙二醇醇解法、碱解法及酸解法等。水解法、甲醇醇解法均需在高压下进行;乙二醇醇解法虽然可实现常压,但反应时间长,一般需 8~10 h,而且解聚不完全,仅能得到含单体、低聚体等多种物质的混合物,难以形成 TPA 单一产品。本实验将醇解反应与碱解反应相结合,采用醇碱联合解聚 PET 的方法。以乙二醇和碳酸氢钠为复合解聚剂,在催化剂氧化锌的作用下,可在常压下快速、彻底解聚 PET,同时回收 TPA 和 EG。反应方程式为

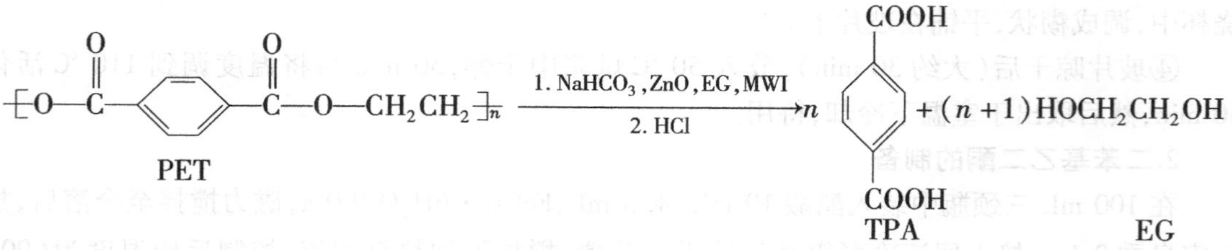

三、主要仪器与试剂

仪器:圆底烧瓶,微波炉,冷凝管,蒸馏头,布氏漏斗,抽滤瓶,真空泵。

试剂:废矿泉水瓶,ZnO,$NaHCO_3$,乙二醇,活性炭,HCl。

四、实验步骤

在 100 mL 圆底烧瓶中依次加入 5.00 g 干燥洁净的废矿泉水瓶碎片(碎片长度不大于 3 mm)、0.05 g 氧化锌、5.00 g 碳酸氢钠、25 mL 乙二醇和 2 粒沸石。然后将圆底烧瓶置于微波炉中,依次装上空气冷凝管及球形冷凝管。设置反应时间为 20 min,启动后将微波功率调至 500 W,回流约 1 min 后再调到 150 W。反应完毕后,系统呈白色稠浆状。冷却,减压蒸去乙二醇,记录乙二醇的沸点及回收体积。

蒸馏结束,加入 50 mL 沸水,搅拌使残留物溶解(溶液中还有少量白色不溶物及未反应的 PET),溶液温度维持在 60 ℃左右。用布氏漏斗及滤纸抽滤圆底烧瓶中的混合物除去少量不溶物,滤毕,用 25 mL 热水洗涤烧瓶和滤纸,记录滤液颜色(若有颜色,加活性炭脱色 10 min)。将滤液转移至 400 mL 烧杯中,用 25 mL 水荡洗吸滤瓶并倒入烧杯中,再添加水使溶液总体积达 200 mL。加入 2 粒沸石,将烧杯置于石棉网上加热煮沸。取下烧杯,趁热边搅拌边用(1+1)浓盐酸酸化至 pH=1~2,酸化结束,系统呈白色糊状。冷至室温后再用冰水冷却,然后用砂芯漏斗抽滤,滤饼用蒸馏水洗涤数次,每次 25 mL,洗至滤液 pH=6,再用 10 mL 丙酮洗涤两次,抽干。将滤饼置于已称量的扁形称量瓶中,摊开,置于微波炉(功率 500 W)中干燥(干燥两次,每次 5 min。第一次干燥后取出用磨口塞将产品压成粉末以便更快干燥,第二次干燥后将样品冷却至室温后称量)。记录对苯二甲酸粗产品的产量,并计算产率。

粗产品可用二甲基甲酰胺—水混合溶剂重结晶。先用最小量的二甲基甲酰胺使粗产品溶解(100 ℃),若有颜色,则用活性炭脱色,然后过滤,趁热滴加热水至溶液刚好出现浑浊且摇动

不消失，再加热使溶液变清亮，冷却、抽滤、洗涤，最后用少量丙酮洗涤，干燥，称量，计算回收率。

五、注意事项

(1) PET 碎片越小，解聚速度越快。若 PET 碎片太大，则影响解聚速度及产品产率。

(2) ZnO 为解聚反应催化剂，促使 PET 在过量 EG 中迅速溶胀，增加反应界面，使 PET 长链快速断裂成低聚体，然后形成碱解和醇解相互协同、相互促进的分解环境，最终成为碱解产物。

(3) 安装仪器时，注意所有磨口连接处必须紧密不漏气，以防有机物泄漏着火。万一微波炉内着火，切勿打开微波炉门，应立即切断电源，采取常规灭火措施。

(4) 降低蒸馏温度，避免乙二醇聚合、氧化，使产物颜色加深。因乙二醇被包裹于对苯二甲酸钠糊状物中，若不搅拌，乙二醇很难被蒸出。另外，也可以不蒸馏，直接加水使对苯二甲酸钠溶解，过滤，除去不溶杂质，最后从滤液中回收乙二醇。

(5) 确保 PET 碎片浸没在 EG 中，否则影响实验结果。

(6) 先将产品在红外灯下干燥除去丙酮，然后置于微波炉中干燥，以防直接用微波炉干燥而使有机溶剂着火。

六、思考题

(1) 微波反应有哪些优点？为什么微波辐射可以加速反应？

(2) 哪些因素影响 PET 的解聚速度和分解率？

(3) 实验中回收乙二醇时，为什么采用减压蒸馏？

(4) 试设计能有效循环利用废旧聚酯瓶的其他实验方案。

实验 17 生物柴油的制备

一、实验目的

(1) 掌握利用植物油制备生物柴油的原理和方法；

(2) 了解利用废弃植物油制备生物柴油的现实意义；

(3) 掌握用 GC-MS 分析产品质量的方法。

二、实验原理

生物柴油即脂肪酸甲酯，是一种含氧量极高的清洁燃料，也是典型的绿色能源，可作为石油燃料的替代产品。由于石油资源的紧缺和环境污染，世界各国积极开展对生物柴油的研制。它主要是以植物油、动物油和废餐饮油等为原料，与甲醇或乙醇等醇类物质在催化剂作用下经酯交换反应获得。酯交换法主要有酸催化法、碱催化法、生物酶催化法、超临界法等。目前我国主要利用废弃油脂生产生物柴油，“变废为宝”，有利于环境保护和资源的综合利用，具有良好的经济效益和社会效益。

反应式：

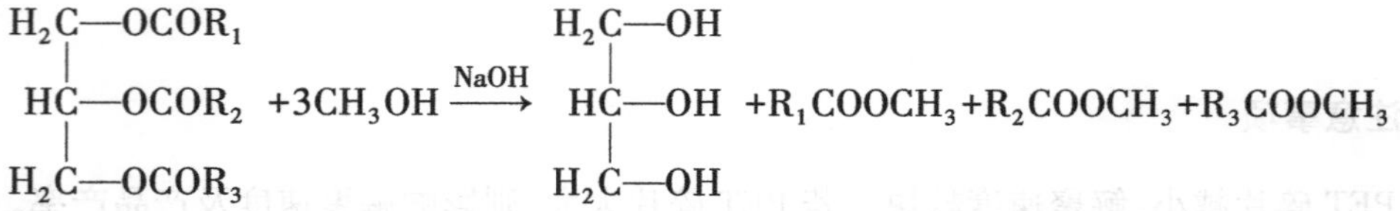

三、主要仪器与试剂

仪器：三颈圆底烧瓶、恒压滴液漏斗、数显恒温磁力搅拌器、分液漏斗。

试剂：植物油、甲醇、NaOH、NaCl、石油醚、乙酸乙酯、GF_{254}硅胶，羧甲基纤维素钠，二氯甲烷。

四、实验步骤

1.制备

在装有温度计、恒压滴液漏斗和冷凝管的 50 mL 三颈圆底烧瓶中加入 0.18 g NaOH 和 5 mL 甲醇，磁力搅拌使其完全溶解，装置如图 5-11 所示。水浴加热至 40 ℃，滴加 20 mL 植物油，然后加热回流 30 min，进行薄层色谱（TLC）分析，判断反应终点。反应完毕后，将反应混合物倒入分液漏斗中静置。取上层甲酯溶液，用饱和食盐水洗涤（分 3 次进行，每次用量 15 mL，检测水层呈中性即可）。有机层用无水硫酸镁干燥，过滤后得到浅黄色澄清透明的产品生物柴油，称量，计算产率。

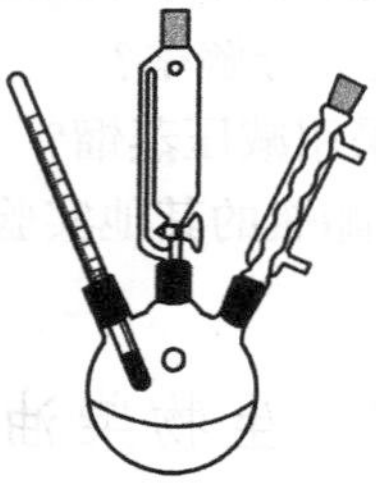

图 5-11　带物料滴加和温度测试的回流装置图

2.产品分析

（1）薄层色谱跟踪反应。

①样品的制备。从反应混合物的上层取 1 滴反应液，用 1 mL CH_2Cl_2 稀释；取 1 滴原料油，用 1 mL CH_2Cl_2 稀释。

②薄层色谱操作。GF_{254}硅胶 G 板；展开剂为石油醚（60~90 ℃）-乙酸乙酯（7∶3）；点样后将薄层板底部浸入展开剂中，盖好瓶盖。待展开剂前沿上升到距板上端约 1 cm 时取出，立即在展开剂的前沿画一条线，并将层析板浸入 1 mol/L H_2SO_4 中，取出，勾勒出斑点形状，用热空气干燥，观察显色。测定原料油及产品的 R_f 值。若原料油斑点基本消失，即可停止反应。

（2）测定密度和闪点。

测定产品的密度和闪点。

五、注意事项

（1）氢氧化钠投料量较小，极易吸潮，称量、加料速度要快，尽量使用颗粒状氢氧化钠。

(2)植物油与甲醇不互溶,两相之间混合程度对反应速率有较大影响。若低温下加入植物油,则会影响混合程度,还会导致醇钠的析出。

(3)酯交换反应中,油脂应尽可能不含水和游离脂肪酸(酸值必须小于 1 mgKOH/g)。游离脂肪酸含量高的油脂,一般要先通过预酯化将其酸值降低到酯交换反应的要求。否则,碱性催化剂会与原料油中的游离脂肪酸发生皂化反应,使催化剂中毒,且生成的皂会在反应中起乳化剂的作用,出现乳化现象,导致分离困难。

(4)酯交换后生成的甘油密度较大,反应时需剧烈搅拌。若还有原料斑点,可适当延长反应时间,使反应完全。

(5)反应烧瓶中上层为生物柴油和甲醇的混合物,下层为甘油、未反应的甘油三酸酯。若甲醇用量较大,则应蒸馏回收后再进行水洗。

六、思考题

(1)本实验中的限量物料是什么？为了加快反应速率,能否增加碱的用量?

(2)实验最后得到的产品是否需要进一步分离提纯?

(3)如果使用回收的废弃植物油制备生物柴油,需要进行哪些预处理?

第 6 章 物理化学实验

实验1 燃烧热的测定

一、实验目的

(1)掌握燃烧热的定义,了解恒压燃烧热与恒容燃烧热的差别及关系;
(2)熟悉热量计中主要部件的原理和作用,掌握氧弹热量计的实验操作;
(3)用氧弹热量计测定苯甲酸和萘的燃烧热;
(4)学会用雷诺温度校正图校正温度改变值。

二、实验原理

1.燃烧热与量热法

在一定温度和压力下,单位物质的量的物质完全燃烧时的反应热称为燃烧热。完全燃烧对燃烧产物有明确的规定,如有机化合物中的 C 变为 $CO_2(g)$,H 变为 $H_2O(l)$,S 变为 $SO_2(g)$ 等。燃烧热的测定,除了有其实际应用价值外,还可以用于求算化合物的生成热、键能等。

量热法是热力学的一种基本实验方法。在恒容或恒压条件下可以分别测得恒容燃烧热 Q_v 和恒压燃烧热 Q_p。由热力学第一定律可知,Q_v 等于热力学能变 ΔU;Q_p 等于其焓变 ΔH。若把参加反应的气体和反应生成的气体都作为理想气体处理,则它们之间存在以下关系:

$$\Delta H=\Delta U+p\Delta V \tag{6-1}$$

$$Q_p=Q_v+\Delta nRT \tag{6-2}$$

式中,Δn 为生成物中气体的总物质的量与反应物中气体的总物质的量之差;R 为摩尔气体常数;T 为反应时环境的热力学温度。

热量计的种类很多,本实验所用的氧弹热量计是一种环境恒温式热量计,测量的是恒容燃烧热 Q_v。其他类型的热量计可参阅其他资料。氧弹热量计测量装置如图 6-1 所示,图 6-2 是氧弹的剖面图。

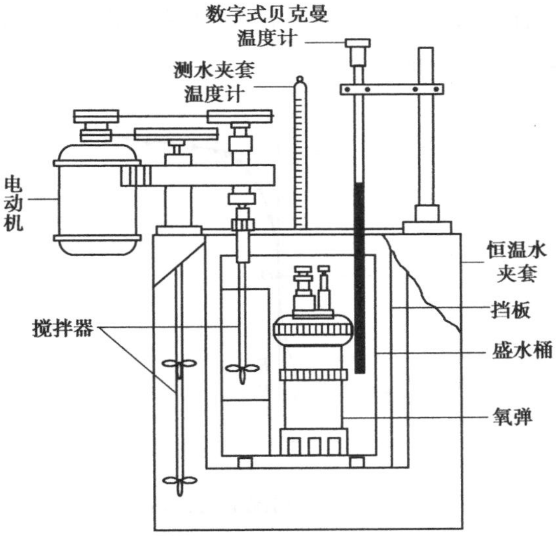

图 6-1　氧弹热量计测量

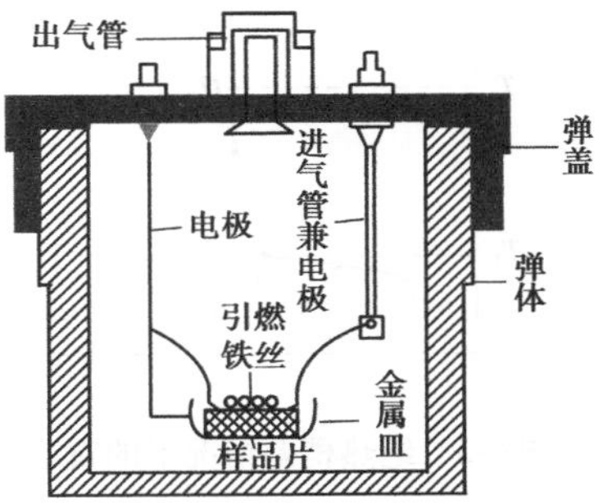

图 6-2　氧弹剖面

2.氧弹热量计

氧弹热量计的基本原理是能量守恒定律。样品完全燃烧后所释放的能量使氧弹本身及其周围的介质和热量计有关附件的温度升高，则测量燃烧前后系统温度的变化值，就可求算出该样品的恒容燃烧热。其关系式如下：

$$-\frac{m_{样}}{M}Q_v-l\cdot Q_1=(m_{水}C_{水}+C_{计})\Delta T \qquad (6\text{-}3)$$

式中，$m_{样}$ 和 M 分别为样品的质量和摩尔质量；Q_v 为样品的恒容燃烧热；l 和 Q_1 是引燃用点火丝的长度和单位长度的燃烧热；$m_{水}$ 和 $C_{水}$ 是以水作为测量介质时，水的质量和水的比热容；$C_{计}$ 称为热量计的水当量，即除水之外，热量计升高 1 ℃所需的热量；ΔT 为样品燃烧前后水温的变化值。

为了保证样品完全燃烧，氧弹中须充以高压氧气或其他氧化剂。因此氧弹应有很好的密封性能，耐高压且耐腐蚀。氧弹应放在一个与室温一致的恒温套壳中。盛水桶与套壳之间有一个高度抛光的挡板，以减少热辐射和空气的对流，如图 6-1 所示。

3.雷诺温度校正图

实际上，热量计与周围环境的热交换无法完全避免，它对温度测量值的影响可用雷诺温度校正图校正。具体方法如下：称取适量待测物质，估计其燃烧后可使水温上升1.5~2.0 ℃。预先调节水温使其低于室温 1.0 ℃左右。按操作步骤进行测定，将燃烧前后观察所得的一系列水温和时间作图，可得如图 6-3 所示的曲线。从图上可知，曲线可分为 3 个阶段，即初期（ab 段）、主期（bc 段）及末期（cd 段）。图中 b 点意味着燃烧开始（点火后），热传入介质；c 点为观察到的最高温度值；取 b 点所对应的温度为 T_1，c 点所对应的温度为 T_2，平均温度为 T，过 T 点作水平线交曲线 $abcd$ 于 O，过 O 点作垂线 AB，再将线 ab 和线 cd 分别延长并交线 AB 于 E、F 两点，其间的温度差值即为经过校正的 ΔT。图中 EE' 表示由环境辐射和搅拌引进的能量所造成的升温，故应予以扣除。FF' 表示热量计向环境的热漏造成的温度降低，计算时必须考虑加入。故可认为，EF 两点的差值较客观地表示了样品燃烧引起的升温数值。

在某些情况下，热量计的绝热性能良好，热漏很小，而搅拌器功率较大，不断引进的能量使得曲线不出现极高温度点，如图 6-4 所示。其校正方法与前述相似。

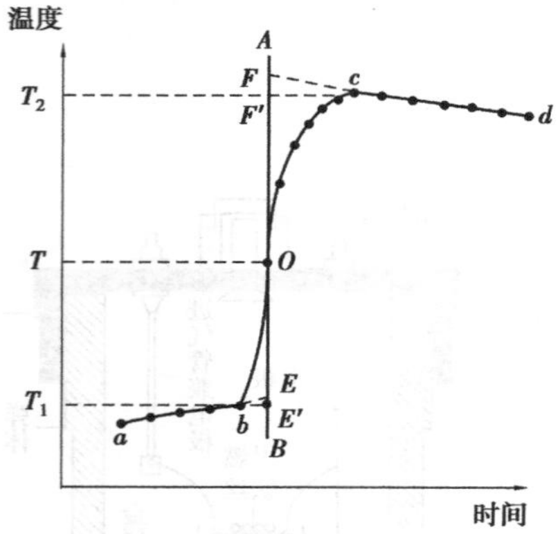

图 6-3　绝热稍差情况下的雷诺温度校正图

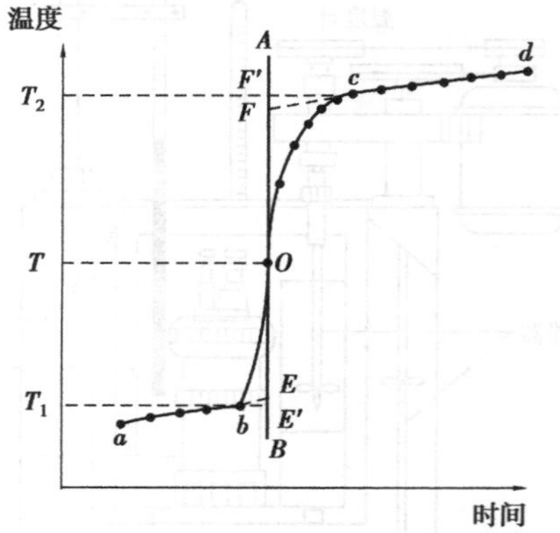

图 6-4　绝热良好情况下的雷诺温度校正图

三、主要仪器与试剂

仪器：氧弹热量计，直尺，烧杯，万用电表，案秤（10 kg），电子天平，精密分析天平，压片机，点火丝，氧气钢瓶、氧气表、充氧阀及充氧导管（共用）。

试剂：苯甲酸（A.R.），萘（A.R.）。

四、实验步骤

1.测定氧弹热量计的水当量

（1）压片

一般以苯甲酸为基准物测定热量计的水当量。

用电子天平称取大约 0.75 g 苯甲酸，在压片机上压成圆片。用镊子将样品在干净的称量纸上轻击两三次，除去表面粉末后再用精密分析天平精确称量，记录到小数点后 4 位。

（2）装样并充氧气

拧开氧弹盖，将盖放在专用架上，将氧弹内壁擦干净。搁上金属小器皿，小心将样品圆片放置在小器皿中部。

取点火丝并用直尺测量其长度，将中部弯曲成 U 形，下部紧贴样品圆片的表面，但不得接触金属皿壁，两端如图 6-2 所示分别固定在两电极上。用万用表检查两电极间的电阻值，一般不大于 20 Ω。用量筒量取 10 mL 蒸馏水加入到弹筒内，旋紧氧弹盖。

充氧气：将导气管与氧气钢瓶上的减压阀连接起来。打开钢瓶阀门，向氧弹中充入 1.5~2.0 MPa 的氧气，停至少 30 s。关闭氧气钢瓶阀门，旋下导气管，放掉氧气表中的余气。

（3）测量

用案秤准确称取已被调节到低于外筒水温 0.2~0.5 ℃的自来水 3.0 kg 于内筒内，再将氧弹放入内筒中的氧弹座架上，水面应约至氧弹进气阀螺帽高度的 2/3 处，仔细检查氧弹是否漏气。注意每次用水量应相同，在操作过程中要尽量避免水分的损失。接上点火导线，盖上盖子，将测温传感器插入对准内筒的孔中。打开电源和搅拌按钮，仪器开始显示内筒水温，每隔 1 分钟蜂鸣器报时一次。当内筒水温均匀上升后，每次蜂鸣时，记下显示的温度，记录 10 个数据(初期)。在记录第 11 次温度时同时按点火键,依然每蜂鸣一次记录一次温度(主期),记录到温度升到最高。末期温度开始下降,再读取下降阶段的 10 次数据后按结束键停止实验。在燃烧主期开始时连续记录的 2~3 个数据,如果温度迅速上升,则表明样品点火成功;如果温度没有显著变化,则表明点火失败,应开盖检查并分析原因。

燃烧结束,关闭搅拌器和电源,取出传感器,打开水筒盖(注意:先拿出传感器,再打开水筒盖),拔下点火导线,取出氧弹,打开放气阀放掉氧弹内的余气。打开氧弹,观察氧弹内部,若试样燃烧完全,则实验有效。若发现黑色残渣,则实验应重做。测量未燃烧的点火丝长度,并计算点火丝的实际燃烧长度。最后洗净、擦干氧弹和盛水桶。

2.测定萘的燃烧热

称取 0.6 g 左右的萘,按上述方法进行测定。

实验完毕后,关闭电源,倒出内筒中的水,擦干氧弹内壁。放掉氧气减压阀和总阀间的余气,关闭氧气钢瓶总阀。

五、数据分析与处理

(1)记录实验数据于表 6-1 中。

表 6-1　苯甲酸和萘实验数据记录表

室温:__________　　大气压:__________

试　样	试样质量/g	铁丝质量/g	剩余铁丝质量/g	烧掉铁丝质量/g	电势信号/mV
苯甲酸					
萘					

注:点火丝的燃烧热值为−2.9 J/cm,水的热容 $C_{水}$ 为 4.18 J/(K·g)。

(2)按式(6-2)计算出苯甲酸的 Q_v。

(3)分别作苯甲酸和萘燃烧的雷诺温度校正图,得出 ΔT。

(4)由 ΔT 及式(6-3)计算水当量 $C_{计}$ 和萘的恒容燃烧热 Q_v,并计算其恒压燃烧热 Q_p。

(5)比较萘的文献值(表 6-2),求出实验误差。

表 6-2　实验文献参考数据表

恒压燃烧焓	kcal/mol	kJ/mol	J/g	测定条件
苯甲酸	−771.24	−3 226.9	−26 460	$p^{\ominus}$,20 ℃
萘	−1 231.8	−5 153.8	−40 205	$p^{\ominus}$,25 ℃

六、注意事项

(1)待测样品一定要干燥。

(2)压片的紧实程度要适宜,太紧不易燃烧。

(3)一定要将点火丝紧贴在样品圆片上。

七、思考题

(1)固体样品为什么要压成片状?

(2)加入内筒中的水的水温为什么要比室温低?

(3)在使用氧气钢瓶和氧气减压阀时,应注意些什么?

氧气钢瓶使用注意事项

1.移动氧气钢瓶时,要戴上钢瓶帽,不可撞击,不能在地上滚动,避免猛烈撞击或突然摔倒。

2.氧气钢瓶应存放在空气流通较好的阴凉处,并远离热源、电源等。同时,要固定好氧气钢瓶。

3.氧气钢瓶必须在安装好减压阀后才可使用,开闭阀门时,使用人员应站在瓶口侧边,避免正对瓶口,缓缓操作,防止阀门或压力表冲出伤人。

4.打开氧气钢瓶时,逆时针缓缓开启钢瓶总阀门(避免用力过大),并一直旋转到头(手转不动即可,切勿用扳手等工具硬拧)。开启阀门时,不可伏在钢瓶上看或者听声音。

5.使用时先检查钢瓶压力表(减压阀总压力表)读数。如果读数低于0.5 MPa,不允许使用;如果读数异常(太大)或者不稳定,听见异常响声(漏气的声音、吱吱的声音),应立即关闭,并报告老师。

6.完成上述操作并确保没有问题后,缓缓开启减压阀,将压力表缓慢调到需要的压力。

7.氧气钢瓶使用完毕后,需先将总阀门关闭,待两个压力表读数归零后,再将减压阀关闭。

实验2　静态法测定液体饱和蒸气压

一、实验目的

(1)明确液体饱和蒸气压的定义,了解纯液体饱和蒸气压与温度的关系;

(2)掌握用静态法测定纯液体不同温度下饱和蒸气压的原理,并通过实验求出所测温度范围的平均摩尔汽化热;

(3)熟悉等压计测定饱和蒸气压的原理;

(4)掌握真空泵及恒温槽的使用。

二、实验原理

在一定温度下,纯液体与其气体达成平衡时气体的压力,称为该温度下液体的饱和蒸气压。纯液体的饱和蒸气压是随温度的改变而改变的,温度升高时,蒸气压变大;温度降低时,蒸气压减小。当蒸气压与外界压力相等时,液体便沸腾,外压为101.325 kPa时的沸腾温度称为液体的正常沸点。

液体的饱和蒸气压与温度的关系可以用克劳修斯-克拉贝龙方程式表示:

$$\frac{\mathrm{d}\ln p}{\mathrm{d}T}=\frac{\Delta_{\mathrm{vap}}H_{\mathrm{m}}}{RT^2} \tag{6-4}$$

式中,p为纯液体在温度T时的饱和蒸气压,Pa;T为热力学温度,K;R为气体常数,取值8.314 J/(mol·K);$\Delta_{\mathrm{vap}}H_{\mathrm{m}}$为纯液体在温度为$T$时的摩尔汽化热,J/mol。

若温度变化不大,在一定温度范围内$\Delta_{\mathrm{vap}}H_{\mathrm{m}}$可视为常数,对式(6-4)进行积分可得:

$$\lg p=-\frac{\Delta_{vap}H_m}{2.303RT}+C \tag{6-5}$$

$$\lg p=\frac{A}{T}+C \tag{6-6}$$

可见，$\lg p$ 与 $\frac{1}{T}$ 为直线关系，其斜率为 $A=-\frac{\Delta_{vap}H_m}{2.303R}$，截距为 C。由实验测得一系列温度及对应的饱和蒸气压后，以 $\lg p$ 对 $\frac{1}{T}$ 作图，可求出 $\Delta_{vap}H_m$。

静态法是将待测液体放在一个密闭的系统中，在某一温度下，直接测量其饱和蒸气压的方法，此法一般适用于蒸气压比较大的液体。实验装置如 6-5 所示。

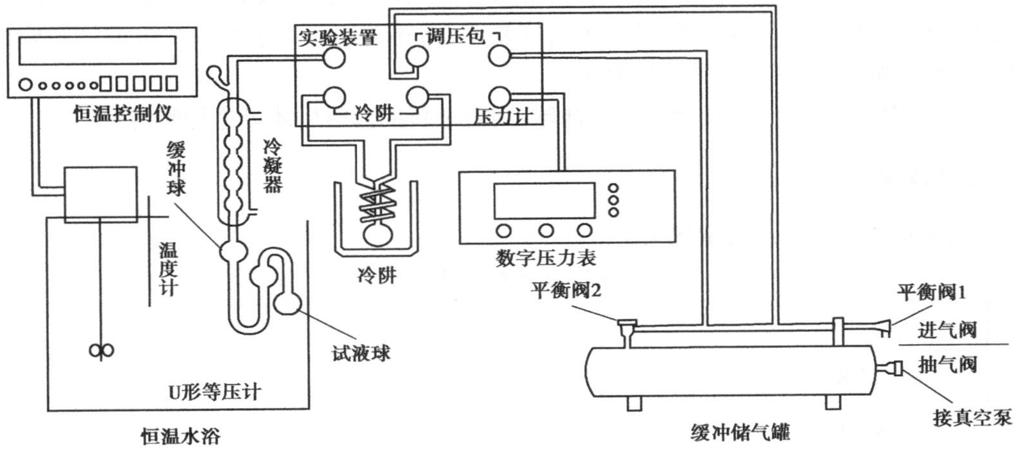

图 6-5　测定蒸气压系统装置图

三、主要仪器与试剂

仪器：DP-AF 精密数字压力计，恒温槽（含恒温控制仪），缓冲储气罐，等压计，真空泵，冷阱（可选择使用）。

试剂：四氯化碳（A.R.），凡士林。

四、实验步骤

1.装样

从加样口注入四氯化碳，关闭进气阀，打开平衡阀 2，使真空泵与缓冲储气罐相通，启动真空泵，抽至气泡成串上升，关闭平衡阀 2，打开进气阀漏入空气，使四氯化碳充满试样球体积的 2/3 和 U 形管双臂的大部分。

2.采零

接通冷凝水，在进气阀通大气，压力表读数稳定的情况下，对压力表采零。注意只有在通大气的情况下才能对仪表采零。

3.检漏

关闭进气阀，旋转抽气阀使真空泵与缓冲储气罐相通，启动真空泵，慢慢抽气使压力表读数的绝对值为 53～67 kPa。关闭抽气阀，停止抽气，观察数字压力计的读数，若读数在3～5 min

内维持不变，则不漏气，可立即进行测定；否则系统漏气，应用凡士林在各接口处均匀涂抹。

4. 测定

①调节恒温槽使温度为 298.2 K，打开搅拌器开关，恒温片刻，打开抽气阀并启动真空泵缓缓抽气，使试样球与 U 形等压计之间的空气呈气泡状通过 U 形管中的液体而逸出（若发现气泡成串上升，可关闭抽气阀，缓缓打开进气阀漏入空气，使沸腾缓和）。关闭抽气活塞，依然有气泡以一定速度连续冒出（慢沸），可认为已抽到压力值。②保持慢沸 3~4 min，以排除试样球中的空气，然后小心开启进气阀缓缓漏入空气，直至 U 形管两臂的液面等高，在压力表上读出压力值，并记录其绝对值。

每 3 ℃升温一次，重复①②操作测定 301.2，304.2，307.2，310.2，313.2，316.2K 时的压力值，为防止暴沸，每次升温前应先缓慢漏入一定量的空气，降低真空度到绝对值 50 kPa 以下。

实验结束后，慢慢打开进气阀，待压力表恢复零位，再关闭压力表开关。将进气阀旋至与大气相通，拔去所有电源插头，关闭冷凝水。

测定过程中，如不慎使空气倒灌入试样球，则需重新抽真空后才可进行测定。

五、数据处理

（1）按要求将相关实验数据填入表 6-3 中。

表 6-3 实验数据记录表

T/℃							
T/K							
p_0/kPa							
$p_{表}$/kPa							
$p(p_0-p_{表})$/kPa							
lg p/kPa							
$\frac{1}{T}$/(K^{-1})							

（2）绘制 lg p-$\frac{1}{T}$图，由其作斜率求出实验温度区间内四氯化碳的 $\Delta_{vap}H_m$。

（3）在 lg p-$\frac{1}{T}$图上用外推法求出四氯化碳的正常沸点。

（4）计算 $\Delta_{vap}H_m$ 及正常沸点与标准值之间的误差，并分析误差产生的原因。

六、注意事项

（1）应先开启冷凝水，然后才能排气。

（2）实验系统必须密闭，一定要仔细检漏。

（3）必须让等压计 U 形管中的待测液体缓缓沸腾 3~4 min 后，才可进行测量。

（4）液体的蒸气压与温度有关，所以测定过程中需严格控制温度。

(5)漏气必须缓慢,否则 U 形管中的液体将充入试样球中。

(6)开、停真空泵时必须严格按操作规程进行,且要缓慢,以防止因压力聚变而损坏压力表。

七、思考题

(1)静态法测蒸气压的原理是什么?

(2)能否在加热情况下检验是否漏气?

(3)如何判断等压计中试样球与等压计间的空气是否已全部排出?如未排尽空气,对实验有何影响?

(4)克劳修斯-克拉贝龙方程在什么条件下才能使用?

(5)每次测定前是否需要重新抽气?

(6)等压计的 U 形管内所储液体起何作用?

八、参考数据

标准值:四氯化碳的正常沸点为 76.8 ℃,汽化热 195 kJ/kg。

实验 3　二组分金属相图的绘制

一、实验目的

(1)掌握热分析法测量凝固点的方法和原理。

(2)掌握 Pb-Sn 二组分金属相图的绘制方法。

二、实验原理

相图是多相(两相及两相以上)系统处于相平衡时系统的某物理性质对系统的某一自变量作图所得到的图。二元或多元相图常以组成为变量,其物理性质则大多取温度,由于相图能反映出多相平衡系统在不同条件下相平衡情况,故研究多相系统的性质以及多相系统平衡的演变等常用到。

各种系统不同类型相图的分析在物理化学课程中占有重要地位。绘制相图的常用的方法是热分析及差热分析方法。本实验采用热分析法绘制二元金属相图。

1.热分析法的方法和原理

(1)方法

先将系统加热熔融成一均匀液相,然后使之均匀缓慢地冷却。在系统冷却过程中,每隔一定时间(间隔时间越短越精确),记录一次温度(电脑软件自动记录)。将所得温度对时间作图,可得一曲线,如图 6-6 所示,通常此曲线被称为步冷曲线或冷却曲线。

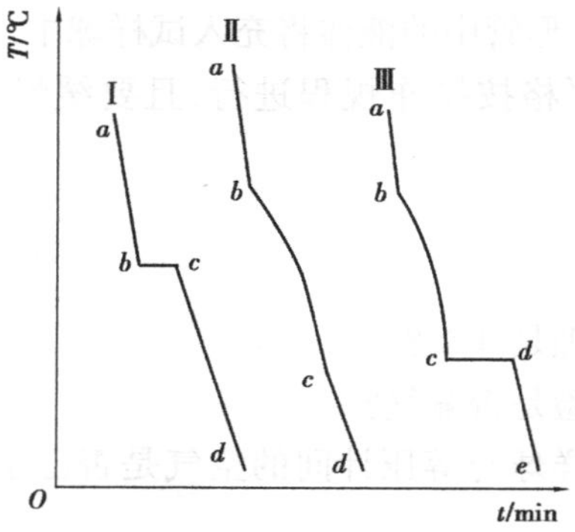

图 6-6　步冷曲线

(2)原理

当系统在冷却过程中无相变发生时,冷却速度是比较均匀的(如图 6-6 的 a—b 段)。当系统中的物质由液态变为固态时,系统内部释放出相变潜热,这时系统一方面向环境传热,另一方面获得潜热。当传热速率和潜热释放速率相等时,在一定时间内系统的温度保持不变(如图 6-6 中曲线Ⅰ的 b—c 段),此曲线平台温度确定为该系统的凝固点。当传热速率大于潜热释放速率时,在一定时间内,系统的温度随时间而变化的变化率降低(如图 6-6 中曲线Ⅱ的 b—c 的前段),曲线拐点温度(如图 6-6 中曲线Ⅱ的 a—b 和 b—c 的交点)确定为该系统的凝固点。当相变潜热释放完后,系统温度随时间而变化的变化率又增大(图 6-6 中曲线Ⅰ的 c—d 段,曲线Ⅱ的 b—c 的后段)。

图 6-6 中曲线Ⅲ表明该系统在第一次凝固时释放的相变潜热量小(出现拐点),第二次凝固时释放的相变潜热量大(出现平台)。

(3)注意

在压力一定的条件下,由不同系统的步冷曲线的拐点或平台温度可得不同组成的物质的凝固点。纯物质(单组分)液态系统只发生一次凝固,因此,步冷曲线只出现一个平台或者拐点(图 6-6 中曲线Ⅰ);对二组分(Pb-Sn 溶液)液态系统而言,则发生两次凝固,因此,步冷曲线会出现两个平台或者拐点温度(图 6-6 中曲线Ⅲ)。

对纯净金属或由纯净金属组成的合金,当冷却十分缓慢又无搅拌时,有过冷现象出现,液体的温度可下降到比正常凝固点更低的温度才开始凝固,固相析出后又逐渐使温度上升到正常的凝固点。图 6-7 中,曲线Ⅱ为纯金属有过冷现象时的步冷曲线,而曲线Ⅰ为无过冷现象时的步冷曲线。

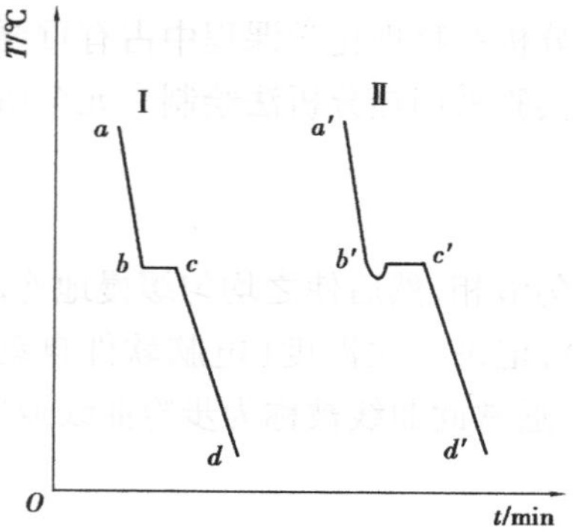

图 6-7　过冷时的步冷曲线与正常步冷曲线的对比图

2.相图的绘制方法

因物理性质不同,二元合金相图有多种不同类型。Pb-Sn 合金相图是具有低共熔点、液态下两种金属完全互溶,而固态下部分互溶的二元相图,如图 6-8 所示。

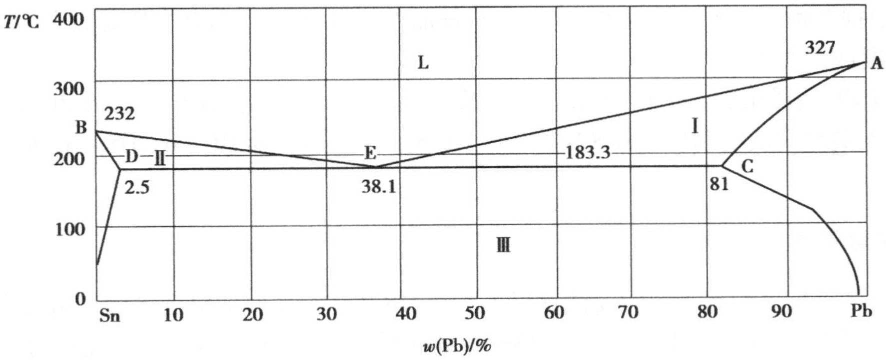

图 6-8　Sn-Pb 合金相图

首先通过热分析法测定不同组成(不同质量百分比)的 Sn-Pb 混合物所对应的凝固点;然后用混合物组成与对应的凝固点,在温度—组成坐标图上标出相应的点;最后将温度—组成坐标图上的点分别连接起来,就得到了相图中的凝固点曲线 BE、AE 和三相平衡线 DC。

三、主要仪器与试剂

仪器:SWKT 数字控温仪,KWL-08 可控升降温电炉,玻璃试管,热电偶。

试剂:纯 Pb,纯 Sn,石墨粉等。

四、实验步骤

①分别配制含 Pb 为 0、2.5%、15%、38.1%、70%、81%、100%的样品置于试管中,加入适量石墨粉覆盖。

②将其中一种样品试管小心地放入电炉炉膛内,连接好线路。打开控温仪电源开关,按"工作/置数"按钮,置数灯亮,调整到所需"设定温度"的数值(设定温度的依据:达到设定温度后,在加热器余热作用下,使相应的物质体系上升到高出该体系物质的凝固点 30~40 ℃即可),设置完毕,再按"工作/置数"按钮,切换到工作状态,此时工作灯亮。

③将电炉冷风量调至最小(逆时针旋转到底);加热量调节至最大(顺时针旋转到底),"内控/外控"开关置于"外控",然后打开电源开关。

④将与电脑相连的温度传感器置于样品小玻璃管内,观察"实时温度",当"实时温度"达到设定温度时,将数字控温仪的"工作/置数"钮置于"置数"状态(置数状态时,仪器不对加热器进行控制),同时将加热量调节至最小(逆时针旋转到底)。用小玻璃管轻搅样品,直至样品为熔融状态(如已经到设定温度,样品还未熔融,则相应调高设定温度)。

⑤当体系开始降温时,调节电炉"冷风量调节"按钮,将冷风机电压调节到 5~7 V。

⑥当体系温度刚开始下降时,用小玻璃管不停地轻搅样品直到样品凝固,以防出现过冷现象。同时,打开电脑中的步冷曲线绘图软件开始绘图,可得到如图 6-6 所示的步冷曲线,确定和记录样品步冷曲线的拐点温度或平台温度。

⑦重复以上步骤,记录 7 种样品的步冷曲线,并记录不同样品的步冷曲线的拐点温度或平

台温度。实验完毕后将样品放回架台，热电偶插回炉膛内，关闭电源。

五、数据分析与处理

(1)根据7种样品的步冷曲线，记录各组样品的组成(浓度)和对应的凝固点(步冷曲线上的拐点温度或平台温度)。

(2)以Pb的质量分数为横坐标，温度为纵坐标，按照相图绘制方法绘制Pb-Sn的二元金属相图。本实验只能绘制出图6-8中的BE、AE和DC线段。而BD、AC、DSn和DPb线只是近似的连线。

六、注意事项

(1)用热分析法绘制相图时要注意以下问题：被测系统要时时处于或接近相平衡状态，故要求冷却不能过快；对晶型转变时相变热较小的物质，此方法便不宜采用。此外对样品的均匀与纯度也要充分考虑，一定要防止样品氧化及混有杂质(否则会变成另一个多元系统)，高温影响下特别容易出现此类实验现象；为了保证样品均匀冷却，温度宜稍高一些，热电偶放入样品的部位和深度要适当。测量仪器的热容及热传导也会造成热损耗，对精确测定也有较大的影响，实验中必须注意，否则，会出现较大的误差，使测量结果失真。

(2)Pb-Sn二元金属体系的合金在液态时两种金属是完全互溶的，而固态时两种金属的任何一种都能微溶于另一种金属中，是一个固态部分互溶的低共溶体系。用一般的热分析法测不出固态晶形转变点，根据所测数据只能得到一个固态完全不互溶的二元低共溶混合物的相图。因此，本实验所得数据只能绘制出图6-8中的凝固点曲线BE、AE和三相平衡线DC。而BD、AC、DSn、和DPb线只是近似的连接。

三相平衡时系统的自由度为“0”，三相平衡温度是唯一的。所有组成的混合物在第二次凝固时达到三相平衡，因此，理论上其凝固温度与低共溶点的温度相同。但由于实验误差，实际测得的混合物第二次凝固温度不同于理论值，作三相线时需作线性拟合或取平均值。

七、结果讨论

(1)分析$w(Pb)=15\%$、$w(Pb)=38.1\%$、$w(Pb)=70\%$的步冷过程发生的相变化。

(2)分析实验误差产生的原因，提出减小或者消除误差的措施。

八、思考题

(1)是否可用加热曲线来作相图？为什么？

(2)为什么要在样品上覆盖适量的石墨粉？

(3)金属熔体冷却时，步冷曲线上为什么会出现转折点？

九、参考数据

纯Sn的熔点大约为232 ℃，纯Pb的熔点为327 ℃。三相平衡温度为183.3 ℃。此参考数据作为所需“设定温度”的数值，以及系统降温终止点的参考。

实验 4　界面移动法测定离子迁移数

一、实验目的

(1)理解迁移数的基本概念;

(2)测定 HCl 水溶液中 H^+迁移数;

(3)掌握界面移动法测定离子迁移数的原理和方法。

二、实验原理

有电流通过电解质溶液时,溶液中的阴离子和阳离子各自向阳极和阴极迁移。每种离子传递的电荷量与通过溶液的总电荷量之比,称为该离子在此溶液中的迁移数。若阳离子和阴离子传递的电荷量分别为 q_-和 q_+,通过溶液的总电荷量为 Q,则阳离子和阴离子的迁移数分别为

$$t_+ = q_+/Q$$

$$t_- = q_-/Q$$

且

$$t_+ + t_- = 1$$

离子迁移数与浓度、温度、溶剂的性质有关。一般情况下,增加某种离子的浓度则该离子传递电荷量的百分数增加,离子迁移数也相应增加;温度改变,离子迁移数也会发生变化,但温度升高阴、阳离子的迁移数差别较小;同一种离子在不同电解质中迁移数是不同的。

离子迁移数可用希托夫法、界面移动法和电动势法等直接测定。本实验采用界面移动法测定 HCl 溶液中 H^+迁移数。

界面移动法测定离子迁移数有两种,一种是用两个指示离子,造成两个界面;另一种是用一种指示离子,只有一个界面。本实验用后一种方法,以镉离子作为指示离子,测某浓度 HCl 溶液中 H^+迁移数。

在一截面清晰的垂直迁移管中充满 HCl 溶液,当有电量为 Q 的电流通过每个静止的截面时,t_+Q 当量的 H^+通过界面向上迁移,t_-Q 当量的 Cl^-通过界面向下迁移。假定在管的下部某处存在一界面(aa′),在该界面以下的 H^+被其他的正离子(如 Cd^{2+})取代,则此界面将随着 H^+向上迁移而移动,界面的位置可通过界面上下溶液性质的差异而测定,例如,在溶液中加入酸碱指示剂,则由于上下层溶液的酸碱度不同而显示不同的颜色,从而形成清晰的界面。在正常条件下,界面保持清晰,界面以上的一段溶液保持均匀,H^+向上迁移的平均速率等于界面向上移动的速率。在通电时间 t 内,界面扫过的体积为 V,H^+运输的电荷数为该体积中 H^+带电总数,即

$$H_+ = nF/Q = cVF/Q = cAlF/(It) \tag{6-7}$$

式中,c 为 H^+的浓度,A 为迁移管横截面积,l 为界面移动的距离,I 为通过的电流,t 为迁移的时间,F 为法拉第常数。

欲使界面保持清晰,则必须使界面上下的电解质不相互混合,这可以通过选择合适的指示

离子满足，$CdCl_2$ 溶液就能满足这个要求，因为 Cd^{2+} 迁移速率（u）较小，即

$$u_{Cd^{2+}} < u_{H^+} \tag{6-8}$$

在图6-9的实验装置中，通电时，H^+ 向上迁移，Cl^- 向下迁移。在 Cd 电极上，Cd 被氧化而进入溶液形成 $CdCl_2$，逐渐顶替 HCl 溶液，在管内形成界面。由于溶液要保持电中性，且任意截面都不会中断电流传递，H^+ 迁移走后，Cd^{2+} 紧紧跟上，H^+ 与 Cd^{2+} 的迁移速率是相等的。由此可得

$$u_{Cd^{2+}}(dE'/dl) = u_{H^+}(dE/dl) \tag{6-9}$$

结合6-8式，可得

$$dE'/dl > dE/dl \tag{6-10}$$

即在 $CdCl_2$ 溶液中电位梯度较大，如图6-9所示。因此若 H^+ 因扩散作用落入 $CdCl_2$ 溶液层，它就不仅比 Cd^{2+} 迁移得快，而且比上界面的 H^+ 还要快，故能回到 HCl 层。同样若任何 Cd^{2+} 进入低电位梯度的 HCl 溶液，它就要减速，直到重新回到 $CdCl_2$ 溶液层，这样界面在通电过程中就可保持清晰。

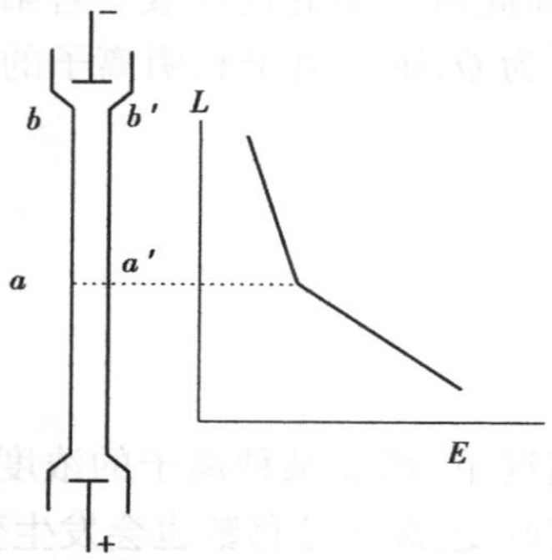

图6-9　迁移管中的电位梯度图

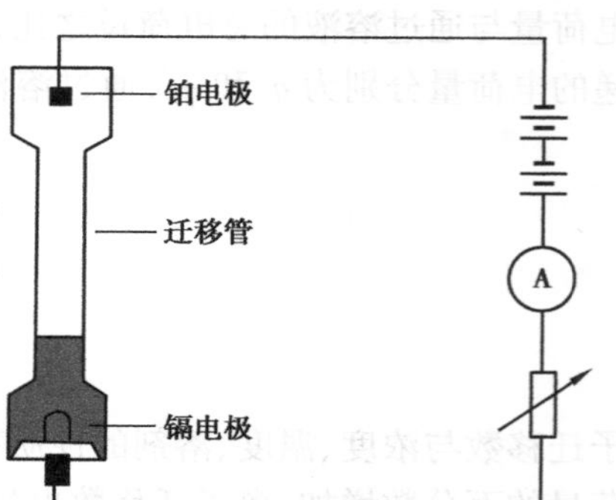

图6-10　界面移动法测离子迁移数装置

三、主要仪器与试剂

仪器：电迁移数测定仪，镉电极和铜电极，恒温槽，烧杯，直流稳压电源，接线匣，秒表，废液缸，砂纸。

试剂：HCl（0.1 mol/L），$CdCl_2$（0.1 mol/L），甲基橙指示剂。

四、实验步骤

1.组装仪器

洗净界面移动测定管，先放入 $CdCl_2$ 溶液，然后小心加入含有甲基橙的 HCl 溶液，按图6-10装好仪器。

2.电解

接通电源，使电流为5～10 mA，直至实验完毕。随着电解的进行，Cd 不断变成 Cd^{2+} 而溶解。由于 Cd^{2+} 的迁移速度小于 H^+ 的，因而一段时间后（约20 min），在迁移管下部就会形成一个清晰的界面，界面以下是中性的 $CdCl_2$ 溶液，呈橙色；界面以上是酸性的 HCl 溶液，呈红色，从而可以清楚地观察到界面，且界面缓缓向上移动。每隔10 min 读一次数据，记录相应的时间和界面迁移体积以及电流值，读8组数据。

五、数据分析与处理

(1)将实验数据记录于表6-4中：

表6-4　实验数据记录表

迁移时间 t/s								
迁移体积 V/m^3								
通电电流 I/A								
迁移电量 Q/C								

(2)绘出 $V—Q$ 关系图，由直线斜率求出 dV/dQ。

(3)根据实验数据求出 H^+迁移数。

六、注意事项

(1)实验过程中凡是能引起溶液扩散的因素必须避免，且应避免桌面震动。

(2)迁移管及电极不能有气泡，两极上的电流密度不能太大。

(3)本实验中各部分的划分应正确，不能将阳极区与阴极区的溶液错划入中部，这样会引起实验误差。

(4)甲基橙不能加太多。

七、思考题

(1)迁移数有哪些测定方法？各有什么特点？

(2)迁移数与哪些因素有关？本实验关键何在？应注意什么？

(3)测量某一电解质的离子迁移数时，指示离子应如何选择？指示剂应如何选择？

实验5　电极制备及原电池电动势的测定

一、实验目的

(1)测定Cu-Zn电池的电动势和Cu、Zn电极的电极电势；

(2)学会某些电极的制备和处理方法；

(3)掌握电位差计的正确使用方法和测量原理。

二、实验原理

原电池由正、负两极和电解质组成，电池在放电过程中，正极上发生还原反应，负极上发生氧化反应，原电池反应是正、负极反应的总和。

为了使电池反应在接近热力学可逆条件下进行，一般采用电位差计测量原电池的电动势。原电池电动势主要是两个电极的电极电势的代数和，如能分别测出两个电极的电势，则可得到由它们组成的电池电动势。下面以 Cu-Zn 电池为例进行分析。

电池符号：

$$Zn \mid ZnSO_4(b_1) \parallel CuSO_4(b_2) \mid Cu$$

其中，“｜”表示固相（Zn 或 Cu）和液相（$ZnSO_4$ 或 $CuSO_4$）的界面；“‖”表示连通两个液相的“盐桥”；b_1 和 b_2 分别表示 $ZnSO_4$ 溶液和 $CuSO_4$ 溶液的质量摩尔浓度。

当电池放电时，负极起氧化反应，即

$$Zn \longrightarrow Zn^{2+}\{a(Zn^{2+})\}+2e^-$$

正极起还原反应，即

$$Cu^{2+}\{a(Cu^{2+})\}+2e^- \longrightarrow Cu$$

则电池总反应为

$$Zn+Cu^{2+}\{a(Cu^{2+})\} = Zn^{2+}\{a(Zn^{2+})\}+Cu$$

对于任一原电池，其电动势等于两个电极电势之差，即

$$E=\varphi_+(\text{右，还原电势})-\varphi_-(\text{左，氧化电势}) \tag{6-11}$$

对 Cu-Zn 电池而言

$$\varphi_+=\varphi^{\ominus}_{Cu^{2+}/Cu}-\frac{RT}{2F}\ln\frac{1}{a(Cu^{2+})} \tag{6-12}$$

$$\varphi_-=\varphi^{\ominus}_{Zn^{2+}/Zn}-\frac{RT}{2F}\ln\frac{1}{a(Zn^{2+})} \tag{6-13}$$

所以，Cu-Zn 电池的电动势为

$$E=E^{\ominus}-\frac{RT}{2F}\ln\frac{a(Zn^{2+})}{a(Cu^{2+})} \tag{6-14}$$

式中，$\varphi^{\ominus}_{Cu^{2+}/Cu}$ 和 $\varphi^{\ominus}_{Zn^{2+}/Zn}$ 分别为铜电极和锌电极的标准电极电势，$a(Zn^{2+})$ 和 $a(Cu^{2+})$ 分别为 Zn^{2+} 和 Cu^{2+} 的活度。

Zn^{2+} 和 Cu^{2+} 的活度可由相应的平均质量摩尔浓度和平均活度系数计算出来，即

$$a(Zn^{2+})=\gamma_{\pm}b_1$$

$$a(Cu^{2+})=\gamma_{\pm}b_2$$

$\gamma_{\pm}$ 是离子的平均离子活度系数，其数值大小与物质浓度、离子的种类、实验温度等因素有关。25 ℃时，0.100 0 mol/kg $CuSO_4$ 的 $\gamma_{\pm}=0.150$，0.010 0 mol/kg $CuSO_4$ 的 $\gamma_{\pm}=0.40$，0.1 mol/kg $ZnSO_4$ 的 $\gamma_{\pm}=0.150$。

以上所讨论的原电池是在作用过程中发生了化学变化，因而被称为化学电池，另外还有一类原电池叫作浓差电池，在这种电池中，总的作用仅仅是一种物质从高浓度状态向低浓度状态转移，从而产生电动势。浓差电池的标准电动势 $E^{\ominus}$ 等于 0 V。

例如电池“Cu ｜ $CuSO_4$(0.010 0 mol/kg) ‖ $CuSO_4$(0.100 0 mol/kg) ｜ Cu”就是浓差电池的一种。

电池电动势的测量工作必须在电池处于可逆条件下进行，因此根据对消法原理（在外电路上加一个方向相反而电动势几乎相等的电池）设计了一种电位差计，以满足测量工作的要求。电位差计的工作原理和使用方法参见文后备注。必须指出，电极电势的大小，不仅与电极种类、溶液浓度有关，而且与温度有关。本实验是在实验温度下测得的电极电势 φ_T，由式(6-11)和式(6-12)计算 $\varphi^{\ominus}_T$。为了方便起见，可用式(6-15)求出 298K 时的标准电极电势 $\varphi^{\ominus}_{298}$，即

$$\varphi_T^{\ominus}=\varphi_{298}^{\ominus}+\alpha(T-298)+\frac{1}{2}\beta(T-298)^2 \qquad (6\text{-}15)$$

式中，α、β 为电池电极的温度系数。

对 Cu-Zn 电池来说，有

Cu 电极，$\alpha=-0.000\ 016$ V/K，$\beta=0$

Zn 电极，$\alpha=0.000\ 1$ V/K，$\beta=0.62\times10^{-6}$ V/K^2

三、主要仪器与试剂

仪器：SDC-Ⅱ数字电位差计直流稳压电源。

试剂：饱和甘汞电极铜、锌电极，电镀装置氯化钾盐桥，饱和硝酸亚汞镀铜溶液，$ZnSO_4$（0.100 0 mol/kg），$CuSO_4$（0.100 0 mol/kg 和 0.010 0 mol/kg），H_2SO_4 3 mol/L，HNO_3 6 mol/L。

四、实验步骤

1.电极制备

（1）铜电极

将铜片在 6 mol/L HNO_3 溶液内浸洗，以除去氧化层和杂物，然后取出用水冲洗，再用蒸馏水淋洗。将铜片置于电镀烧杯中作阴极，另取一铜棒作阳极，进行电镀，电流控制在 0.02 A 左右，如图 6-11 所示。电镀 20 min 左右，取出阴极，用蒸馏水洗净，插入盛有 0.1 mol/kg $CuSO_4$ 溶液中即为 Cu 电极。由于铜表面极易氧化，故须在测量前进行电镀，且尽量减少铜电极在空气中暴露的时间。

镀 Cu 液的配方：100 mL 水中含有 15 g $CuSO_4\cdot5H_2O$，5 g H_2SO_4，5 g C_2H_5OH。

（2）锌电极

用 3 mol/L H_2SO_4 溶液浸洗锌片以除去表面的氧化层，取出后用水洗涤，再用蒸馏水淋洗，然后浸入饱和硝酸亚汞溶液中 3～5 s，取出后用滤纸擦拭锌片，使锌片表面上形成一层均匀的汞齐（汞有毒，用过的滤纸不能乱丢，应放在指定的地方），再用蒸馏水淋洗。把处理好的锌电极插入盛有 0.1 mol/kg $ZnSO_4$ 溶液的电极管中即为 Zn 电极。将 Zn 极汞齐化的目的是使该电极具有稳定的电极电位，因为汞齐化能消除金属表面机械应力不同的影响。

2.电极电势的测定

（1）锌电极电极电势的测定

将饱和甘汞电极和刚刚制备的锌电极组成原电池，锌电极为负极，饱和甘汞电极为正极，即

Zn ｜ $ZnSO_4$（0.100 0 mol/kg）‖ KCl（饱和）｜ Hg_2Cl_2 ｜ Hg

测定锌电极的电极电势。

（2）铜电极电极电势的测定

将饱和甘汞电极和刚刚制备的铜电极组成原电池，饱和甘汞电极为负极，铜电极为正极，即

Hg ｜ Hg_2Cl_2 ｜ KCl（饱和）‖ $CuSO_4$（0.100 0 mol/kg）｜ Cu

测定铜电极的电极电势。

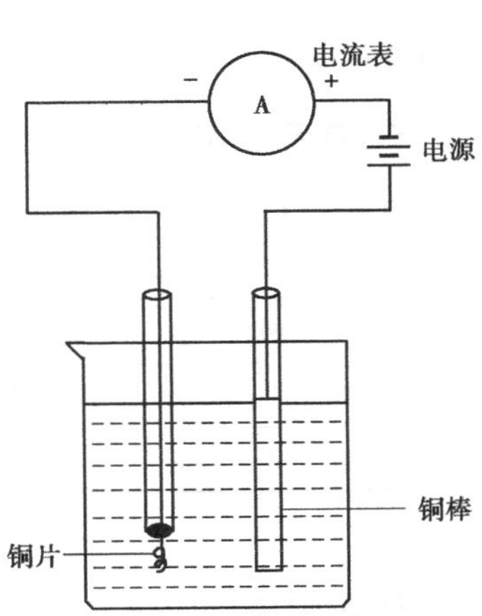

图 6-11　制备电极的电镀装置图

3.原电池电动势的测定

如图 6-12 所示，将 Zn 片插入 $ZnSO_4$ 溶液中构成 Zn 电

极，将 Cu 片插入 $CuSO_4$ 溶液中构成 Cu 电极。用盐桥（其中充满电解质）将两个电极连接起来就构成了 Cu-Zn 原电池：

$$Zn \mid ZnSO_4(0.100\,0\ mol/kg) \parallel CuSO_4(0.100\,0\ mol/kg) \mid Cu$$

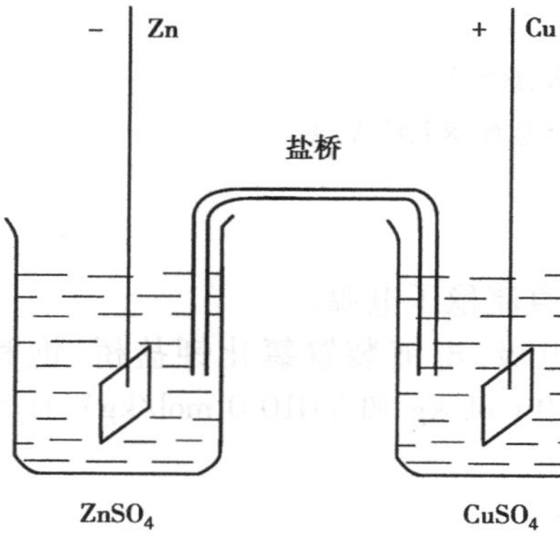

图 6-12　Cu-Zn 原电池示意图

同法测定如下电池电动势：

$$Cu \mid CuSO_4(0.010\,0\ mol/kg) \parallel CuSO_4(0.100\,0\ mol/kg) \mid Cu$$

①打开电位差计电源开关（ON），预热 15 min。

②连接电位差计，测量电动势。

③分别测定以上电池的电动势，要求每个电池连续测量 5～6 个数据，取数值相近的 3 个数，最后求其平均值。

五、数据分析与处理

（1）根据饱和甘汞电极的电极电势温度校正公式（式 6-16），计算实验温度下的电极电势。

$$\varphi_{SCE}=0.241\,5-7.61\times10^{-4}(T-298) \tag{6-16}$$

（2）根据测得的铜、锌电极和饱和甘汞电极的电极电势分别计算铜、锌电极的 φ_T；铜、锌电极的 $\varphi_T^{\ominus}$；铜、锌电极的 $\varphi_{298}^{\ominus}$。

（3）根据文献值计算室温下 Cu-Zn 电池的理论电动势 $E_{理}$，并与测得的①电池的电动势实验值 $E_{实}$ 进行比较，计算误差。

六、有关文献值

温度对 Cu 电极、Zn 电极的影响系数及标准电极电势详见表 6-5。

表 6-5　Cu、Zn 电极的温度系数及标准电极电势

电　极	电极反应	$\alpha\times10^3/(V\cdot K^{-1})$	$\beta\times10^6/(V\cdot K^{-2})$	$\varphi_{298}^{\ominus}$
Cu^{2+}/Cu	$Cu^{2+}+2e^-$ ══ Cu	0.016	–	0.341 9
Zn^{2+}/Zn	$Zn^{2+}+2e^-$ ══ Zn	0.100	0.62	–0.762 7

七、思考题

（1）测定可逆电动势为什么要用对消法？

(2)测定电动势为什么要用盐桥？如何选用盐桥以适应不同的系统？

(3)对消法测定电池电动势的主要原理是什么？

备注：

1.电位差计工作原理

电位差计是根据对消法测量原理设计的一种平衡式电学测量装置。图6-13是对消法测量原理示意图，从原理图可知，电位差计由3个回路组成：工作回路、标准回路和测量回路。

(1)工作回路，也称电源回路。从工作电源电极开始，经滑动电阻AC，再经工作电流调节电阻R_p回到工作电池负极。其作用是借助于调节R_P，使在AC上产生一定的电位降。

(2)标准回路，也叫校准回路，是校准工作电流回路。从标准电池的正极开始(当换向开关K扳向E_s时)，经滑线电阻AB段，再经检流计G回到标准电池负极。其作用是校准工作电流回路以标定AC上的电位降。令$V_{AB}=IR_{AB}=E_s$(借助于调节R_p使G的电流I_G为零来实现)，使AB段上的电位降V_{AB}(称为补偿电压)与标准电池的电动势E_s相对消，即大小相等而方向相反。

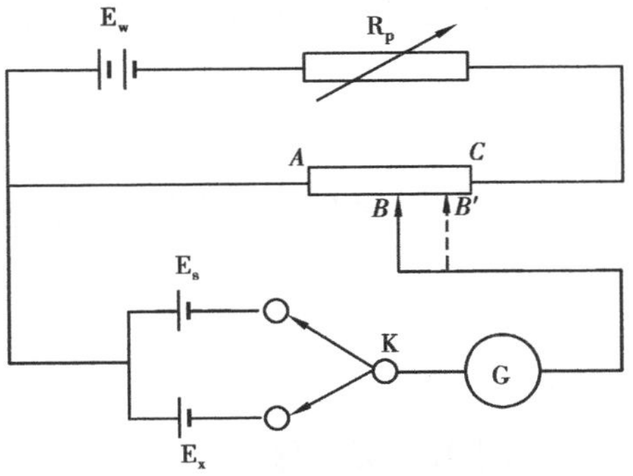

图6-13 对消法测量原理示意图

(E_w为工作电源；R_p为可变电阻；A、C为均匀滑线电阻；

E_s为标准电池；E_x为待测电池；G为检流计；K为换向开关)

(3)测量回路。从待测电池的正极开始(当换向开关K扳向E_x时)，经滑线电阻上AB'段，再经检流计G回到待测电池的负极。其作用是用校正好的滑线电阻AC上的电位降来测量未知电池的电动势。在保证校准后的工作电流I不变(即固定R_p)的条件下，在AC上找出B'点，使得G中电流为零($I_G=0$)，从而$V_{AB'}=IR_{AB'}=E_x$，使AB'段上的电位降$V_{AB'}$(称为补偿电压)与待测电池的电动势E_x对消，即大小相等而方向相反。

由此可知，因工作电流I相同，故

$$E_x = IR_{AB'} = \frac{R_{AB'}}{R_{AB}}E_s = kE_s$$

如果知道$\frac{R_{AB'}}{R_{AB}}$和标准电池电动势E_s，就能求出未知电池的电动势E_x。电位差计是一种比例仪器。它是将已知标准电池电动势E_s分成连续可调而又已知的若干等份，即用已知电压kE_s去补偿未知电压E_x，从而确定未知电池电动势。所以电位差计测量电动势的方法又称为补偿法。

2.SDC-Ⅱ数字电位综合测试仪使用说明

以内标为基准进行测量

(1)校验

①用测试线将被测电动势按"+""-"极性与"测量插孔"连接起来。

②将"测量选择"旋钮置于"内标"。

③将"$\times 10^0$"位旋钮置于"1","补偿"旋钮逆时针旋到底,其他旋钮均置于"0",此时,"电位指示"显示"1.000 00"V。

④待"检零指示"显示数值稳定后,按一下"采零"键,此时,"检零指示"应显示"0000"。

(2)测量

①将"测量选择"置于"测量"。

②依次调节"10^0"~"10^{-4}"5个旋钮,使"检零指示"显示数值为负且绝对值最小。

③调节"补偿旋钮",使"检零指示"显示为"0000",此时,"电位显示"数值即为被测电动势的值。

测量过程中,若"检零指示"显示溢出符号"OU.L",说明"电位指示"显示的数值与被测电动势值相差过大。

实验6　电导的测定及其应用

一、实验目的

(1)测量KCl水溶液的电导率,求算其无限稀释摩尔电导率;

(2)掌握电导法测量弱电解质电离度和电离常数的基本原理;

(3)学会恒温水槽及电导率仪的使用方法。

二、实验原理

1.电导

对于电解质溶液,常用电导表示其导电能力的大小。电导G是电阻R的倒数,即

$$G=1/R$$

电导的单位是西门子,常用S表示,$1\ S=1\ \Omega^{-1}$。

2.电导率

$$\kappa=Gl/A \tag{6-17}$$

其意义是电极面积为1 m^2、电极间距为1 m的立方体导体的电导,单位为S/m。

对电解质溶液而言,l/A为电导池的常数,以K_{cell}表示。所以

$$\kappa=Gl/A=GK_{cell}$$

由于电极的l和A不易精确测量,因此在实验中常用一种已知电导率值的溶液先求出电导池常数K_{cell},然后再把待测溶液放入该电导池测其电导值。

3.摩尔电导率

摩尔电导率是指把含有1 mol电解质的溶液置于相距为单位距离的电导池的两个平行电

极之间，这时所具有的电导。摩尔电导率与电导率的关系为

$$\Lambda_m = \kappa / c \tag{6-18}$$

对强电解质而言，其稀溶液的摩尔电导率 Λ_m 与浓度有如下关系：

$$\Lambda_m = \Lambda_m^\infty (1-\beta\sqrt{c}) \tag{6-19}$$

Λ_m^∞ 为无限稀释摩尔电导率。可见，以 Λ_m 对$\sqrt{c}$作图得一直线，其截距即为 Λ_m^∞。

对于弱电解质而言，其溶液在无限稀释的条件下可认为弱电解质已全部电离。此时溶液的摩尔电导率为

$$\Lambda_m^\infty = V_+\Lambda_{m,+} + V_-\Lambda_{m,-} \tag{6-20}$$

对于弱电解质溶液，可以认为，电离度 α 等于其摩尔电导 Λ_m 与溶液在无限稀释时的电导 Λ_m^∞ 之比，即

$$\alpha = \Lambda_m / \Lambda_m^\infty \tag{6-21}$$

4.弱电解质电离平衡常数

对于 AB 型弱电解质在溶液中达到平衡时，电离平衡常数 $K^\ominus$ 与其起始浓度 c 及其电离度 α 的关系为

$$K^\ominus = c\alpha^2 / c^\ominus (1-\alpha) \tag{6-22}$$

所以，可以通过测定 AB 型弱电解质在不同浓度时的 α 值即可计算 $K^\ominus$ 值。

把式(6-21)代入式(6-22)可得

$$c\Lambda_m = (\Lambda_m^{\infty 2}) K^\ominus c^\ominus \frac{1}{\Lambda_m} - \Lambda_m^\infty K^\ominus c^\ominus \tag{6-23}$$

以 $c\Lambda_m$ 对 $1/\Lambda_m$ 作图，其直线的斜率为$(\Lambda_m^{\infty 2})K^\theta c^\theta$，如知道 Λ_m^∞ 的值，就可算出 $K^\ominus$。

三、主要仪器与试剂

仪器：电导率仪恒温水槽，电导电极移液管(25mL)，量杯，洗瓶，洗耳球。

试剂：KCl 10.00 mol/L，HAc 100 mol/L，电导水。

四、实验步骤

(1)打开电导率仪开关，预热 5 min。

(2)将恒温水槽温度调至 25 ℃。

(3)KCl 溶液电导率的测定：

①用移液管精确移取 25.00 mL 10.00 mol/L KCl 溶液至洁净、干燥的量杯中，测其电导率 3 次，取平均值。

②用移液管精确移取 25.00 mL 已恒温的电导水，加入上述量杯中，搅拌均匀后，测其电导率 3 次，取平均值。

③用移液管精确移出 25.00 mL 上述量杯中的溶液，再用移液管准确移入 25.00 mL 已恒温电导水，置于上述量杯中，搅拌均匀后，测定其电导率 3 次，取平均值。

④重复步骤③ 2 次。

⑤倒掉电导池中的 KCl 溶液，用电导水洗净量杯和电极，量杯放烘箱烘干，电极用滤纸吸干。

(4)HAc 溶液和电导水电导率的测定：

①用移液管精确移取 100 mol/L HAc 溶液 25.00 mL 于洁净、干燥的量杯中，测其电导率 3 次，取平均值。

②用移液管精确移取 25.00 mL 已恒温的电导水，置于上述量杯中，搅拌均匀后，测其电导率 3 次，取平均值。

③用移液管精确移出 25.00 mL 上述量杯中的溶液，再用移液管准确移入 25.00 mL 已恒温电导水，置于上述量杯中，搅拌均匀后，测其电导率 3 次，取平均值。

④再用移液管准确移出 25.00 mL 已恒温电导水，置于上述量杯中，搅拌均匀后，测其电导率 3 次，取平均值。

⑤倒掉电导池中的 HAc 溶液，用电导水洗净量杯和电极，然后注入电导水，测其电导率 3 次，取平均值。

⑥倒掉电导池中的电导水，用电导水洗净量杯和电极，量杯放烘箱烘干，电极用滤纸吸干。

五、数据分析与处理

(1)数据记录

大气压:__________ 室温:__________ 实验温度:__________

①测定 KCl 溶液的电导率记录于表 6-6 中。

表 6-6 KCl 溶液的电导率

$c/(mol \cdot L^{-1})$	$\kappa/(S \cdot m^{-1})$			
	第一次	第二次	第三次	平均值

②测定 HAc 水溶液的电导率记录于表 6-7 中。

表 6-7 HAc 水溶液的电导率

$c/(mol \cdot L^{-1})$	$\kappa/(S \cdot m^{-1})$			
	第一次	第二次	第三次	平均值

(2)数据处理

①KCl 溶液的各组数据记录于表 6-8 中。

表 6-8　KCl 溶液的 Λ_m 与$\sqrt{c}$

$c/(\mathrm{mol \cdot L^{-1}})$					
$\Lambda_m/(\mathrm{S \cdot m^2 \cdot mol^{-1}})$					
$\sqrt{c}/(\mathrm{mol^{1/2} \cdot L^{-\frac{1}{2}}})$					

以 KCl 溶液的 Λ_m 对$\sqrt{c}$作图,由直线的截距求出 KCl 的 Λ_m^∞。

②HAc 溶液的各组数据记录于表 6-9 中。

表 6-9　HAc 溶液的相关数据

$c/(\mathrm{mol \cdot L^{-1}})$	$\kappa/(\mathrm{S \cdot m^{-1}})$	$\Lambda_m/(\mathrm{S \cdot m^2 \cdot mol^{-1}})$	$\Lambda_m^{-1}/$ $(\mathrm{S^{-1} \cdot m^{-2} \cdot mol})$	$c\Lambda_m/$ $(\mathrm{S \cdot m^{-1}})$	α	$K^\ominus$	$K^\ominus$的平均值

以 $c\Lambda_m$ 对 $1/\Lambda_m$ 作图,直线的斜率为$(\Lambda_m^\infty)^2K^\ominus c$,计算 $K^\ominus$。

六、有关文献值

(1)25 ℃下 10.00 mol/L KCl 溶液的电导率 G=0.141 3 S/m。

(2)25 ℃时无限稀释的 HAc 水溶液的摩尔电导率 $\Lambda_m=3.907\times10^{-2}(\mathrm{S \cdot m^2})/\mathrm{mol}$。

七、思考题

(1)什么是溶液的电导、电导率、摩尔电导率和无限稀释摩尔电导率?

(2)为什么要测定电导池常数?

(3)测定溶液电导为什么要恒温条件?

实验 7　溶液中的吸附作用和表面张力的测定

一、实验目的

(1)测定不同浓度的正丁醇的表面张力,从而计算溶液在某一浓度时的表面吸附量 Γ;

(2)熟悉数字压力计的使用方法;

(3)掌握最大气泡法测定溶液表面张力的原理和技术。

二、实验原理

1.表面张力及其吸附作用

液体表面层的液体分子一方面受到液体内层的邻近分子的吸引，另一方面受到液面外部气体分子的吸引。由于前者的作用比后者大，所以在液体表面层中，每个分子都受到垂直于液面并指向液体内部的不平衡力，如图 6-14 所示。这种吸引力造成液体表面收缩的趋势，因此，液体表面缩小是一个自发过程。

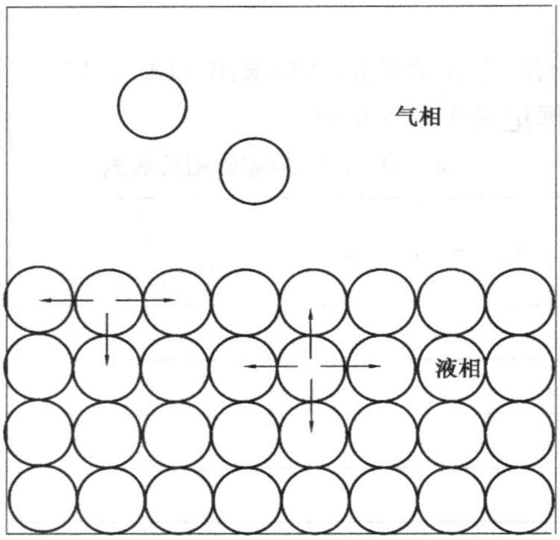

图 6-14　溶液内部及表面液体分子受力情况图

在温度、压力、组分恒定时，每增加单位表面积所需做的可逆功称为表面功，单位为 J/m^2，用 γ 表示；也可以看作是垂直作用在单位长度相界面上的力，即表面张力（N/m）。欲使液体产生新的表面 ΔS，就需对其做表面功 W，即

$$-W=\gamma\times\Delta S \tag{6-24}$$

温度一定时，纯液体的表面张力为定值，当加入溶质形成溶液时，分子间的作用力发生变化，表面张力也发生变化，其变化的大小决定于溶质的性质和加入量的多少。水溶液表面张力与其组成的关系大致有以下 3 种情况：

①随溶质浓度增加表面张力略有升高；

②随溶质浓度增加表面张力降低，并在开始时降得快些；

③溶质浓度低时表面张力急剧下降，于某一浓度后表面张力几乎不再改变。

以上 3 种情况下，溶质在表面层的浓度与体相中的浓度都不相同，这种现象称为溶液表面吸附。在指定的温度和压力下，溶质的吸附量与溶液的表面张力及溶液的浓度之间的关系可用吉布斯吸附等温式表示，即

$$\Gamma=-\frac{c}{RT}\left(\frac{\mathrm{d}\sigma}{\mathrm{d}c}\right)_T \tag{6-25}$$

式中，Γ 为溶液在单位面积表面层中的吸附量（mol/m^2）；σ 为表面张力（N/m）；c 为平衡时溶液的浓度（mol/L）；R 为摩尔气体常数[8.314 J/(mol · K)]；T 为吸附时的温度（K）。

从式（6-25）可以看出，在一定温度时，溶液表面吸附量与平衡时溶液的浓度 c 和表面张力

随浓度而变化的变化率$\frac{d\sigma}{dc}$成正比。

当$\frac{d\sigma}{dc}<0$时，$\Gamma>0$，表示溶液表面张力随浓度增加而降低，则溶液表面发生正吸附，此时溶液表面层浓度大于溶液内部浓度。

当$\frac{d\sigma}{dc}>0$时，$\Gamma<0$，表示溶液表面张力随浓度增加而增加，则溶液表面发生负吸附，此时溶液表面层浓度小于溶液内部浓度。

能产生明显正吸附（即能显著降低溶液表面张力）的物质，称为表面活性物质。本实验用正丁醇配制成一系列不同浓度的水溶液，分别测定这些溶液的表面张力σ，然后以σ对c作图得一曲线，如图6-15所示。

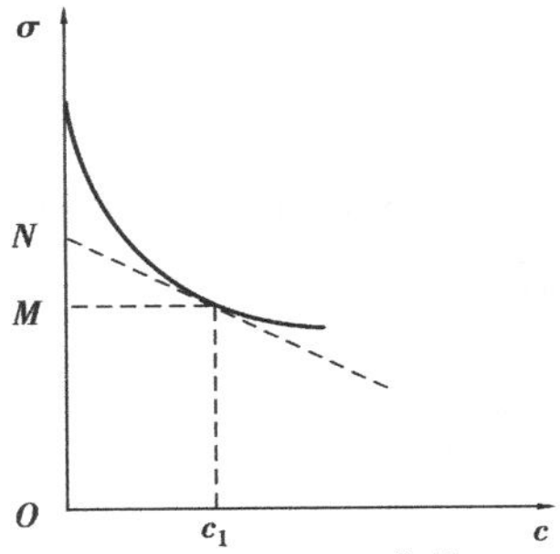

图6-15　σ—c曲线

由σ—c曲线斜率可求得不同浓度时的$\left(\frac{d\sigma}{dc}\right)_T$值，将其代入吉布斯吸附等温式，即可计算不同浓度时气—液界面上的吸附量Γ，可作出Γ—c等温吸附线，如图6-16所示。

2.气体最大气泡法

本实验采用气体最大气泡法测定各溶液的表面张力，如图6-17所示。此法原理是：当毛细管与液面相切时，往毛细管内加压（或在溶液系统减压）则可在毛细管出口处形成气泡。如果毛细管的半径很小，则形成的气泡基本成球形。而气泡在形成过程中是在变化的。当开始形成气泡时，表面几乎是平的，此时曲率半径最大，随着气泡的形成，曲率半径逐渐变小直至形成半球形，这时曲率半径R与毛细管半径r相等，曲率半径达最小值。此时附加压力为产生气泡的最大附加压力。即

$$\Delta p_0=\frac{2\sigma}{R}=\frac{2\sigma}{r} \tag{6-26}$$

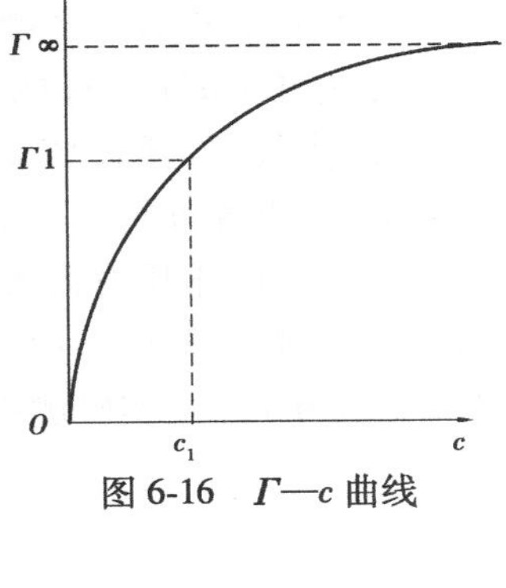

图6-16　Γ—c曲线

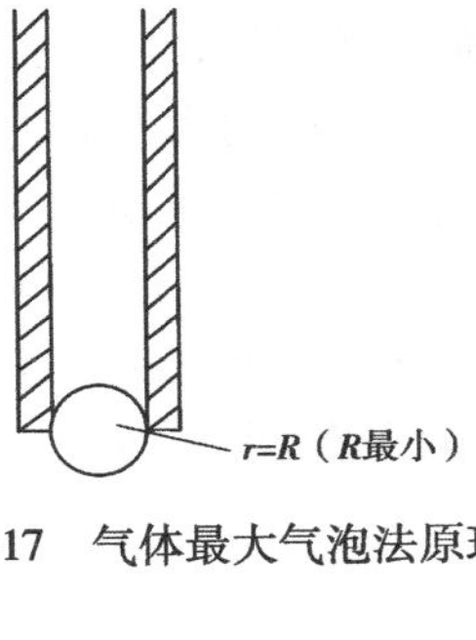

图6-17　气体最大气泡法原理图

式中，Δp 为最大附加压力；r 为毛细管半径（此时等于气泡的曲率半径 R）；σ 为表面张力。

当密度为 ρ 的液体作压力计介质时，测得与 Δp_0 相关的最大压差为 Δp。按式(6-26)得：

$$\sigma=\frac{r}{2}\Delta p=K\Delta p \tag{6-27}$$

其中，K 在一定温度下仅与毛细管半径 r 有关，称为毛细管仪器常数，此常数可从已知表面张力的标准物质测得。

三、主要仪器与试剂

仪器：DP-A 型精密数字压力计，DP-AW 表面张力组合实验装置，SWQ 智能数字恒温控制器，SP-Ⅱ玻璃恒温水浴槽，移液管，容量瓶。

试剂：正丁醇。

四、实验步骤

①在浓度为 0.02、0.04、0.07、0.10、0.15、0.20、0.25、0.30、0.35、0.40 mol/L 50 mL 的正丁醇水溶液中分散地自选 6 个浓度配制待测试样。

②将样品管用自来水及蒸馏水冲洗干净。按如图 6-18 所示组装实验装置。将恒温水浴槽中的水温调节到 30 ℃，并恒温一段时间。

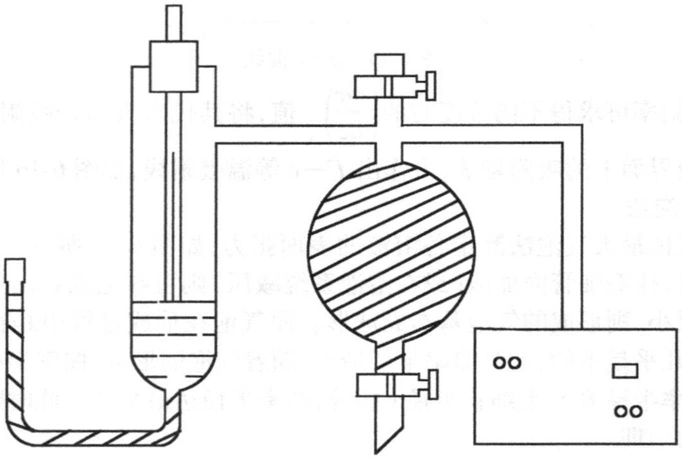

图 6-18　表面张力仪测试装置图

③仪器常数的测定。滴液抽气瓶中装满自来水，塞紧塞子。样品管中装入蒸馏水，使水面与毛细管端面刚好相切，注意保持毛细管与液面垂直。压力计选择 mmH_2O 柱的单位，通大气，仪表采零（只有在通大气的情况下才能按采零键）。然后关闭大气，打开滴水减压，检查仪器是否漏气，微压计上有一定负压值显示，关闭开关，停 30 s 左右，若微压差计显示的压力值基本不变，说明仪器不漏气。否则，仪器漏气，应在对接口处液封，再打开开关滴水减压，空气泡便从毛细管下端逸出，控制气泡逸出的速度约为 10 个/min，记录微压差计显示绝对值的最大值，至少读取 3 次，求平均值。由已知蒸馏水的表面张力 σ_0（表 6-10）及实验测得的压力值 Δp 算出 K。

表 6-10 水和空气界面上的表面张力

温度/℃	表面张力/(N·m^{-1})	温度/℃	表面张力/(N·m^{-1})	温度/℃	表面张力/(N·m^{-1})
0	0.075 64	19	0.072 90	30	0.071 18
5	0.074 92	20	0.072 75	35	0.070 38
10	0.074 22	21	0.072 59	40	0.069 56
11	0.074 07	22	0.072 44	45	0.068 74
12	0.073 93	23	0.072 27	50	0.067 91
13	0.073 78	24	0.072 13	55	0.067 05
14	0.073 64	25	0.071 97	60	0.066 18
15	0.073 49	26	0.071 82	70	0.064 42
16	0.073 34	27	0.071 66	80	0.062 61
17	0.073 19	28	0.071 50	90	0.060 75
18	0.073 05	29	0.071 35	100	0.058 85

④正丁醇溶液表面张力的测定。将样品管中的蒸馏水倒掉,用少量待测溶液冲洗内部及毛细管 2~3 次,然后倒入要测定的溶液。从最稀的溶液开始,依次测定。然后,按与测量仪器常数相同的操作进行测定,记录压力值。

⑤实验完毕,洗净仪器。

五、数据分析与处理

(1)按要求将相关实验数据填入表 6-11 中。

表 6-11 正丁醇溶液的 Δp

	水	正丁醇溶液									
浓度 c/(mol·L^{-1})	—	0.02	0.04	0.07	0.10	0.15	0.20	0.25	0.30	0.35	0.40
Δp/mmH_2O											

(2)利用公式 $K=\dfrac{\sigma_0}{\Delta p_0}$计算毛细管常数。

(3)由正丁醇溶液的实验数据计算各溶液的表面张力,并绘制 σ—c 曲线。

(4)由 σ—c 曲线分别求出不同浓度时的$\left(\dfrac{d\sigma}{dc}\right)_T$ 值。

(5)利用吉布斯吸附等温式计算各浓度下的吸附量Γ,将结果列于表6-12中,并绘出Γ—c等温吸附线。

表6-12　正丁醇溶液相关数据记录表

浓度 $c/(\text{mol}\cdot\text{L}^{-1})$	$\Delta p/\text{mmH}_2\text{O}$	$\sigma/(\text{N}\cdot\text{m}^{-1})$	$\left(\frac{d\sigma}{dc}\right)_T$	$\Gamma/(\text{mol}\cdot\text{m}^{-2})$

注:Δp为冒气泡过程中内外压强差,实验中仪器采用单位为mmH_2O。

六、注意事项

(1)测定用毛细管一定要干净,否则气泡不能连续稳定地逸出,使压力计读数不稳,且影响液体的表面张力。

(2)毛细管一定要保持垂直,管口端面刚好与液面相切。

(3)读取压强差时,应取气泡单个逸出时的最大值。

七、思考题

(1)表面张力仪清洁与否对所测数据有何影响?

(2)为什么不能把毛细管插到液体里去?

(3)液体表面张力的大小与哪些因素有关?

实验8　黏度法测定高聚物的平均相对分子质量

一、实验目的

(1)掌握用黏度法测定聚乙烯醇的平均相对分子质量的原理和方法;

(2)掌握乌氏黏度计的使用方法及用乌氏黏度计测定溶液黏度的原理和方法。

二、实验原理

单体分子经加聚或缩聚可合成高聚物。对于聚合和解聚过程机理和动力学的研究,以及稳定和改良高聚物产品的性能而言,高聚物的相对分子质量是必须掌握的重要数据之一。

1.溶液黏度

高聚物溶液的特点是黏度特别大,其原因在于高聚物的分子链长度远大于溶剂分子的长度,加上溶剂化作用,其在流动时受到较大的内摩擦阻力。

黏性液体在流动过程中所受内摩擦阻力的大小可用黏度系数(简称“黏度”,η)来表示。

2.黏度的几种表示方法

纯溶剂黏度反映了溶剂分子间的内摩擦力，记作 η_0，高聚物溶液的黏度则是高聚物分子间的内摩擦、高聚物分子与溶剂分子间的内摩擦以及 η_0 三者之和。在相同温度下，通常$\eta>\eta_0$。

(1)增比黏度

相对于溶剂，溶液黏度增加的分数称为增比黏度，记作 η_{sp}，即

$$\eta_{sp}=\frac{\eta-\eta_0}{\eta_0} \tag{6-28}$$

(2)相对黏度

溶液黏度与纯溶剂黏度的比值称作相对黏度，记作 η_r，即

$$\eta_r=\frac{\eta}{\eta_0} \tag{6-29}$$

η_r 反映的是溶液的黏度行为，而 η_{sp}则意味着已扣除了溶剂分子间的内摩擦效应，仅反映高聚物分子与溶剂分子间以及高聚物分子间的内摩擦效应。

(3)比浓黏度

高聚物溶液的增比黏度 η_{sp}往往随浓度 c 的增加而增加。为了便于比较，将单位浓度下所显示的增比黏度 η_{sp}/c 称为比浓黏度，而 $\ln \eta_r/c$ 则称为比浓对数黏度。η_r 和 η_{sp}都是无量纲的量。

(4)特性黏度

当溶液无限稀释时，高聚物分子彼此相隔甚远，它们之间的相互作用可以忽略，此时有关系式

$$\lim_{c\to 0}\eta_{sp}/c=\lim_{c\to 0}\eta_r/c=[\eta] \tag{6-30}$$

$[\eta]$为特性黏度，它反映的是无限稀释溶液中高聚物分子与溶剂分子间的内摩擦，其值取决于溶剂的性质及高聚物分子的大小和形态，与浓度无关，其单位为 cm^3/g。

3.乌氏黏度计测定高聚物相对分子质量的原理和方法

测定液体黏度的方法主要有 3 种：①用毛细管黏度计测定液体在毛细管里的流出时间；②用落球式黏度计测定圆球在液体里的下落速率；③用旋转式黏度计测定液体在同心轴圆柱体相对转动的情况。

本实验采用毛细管法测定黏度，通过测定一定体积的液体流经一定长度和半径的毛细管所需时间而获得。本实验使用的乌氏黏度计如图 6-20 所示。当液体在重力作用下流经毛细管时，遵循泊肃叶(Poiseuille)定律：

$$\eta=\frac{\pi\rho r^4 t}{8lV}-\frac{\pi h\rho g r^4 t}{8lV} \tag{6-31}$$

式中，ρ 为液体的密度；l 为毛细管长度；r 为毛细管半径；t 为液体流经毛细管的时间；h 为流经毛细管的液体的平均液柱高度；g 为重力加速度；V 为流经毛细管的液体体积；m 是与仪器几何形状有关的常数，在 $r/l<1$ 时，可取 $m=1$。

用同一黏度计在相同条件下测定两个液体的黏度时，它们的黏度之比就等于密度与流出时间之比，即

$$\frac{\eta_1}{\eta_2}=\frac{\rho_1 t_1}{\rho_2 t_2} \tag{6-32}$$

如果用已知黏度 η_1 的液体作为参考液体，则可求出待测液体的黏度 η_2。

在测定溶剂和溶液的相对黏度时，如溶液的浓度不大（$c<1\times10$ g/L），则溶液的密度与溶剂的密度可近似地看作相同，故有

$$\eta_r=\frac{\eta}{\eta_0}=\frac{t}{t_0} \tag{6-33}$$

所以只需测定溶液和溶剂在毛细管中的流出时间就可得到 η_r。

在足够稀的高聚物溶液里，有如下经验关系式

$$\frac{\eta_{sp}}{c}=[\eta]+\kappa[\eta]^2 c$$

$$\ln\frac{\eta_r}{c}=[\eta]-\beta[\eta]^2 c$$

上述两式中 κ 和 β 分别称为 Huggins 和 Kramer 常数。这是两直线方程，通过 η_{sp}/c 对 c 或 $\ln\eta_r/c$ 对 c 作图，外推至 $c=0$ 时所得截距即为 $[\eta]$。显然，对于同一高聚物，由两线性方程作图外推所得截距交于同一点，如图 6-19 所示。

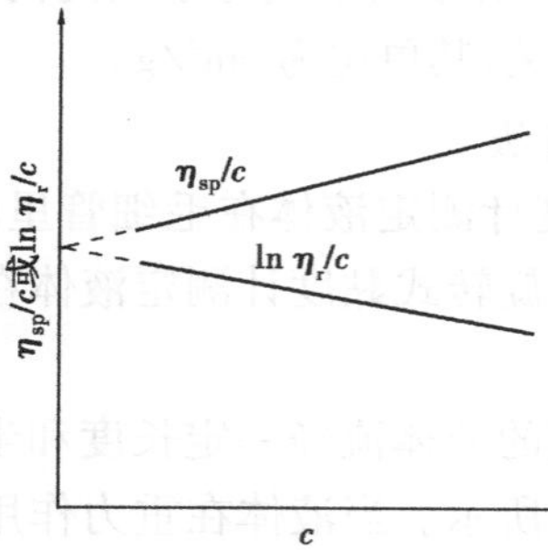

图 6-19　外推法求 $[\eta]$ 图

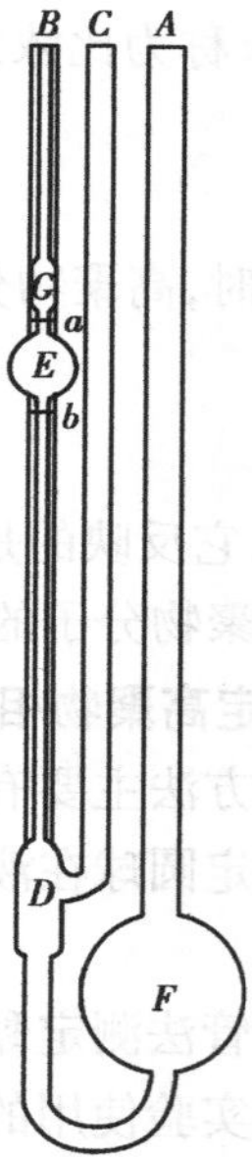

图 6-20　乌氏黏度计

4.黏度与平均相对分子质量的关系

高聚物溶液的特性黏度 $[\eta]$ 与高聚物平均相对分子质量之间的关系，通常用带有两个参数的马克·霍温克（Mark-Houwink）方程来表示，即

$$[\eta]=K\cdot M_\eta^\alpha$$

式中，M_η^α 是黏均相对分子质量，K、α 是与温度、高聚物及溶剂的性质有关的常数，只能通过某些绝对实验方法（如膜渗透压法、光散射法等）确定。

三、主要仪器与试剂

仪器：乌氏黏度计，SWQ 智能数字恒温控制器，SP-Ⅱ玻璃恒温水浴槽，具塞锥形瓶，洗耳球，容量瓶，吸量管，秒表。

试剂：聚乙烯醇（A.R.）。

四、实验步骤

①将恒温水槽调到 25 ℃。

②溶液配制。准确称取聚乙烯醇 2.000 g，在 100 mL 容量瓶配成水溶液。

③洗涤黏度计（黏度计示意图如图 6-20 所示）。先用洗液或洗洁精浸泡，再用自来水、蒸馏水分别冲洗，然后烘干备用。

④测定溶剂流出时间。将黏度计垂直放在恒温槽内，用吊锤检查是否垂直，将 10 mL 纯溶剂自 A 管注入黏度计中，恒温数分钟，夹紧 C 管上连接的乳胶管，在 B 管上接洗耳球慢慢抽气，待液体升至 G 球的一半时停止抽气，打开 C 管上的夹子使毛细管内液体同 D 球分开，用秒表测定液面在 a、b 两线间移动所需要的时间，重复测定 3 次，每次相差不超过 0.3 s，取平均值。如果相差过大，则应检查毛细管有无堵塞现象，查看恒温槽温度是否良好稳定。

⑤测定溶液流出时间。取出黏度计，倒出溶剂，洗净烘干。用移液管取 10 mL 已恒温的高聚物溶液，同上法测定流出时间。

⑥实验结束后，将溶液倒入瓶内，用溶剂冲洗黏度计 3 次，然后用溶剂浸泡，备用。

五、数据分析与处理

（1）将每次的浓度 c，相应流经黏度计的时间 t 以及不同浓度的 η_r、η_{sp}、η_{sp}/c、$\ln \eta_r/c$ 等数值记录于表 6-13 中。

表 6-13　实验数据记录表

溶液浓度	t	η_r	η_{sp}	η_{sp}/c	$\ln \eta_r/c$

（2）做 η_{sp}/c-c 图和 $\ln \eta_r/c$-c 图，并外推至 $c=0$，求出 $[\eta]$ 值。

（3）由 $[\eta] = K \cdot M_\eta^\alpha$ 及在所用溶剂和温度条件下的 K 和 α 值，计算聚乙烯醇的平均相对分子质量 M。

六、注意事项

（1）用洗耳球吸溶液时，不能太快否则会产生气泡。

（2）测定流经时间时，C 管必须通大气。

（3）黏度计要始终保持垂直状态。

（4）在抽干溶液时，必须保证乳胶管中不能进入溶液。

(5)配置溶液时要保证溶质完全溶解,所用溶剂和溶液需要在同一温度下恒温,再用移液管精确移取并充分混合后方可测定。

七、思考题

(1)乌氏黏度计中支管C的作用是什么?

(2)高聚物溶液的η_r、η_{sp}、η_{sp}/c和[η]的物理意义是什么?

(3)黏度法测定高聚物的相对分子质量有何局限性?该法适用的高聚物相对分子质量范围是多少?

(4)举例说明影响黏度准确测定的因素有哪些。

(5)黏度计毛细管的粗细对实验有何影响?

实验9　恒电位法测定阳极极化曲线

一、实验目的

(1)掌握恒电位法测定阳极极化曲线的原理和方法;

(2)了解阳极极化曲线的意义和应用。

二、基本原理

1.电极的极化

在研究可逆电池的电动势和电池反应时,电极上几乎没有电流通过,每个电极或电池反应都是在无限接近于平衡的条件下进行的,因此电极反应是可逆的。当有电流通过电池时,电极的平衡状态被破坏,此时电极反应处于不可逆状态,随着电极上电流密度的增加,电极反应的不可逆程度也随之增大。在有电流通过电极时,由于电极反应的不可逆而使电极电位偏离平衡值的现象称为电极的极化。如果电极为阳极,则电极电位将向正方向偏移,称为阳极极化;对于阴极,电极电位将向负方向偏移,称为阴极极化。

2.影响金属钝化过程的几个因素

影响金属钝化过程及钝化性质的因素很多,主要有以下几点:

①溶液的组成。在中性溶液中,金属一般比较容易钝化;在酸性或某些碱性溶液中,则难以钝化。溶液中存在的卤素离子(特别是Cl^-)不仅不能使金属钝化,反而能破坏金属的钝化。溶液中存在某些具有氧化性的阴离子(如CrO_4^{2-})则可以促进金属的钝化。溶液中溶解的氧则可以有效地防止金属钝化膜遭受破坏。

②金属的化学组成和结构。各种金属的钝化能力不相同,例如铁、镍、铬三种金属的钝化能力为Cr>Ni>Fe。在纯金属中添加其他组分可以改变金属的钝化行为,例如在铁中加入镍和铬可以很大程度地提高铁的钝化膜的稳定性。因此,在合金中添加一些易钝化的金属,以提高合金的钝化能力,例如不锈钢。

③外界因素(如温度、搅拌等)。一般来说,温度升高或搅拌加剧都可以推迟或防止钝化的发生。

3.极化曲线

为了探索极化过程的机理及影响极化过程的各种因素，必须对极化过程进行研究，在该研究过程中极化曲线的测定非常重要。根据实验数据描述电流密度与电极电位关系的曲线称为极化曲线，如图 6-21 所示。

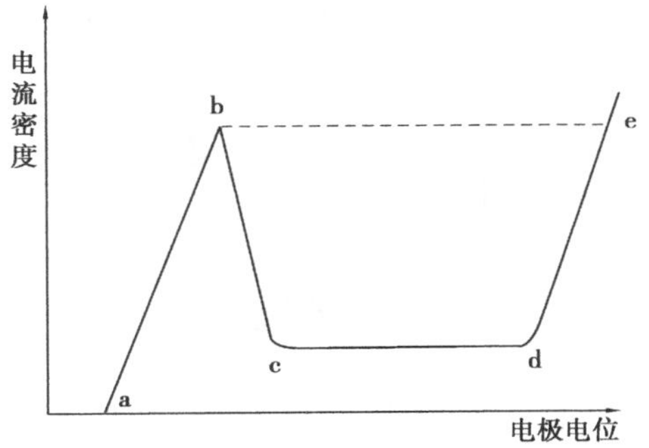

图 6-21　金属极化曲线

(1) ab 段为活性溶解区

在 ab 段内，阳极金属进行正常的溶解，阳极电流随电位的变化符合塔菲尔(Tafel)公式，a 点为金属的自腐蚀电位。

(2) bc 段为金属钝化过渡区

电位达到 b 点时，电流达最大值，此时的电流称为钝化电流($i_{钝}$)，所对应的电位称为临界电位($E_{钝}$)。过 b 点后，金属开始钝化，其溶解速率不断下降并过渡到钝化状态(c 点以后)。

(3) cd 段为钝化区

阳极溶解过程超电势升高，与之对应的电流密度变小，金属溶解速率急剧下降，此时的电流称为维持金属钝化的稳定溶解电流。

(4) de 段为过钝化区

d 点之后阳极电流开始随着电位的增加而增大，金属的溶解速率增大。

4.极化曲线的测量

研究金属钝化通常有两种方法：恒电流法和恒电位法。由于恒电位法能测得完整的阳极极化曲线，且比恒电流法更能反映电极的实际过程，因此，一般采用恒电位法。

恒电位法：将电极的电位恒定在某一数值，然后测量对应于该电位的电流。由于在未建立稳定状态之前，电极电流会随时间而改变，故测出来的曲线一般为"暂态"极化曲线。在实际测量中，常采用的控制电位测量的方法有下列两种：

(1) 静态法

逐点测量一系列恒定电位所对应的电流值，用测得的数据绘制电极极化曲线。

(2) 动态法

控制电极电位以较慢的速度连续地改变(扫描)，并测量对应电位下的瞬时电流，并以瞬时电流与对应的电极电位作图，获得整个极化曲线。

比较上述两种测量方法，静态法所得测量结果较接近稳态值，但测量的时间较长；而动态法所得测量结果与稳态值相差较大，但测量的时间较短，故在实际工作中，常采用动态法进行测量。

本实验采用恒电位动态法测量碳钢电极的阳极极化曲线。

5.三电极法

研究电极超电势通常采用三电极法，其装置如图 6-22 所示。

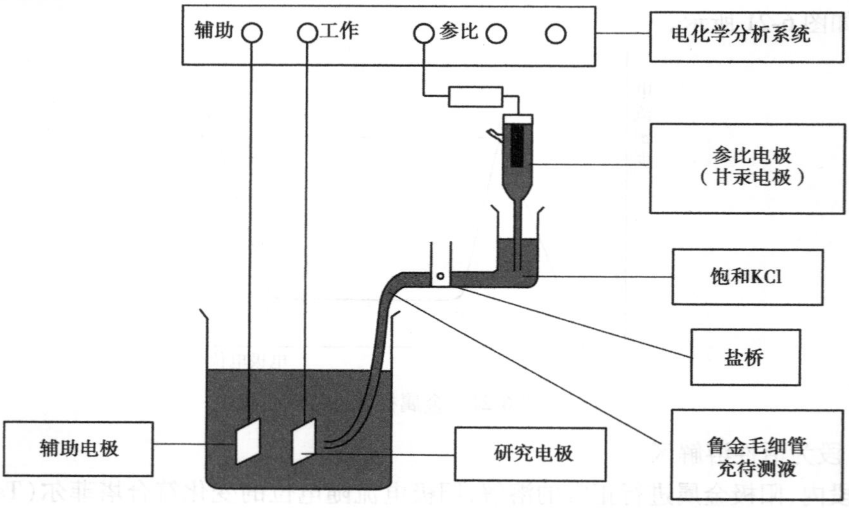

图 6-22　三电极装置图

辅助电极用来与研究电极构成回路，组成电解池，通过电流，借以改变研究电极的电位。参比电极为负极，阳极电极为正极。

三、主要仪器与试剂

仪器：恒电位仪，三电极电解池，碳钢电极，饱和甘汞电极，铂电极，烧杯(50 mL)，电流表，量筒(50 mL)，盐桥，砂纸。

试剂：饱和碳酸氢铵溶液，饱和 KCl 溶液，丙酮，浓氨水等。

四、实验步骤

①用砂纸将研究电极擦亮，浸泡在丙酮中除去油污。除一个工作面外，其余各面均用环氧树脂封住。

②打开恒电位仪，预热 15 min。

③用量筒分别量取 30 mL 饱和碳酸氢铵溶液和 30 mL 浓氨水，加至 100 mL 三电极电解池中。固定电解池于铁架台上，将碳钢电极、铂电极、甘汞电极插入电解池中。

④将恒电位仪的接线夹分别与碳钢电极、铂电极、甘汞电极连接。

⑤设定恒电位仪电流挡为“10 mA”，工作方式为“参比”，负载选择为“电解池”，通/断方式选择“通”，先测量“参比”对“研究”电极的自腐电位(电压表数字在 0.80 V 以上方为合格，否则需重新处理研究电极)。

⑥通/断方式选择“断”，将工作方式设为“恒电位”，负载调整给定电位旋钮，从自腐电位开始，每次改变 50 mV，恒定 2~3 分钟，测定相应的电流值；至表头电压为-1.0 V 为止。

⑦实验完毕后，先将通/断方式切换到“断”状态，再关掉恒电位仪电源，取出电极，清洗仪器。

五、数据分析与处理

(1)将实验数据记录于表 6-14 中。

表 6-14　实验数据记录表

室温:______________　　大气压:__________

电极电位 φ/ V	
电流 i/mA	

(2)以电流密度为纵坐标,电极电位(相对于参比电极)为横坐标,绘出极化曲线。
(3)讨论所得实验结果及曲线的意义,指出 $\varphi_{钝化}$及 $i_{钝化}$的值。

六、注意事项

(1)电极表面一定要处理平整、光亮、干净。
(2)测定前仔细了解仪器的使用方法。
(3)恒电位仪工作时,严禁将研究电极与辅助电极接线夹短路。

七、思考题

(1)测定阳极极化曲线为什么要用恒电位法?
(2)阳极保护的基本原理是什么?

实验 10　旋光法测定蔗糖转化反应的速率常数

一、实验目的

(1)了解旋光仪的基本原理,掌握旋光仪的正确使用方法;
(2)了解反应物浓度与旋光度之间的关系;
(3)测定蔗糖转化反应的速率常数和半衰期。

二、实验原理

蔗糖在水中转化成葡萄糖与果糖的反应如下

$$C_{12}H_{22}O_{11}(蔗糖)+H_2O \xrightarrow{H^+} C_6H_{12}O_6(葡萄糖)+C_6H_{12}O_6(果糖)$$

该反应是一个二级反应,在纯水中此反应的速率极慢,通常需要在 H^+催化作用下进行。由于反应时水是大量存在的,尽管有部分水分子参加了反应,但仍可近似地认为整个反应过程中水的浓度是恒定的,而且 H^+是催化剂,其浓度也保持不变。因此蔗糖转化反应可看作一级反应。

一级反应的速率方程可表示为

$$-\frac{dc}{dt}=kc \tag{6-34}$$

式中，c 为时间 t 时的反应物浓度，k 为反应速率常数。对上式积分可得

$$\ln c=\ln c_0-kt \tag{6-35}$$

c_0 为反应开始时的反应浓度。当 $c=\frac{1}{2}c_0$ 时，时间 t 可用 $t_{\frac{1}{2}}$ 表示，即为反应半衰期。则有

$$t_{\frac{1}{2}}=\frac{\ln 2}{k}=\frac{0.693}{k} \tag{6-36}$$

从式(6-34)可以看出，在不同时间测定反应物的相应浓度，并以 $\ln c$ 对 t 作图，可得一直线，由直线斜率即可求得反应速率常数 k。然而反应是在不断进行的，要快速分析出反应物的浓度是困难的。但蔗糖及其转化产物都具有旋光性，而且它们的旋光能力不同，故可以利用系统在反应进程中旋光度的变化度量反应的进程。

测量物质旋光度所用的仪器称为旋光仪。溶液的旋光度与溶液中所含旋光物质的旋光能力、溶剂性质，溶液浓度、样品管长度及温度等均有关系。当其他条件均固定时，旋光度 α 与反应物浓度 c 成线性关系，即

$$\alpha=\beta c \tag{6-37}$$

式中，β 为比例常数，与物质旋光能力、溶剂性质、溶液浓度、样品管长度及温度等有关。

物质的旋光能力用比旋光度来度量，比旋光度表示为

$$[\alpha]_{\mathrm{D}}^{20}=\frac{\alpha \cdot 100}{l \cdot c_A} \tag{6-38}$$

式中，$[\alpha]_{\mathrm{D}}^{20}$ 右上角的“20”表示实验时温度为 20 ℃，D 是指旋光仪所采用的钠灯光源 D 线的波长(即 589 nm)，α 为测得的旋光度(°)，l 为样品管长度(dm)，c_A 为浓度(g/100 mL)。

作为反应物的蔗糖是右旋性物质，其比旋光度为 66.6°；生成物中葡萄糖也是右旋性物质，其比旋光度$[\alpha]_{\mathrm{D}}^{20}$ 为 52.5°；但果糖是左旋性物质，其比旋光度为−91.9°。由于生成物中果糖的左旋性比葡萄糖的右旋性大，所以生成物呈现左旋性质。因此随着反应的进行，系统的右旋角不断减小，反应至某一瞬间，系统的旋光度可恰好等于零，而后就变成左旋，直至蔗糖完全转化，这时左旋角达到最大值 α_∞。

设系统最初的旋光度为

$$\alpha_0=\beta_{反}\ c_0(t=0,\text{蔗糖尚未转化}) \tag{6-39}$$

系统最终的旋光度为

$$\alpha_\infty=\beta_{生}\ c_0(t=\infty,\text{蔗糖已完全转化}) \tag{6-40}$$

式(6-38)和(6-39)中 $\beta_{反}$ 和 $\beta_{生}$ 分别为反应物与生成物的比例常数。

当时间为 t 时，蔗糖浓度为 c，此时旋光度为 α_t，即

$$\alpha_t=\beta_{反}\ c+\beta_{生}(c_0-c) \tag{6-41}$$

由式(6-38)、式(6-39)和式(6-40)联立可解得

$$c_0=\frac{\alpha_0-\alpha_\infty}{\beta_{反}-\beta_{生}}=\beta'(\alpha_0-\alpha_\infty) \tag{6-42}$$

$$c=\frac{\alpha_t-\alpha_\infty}{\beta_{反}-\beta_{生}}=\beta'(\alpha_t-\alpha_\infty) \tag{6-43}$$

将式(6-41)和式(6-42)代入式(6-34)即得

$$\ln(\alpha_t-\alpha_\infty)=-kt+\ln(\alpha_0-\alpha_\infty) \tag{6-44}$$

显然，若以 $\ln(\alpha_t-\alpha_\infty)$ 对 t 作图可得一直线，从直线斜率即可求得反应速率常数 k。

三、主要仪器与试剂

仪器：WZZ-2B 自动旋光仪，移液管，烧杯，量筒，具塞锥形瓶，恒温水槽，秒表，台秤。
试剂：HCl 溶液（2 mol/L），蔗糖（A.R.）。

四、实验步骤

1.预热旋光仪

2.旋光仪的零点校正

蒸馏水为非旋光物质，可以用来校正旋光仪的零点（即 $\alpha=0$ 时仪器对应的刻度）。校正时，先洗净样品管，将管的一端加上盖子，并从另一端向管内灌满蒸馏水，然后盖上玻璃片和套盖，玻璃片紧贴于旋光管，此时管内不应有气泡存在，否则应将气泡赶至凸颈处。必须注意，旋紧盖时，一只手握住管上的金属鼓轮，另一只手旋套盖，不能用力太猛，以免压碎玻璃片。然后用吸滤纸将管外的水擦干，再用擦镜纸将样品管两端的玻璃片擦净，放入旋光仪的光路中，盖上箱盖，待示数稳定后，按"清零"键。

3.反应过程的旋光度测定

洗净、烘干 2 支具塞锥形瓶备用。

称取 7g 蔗糖放入 100 mL 烧杯内，加入 50 mL 蒸馏水，使蔗糖完全溶解（若溶液浑浊，则需要过滤）。用移液管吸取蔗糖溶液 20 mL，注入已预先清洁、干燥的 150 mL 锥形瓶内并加盖；同法，用另一支移液管吸取 20 mL 2 mol/L 的 HCl 溶液，置于另一支 150 mL 锥形瓶内并加盖。将 HCl 溶液倒入蔗糖溶液中，同时记下时间，来回倒三四次，使之均匀后，立即用少量反应液荡洗旋光管两次，然后将反应液装满旋光管，旋上套盖，用擦镜纸擦干旋光管外侧及两端的残液后，放进旋光仪内（试管安放时应注意标记的位置和方向），测量各反应时间内的旋光度（注意，荡洗和装样只能用去一半左右的反应液）。要求在反应开始后 3~4 min 内测定第一个数据。在之后的 15 min 内，每间隔 1 分钟测量一次。随后由于反应物浓度降低而使反应速率变慢，此时可将每次测量的时间间隔适当放宽为 5 min 一次，一直测量到旋光度在−1 左右为止。在此期间，要将剩余的另一半反应液置于水浴温度为 55 ℃的水浴锅中。

4.α_∞ 的测量

将已在水浴锅内温热 60 min 的反应液取出，冷却至实验温度，取少量溶液润洗旋光管后，测定旋光度。在 5 min 内，按复测键读取 5~7 个数据，取其平均值，即为 α_∞ 值。

5.实验完毕，清洗旋光管，擦干复原

五、数据分析与处理

（1）实验温度 $T=$________，$\alpha_\infty=$__________。

（2）将反应过程中所测得的旋光度 α_t 与对应时间 t 列表，作出 α_t — t 曲线。

（3）从 α_t — t 曲线上等时间间隔取 8~10 个（α_t — t）数组，并计算出对应的 $\ln(\alpha_t-\alpha_\infty)$，数据列于表 6-15 中，以 $\ln(\alpha_t-\alpha_\infty)$ 对 t 作图，由直线斜率求反应速率常数 k，并计算反应半衰期 $t_{1/2}$。

表 6-15　实验数据记录表

t	α_t	$\ln(\alpha_t-\alpha_\infty)$

六、思考题

(1)一级反应有哪些特征？为什么配制蔗糖溶液可用台秤粗称？

(2)配制蔗糖溶液和盐酸溶液时，可否将蔗糖溶液加到盐酸溶液中？为什么？

(3)在测量蔗糖盐酸水溶液 t 时刻对应的旋光度 α_t 时，能否像测 α_∞ 那样，复测后取平均值？

WZZ-2B 自动旋光仪的使用方法

1.将仪器电源插头插入 220 V 交流电源(要求使用交流电子稳压器 1 kVA)，并将接地线可靠接地。

2.向上打开电源开关(右侧面)，这时钠光灯在交流工作状态下启辉，经 5 min 钠光灯激活后，钠光灯才发光稳定。

3.向上打开光源开关(右侧面)，仪器预热 20 min(若光源开关打开后，钠光灯熄灭，则再将光源开关上下重复扳动 1~2 次，使钠光灯在直流电下点亮，为正常)。

4.按"测量"键，这时液晶屏应有数字显示。注意：开机后"测量"键只需按一次，如果误按该键，则仪器停止测量，液晶屏无显示。用户可再次按"测量"键(若液晶屏已有数字显示，则不需按"测量"键)，液晶屏重新显示，此时需重新校零。

5.将装有蒸馏水或其他空白溶剂的试管放入样品室，盖上箱盖，待示数稳定后，按"清零"键。试管中若有气泡，应先让气泡浮在凸颈处；通光面两端的雾状水滴应用软布擦干，试管螺帽不宜旋得过紧，以免产生应力，影响读数。试管安放时应注意标记的位置和方向。

6.取出试管。将待测样品注入试管，按相同的位置和方向放入样品室内，盖好箱盖，仪器将显示该样品的旋光度，此时指示灯"1"亮。注意：试管内腔应用少量被测试样冲洗 3~5 次。

7.按"复测"键一次，指示灯"2"亮，表示仪器显示第一次复测的结果，再次按"复测"键，指示灯"3"亮，表示仪器显示第二次复测结果。按"123"键，可切换显示各次测量的旋光度值。按"平均"键，指示灯"AV"亮。

8.如样品超过测量范围，仪器在±45°处来回振荡。此时，取出试管，仪器即自动转回零位。此时可将试液稀释一倍再测。

9.仪器使用完毕后，应依次关闭光源开关、电源开关。

10.钠灯在直流供电系统出现故障不能使用时，仪器也可在钠灯交流供电(光源开关不向上开启)的情况下测试，但仪器的性能可能略有降低。

11.当放入小角度样品(小于±5°)时，示数可能变化，这时只要按复测按钮，就会出现新数字。

附　录

附录1　国际相对原子质量表

原子序数	元素名称	元素符号	相对原子质量
1	氢	H	1.007 94(7)
2	氦	He	4.002 602(2)
3	锂	Li	6.941(2)
4	铍	Be	9.012 182(3)
5	硼	B	10.811(7)
6	碳	C	12.010 7(8)
7	氮	N	14.006 7(2)
8	氧	O	15.999 4(3)
9	氟	F	18.998 403 2(5)
10	氖	Ne	20.179 7(6)
11	钠	Na	22.989 770(2)
12	镁	Mg	24.305 0(6)
13	铝	Al	26.981 538(2)
14	硅	Si	28.085 5(3)
15	磷	P	30.973 761(2)
16	硫	S	32.065(5)
17	氯	Cl	35.453(2)
18	氩	Ar	39.948(1)

续表

原子序数	元素名称	元素符号	相对原子质量
19	钾	K	39.098 3(1)
20	钙	Ca	40.078(4)
21	钪	Sc	44.955 910(8)
22	钛	Ti	47.867(1)
23	钒	V	50.941 5
24	铬	Cr	51.996 1(6)
25	锰	Mn	54.938 049(9)
26	铁	Fe	55.845(2)
27	钴	Co	58.933 200(9)
28	镍	Ni	58.693 4(2)
29	铜	Cu	63.546(3)
30	锌	Zn	65.409(4)
31	镓	Ga	69.723(1)
32	锗	Ge	72.64(1)
33	砷	As	74.921 60(2)
34	硒	Se	78.96(3)
35	溴	Br	79.904(1)
36	氪	Kr	83.798(2)
37	铷	Rb	85.467 8(3)
38	锶	Sr	87.62(1)
39	钇	Y	88.905 85(2)
40	锆	Zr	91.224(2)
41	铌	Nb	92.906 38(2)
42	钼	Mo	95.94(2)
43	锝	Tc	[97.907]
44	钌	Ru	101.07(2)
45	铑	Rh	102.905 50(2)
46	钯	Pd	106.42(1)
47	银	Ag	107.868 2(2)
48	镉	Cd	112.411(8)
49	铟	In	114.818(3)

续表

原子序数	元素名称	元素符号	相对原子质量
50	锡	Sn	118.710(7)
51	锑	Sb	121.760(1)
52	碲	Te	127.60(3)
53	碘	I	126.904 47(3)
54	氙	Xe	131.293(6)
55	铯	Cs	132.905 45(2)
56	钡	Ba	137.327(7)
57	镧	La	138.905 5(2)
58	铈	Ce	140.116(1)
59	镨	Pr	140.907 65(2)
60	钕	Nd	144.24(3)
61	钷	Pm	[145]
62	钐	Sm	150.36(3)
63	铕	Eu	151.964(1)
64	钆	Gd	157.25(3)
65	铽	Tb	158.925 34(2)
66	镝	Dy	162.500(1)
67	钬	Ho	164.930 32(2)
68	铒	Er	167.259(3)
69	铥	Tm	168.934 21(2)
70	镱	Yb	173.04(3)
71	镥	Lu	174.967(1)
72	铪	Hf	178.49(2)
73	钽	Ta	180.947 9(1)
74	钨	W	183.84(1)
75	铼	Re	186.207(1)
76	锇	Os	190.23(3)
77	铱	Ir	192.217(3)
78	铂	Pt	195.078(2)
79	金	Au	196.966 55(2)
80	汞	Hg	200.59(2)

续表

原子序数	元素名称	元素符号	相对原子质量
81	铊	Tl	204.383 3(2)
82	铅	Pb	207.2(1)
83	铋	Bi	208.980 38(2)
84	钋	Po	[208.98]
85	砹	At	[209.99]
86	氡	Rn	[222.017 6]
87	钫	Fr	[223.02]
88	镭	Re	[226.03]
89	锕	Ac	[227.03]
90	钍	Th	232.038 1(1)
91	镤	Pa	231.035 88(2)
92	铀	U	238.028 91(3)
93	镎	Np	[237.05]
94	钚	Pu	[244.06]
95	镅	Am	[243.03]
96	锔	Cm	[247.07]
97	锫	Bk	[247.07]
98	锎	Cf	[251.08]
99	锿	Es	[252.08]
100	镄	Fm	[257.10]
101	钔	Md	[258.10]
102	锘	No	[259.10]
103	铹	Lr	[262]
104	𬬻	Rf	[261.11]
105	𬭊	Db	[262.11]
106	𬭳	Sg	[266]
107	𬭛	Bh	[264.12]
108	𬭶	Hs	[265.13]
109	鿏	Mt	[266.13]
110	𫟼	Ds	[269]
111	𬬭	Rg	[272]

续表

原子序数	元素名称	元素符号	相对原子质量
112	鎶	Cn	[277]
113	暂无	Uut	[278]
114	𫓧	Fl	[289]
115	暂无	Uup	[288]
116	𫟷	Lv	[289]
117	暂无	Uus	[294]
118	暂无	Uuo	[294]

注：1.相对原子质量以 $^{12}C=12$ 为基准。

2.相对原子质量加方括号的为放射性元素的半衰期最长的同位素的质量数。

3.相对原子质量末尾数的不确定度加注在其后的括号内。

附录2 实验室常用有机溶剂的沸点、相对密度

名 称	沸点/℃	相对密度(D_4^{20})	名称	沸点/℃	相对密度(D_4^{20})
甲醇	64.96	0.791 4	苯	80.1	0.878 65
乙醇	78.5	0.789 3	甲苯	110.6	0.866 9
乙醚	34.51	0.713 78	二甲苯	140	0.86
丙酮	56.2	0.789 9	氯仿	61.7	1.483 2
乙酸	117.9	1.049 2	四氯化碳	76.54	1.594 0
乙酐	139.55	1.082 0	二硫化碳	46.25	1.263 2
乙酸乙酯	77.06	0.900 3	硝基苯	210.8	1.203 7
二氧六环	101.1	1.033 7	正丁醇	117.25	0.809 8

附录3 实验室常用酸、碱溶液的浓度

溶液名称	相对密度(D_4^{20})	质量分数/ %	物质的量浓度/($mol \cdot L^{-1}$)
H_2SO_4(浓)	1.84	98	18
H_2SO_4(稀)	1.18	25	3
	1.16	9.1	1
HNO_3(浓)	1.42	68	16

续表

溶液名称	相对密度(D_4^{20})	质量分数/ %	物质的量浓度/($mol \cdot L^{-1}$)
HNO_3(稀)	1.20	32	6
	1.07	12	2
HCl(浓)	1.19	38	12
HCl(稀)	1.10	20	6
	1.033	7	2
H_3PO_4	1.7	86	15
冰醋酸(HAc)	1.05	99~100	17.5
HAc(稀)	1.02	12	2
氢氟酸	1.13	40	23
浓氨水($NH_3 \cdot H_2O$)	0.90	27	14
稀氨水	0.98	3.5	2
NaOH(浓)	1.43	40	14
	1.33	30	13
NaOH(稀)	1.09	8	2

注:1.溶液的溶剂均为水。
2.表中数据均为 20 ℃条件下测定。

附录4　常用酸、碱、盐溶液的配制方法

1.常用酸溶液的配制方法

名　称	化学式	c/($mol \cdot L^{-1}$)	配制方法
盐酸	HCl	12	相对密度为 1.19 g/mL 的浓 HCl
		6	取 12 mol/L 的 HCl 500 mL,加水稀释至 1 L
		3	取 12 mol/L 的 HCl 250 mL,加水稀释至 1 L
		2	取 12 mol/L 的 HCl 167 mL,加水稀释至 1 L
		1	取 12 mol/L 的 HCl 84 mL,加水稀释至 1 L
		0.1	取 12 mol/L 的 HCl 8.4 mL,加水稀释至 1 L

续表

名 称	化学式	$c/(mol \cdot L^{-1})$	配制方法
硝酸	HNO_3	16	相对密度为 1.42 g/mL 的浓 HNO_3
		6	取 16 mol/L 的 HNO_3 375mL,加水稀释至 1 L
		3	取 16 mol/L 的 HNO_3 188 mL,加水稀释至 1 L
		2	取 16 mol/L 的 HNO_3 125 mL,加水稀释至 1 L
		1	取 16 mol/L 的 HNO_3 63 mL,加水稀释至 1 L
硫酸	H_2SO_4	18	相对密度为 1.84 g/mL 的浓 H_2SO_4
		3	取 18 mol/L 的 H_2SO_4 167 mL ,慢慢加入 500 mL 水中,冷却后加水稀释至 1 L
		2	取 18 mol/L 的 H_2SO_4 112 mL,慢慢加入 600 mL 水中,冷却后加水稀释至 1 L
		1	取 18 mol/L 的 H_2SO_4 56 mL,慢慢加入 800 mL 水中,冷却后加水稀释至 1 L
醋酸	CH_3COOH	17	取相对密度为 1.05 g/mL 的冰醋酸
		6	取 17 mol/L 的冰醋酸 353 mL,加水稀释至 1 L
		2	取 17 mol/L 的冰醋酸 118 mL,加水稀释至 1 L
		1	取 17 mol/L 的冰醋酸 59 mL,加水稀释至 1 L
酒石酸	$C_4H_6O_6$	饱和	将酒石酸溶于水中,使其饱和
草酸	$H_2C_2O_4$	2	将 252 g $H_2C_2O_4 \cdot 2H_2O$ 溶于水中,加水稀释至 1 L
		1	将 126 g $H_2C_2O_4 \cdot 2H_2O$ 溶于水中,加水稀释至 1 L

2.常用碱溶液的配制方法

名 称	化学式	$c/(mol \cdot L^{-1})$	配制方法
氢氧化钠	NaOH	6	将 240 g NaOH 溶于水中,盖上表面皿,冷却后加水稀释至 1 L
		2	将 80 g NaOH 溶于水中,盖上表面皿,冷却后加水稀释至 1 L
氢氧化钾	KOH	6	将 336 g KOH 溶于水中,冷却后加水稀释至 1 L
		1	将 56 g KOH 溶于水中,冷却后加水稀释至 1 L
氨水	$NH_3 \cdot H_2O$	15	取相对密度为 0.90 g/mL 的浓氨水
		6	取 15 mol/L 的 $NH_3 \cdot H_2O$ 400 mL,加水稀释至 1 L
		3	取 15 mol/L 的 $NH_3 \cdot H_2O$ 200 mL,加水稀释至 1 L
		1	取 15 mol/L 的 $NH_3 \cdot H_2O$ 67 mL,加水稀释至 1 L
氢氧化钡	$Ba(OH)_2$	—	将 72 g $Ba(OH)_2 \cdot 8H_2O$ 溶于 1 L 水中,充分搅拌后静置 24 h,吸取上层清液使用

续表

名　称	化学式	$c/(mol \cdot L^{-1})$	配制方法
氢氧化钙	$Ca(OH)_2$	—	将17g $Ca(OH)_2$ 溶于1 L水中(临用前配制)

注:表中"—"表示该溶液为饱和溶液,由于浓度不稳定,使用时取其上清液。

3.常用盐溶液的配制方法

名　称	化学式	$c/(mol \cdot L^{-1})$	配制方法
氯化铵	NH_4Cl	3	将160 g NH_4Cl 溶于适量水中,加水稀释至1 L
硫化铵	$(NH_4)_2S$	3	将 H_2S 气体通入200 mL 15 mol/L的 $NH_3 \cdot H_2O$ 中达到饱和,再加200 mL 15 mol/L的 $NH_3 \cdot H_2O$,并以水稀释至1 L
碳酸铵	$(NH_4)_2CO_3$	2	将92 g $(NH_4)_2CO_3$ 溶于500 mL 3 mol/L的 $NH_3 \cdot H_2O$ 中,加水稀释至1 L
乙酸铵	NH_4Ac	3	将231 g NH_4Ac 溶于适量水中,加水稀释至1 L
磷酸氢二铵	$(NH_4)_2HPO_4$	4	将528 g $(NH_4)_2HPO_4$ 溶于适量水中,加水稀释至1 L
硫氰酸铵	NH_4SCN	1	将76 g NH_4SCN 溶于适量水中,加水稀释至1 L
硫酸铵	$(NH_4)_2SO_4$	4.06	将75.4 g $(NH_4)_2SO_4$ 溶于100 g水中,使其完全溶解
钼酸铵	$(NH_4)_2MoO_4$	—	将100 g $(NH_4)_2MoO_4$ 溶于1 L水中,所得溶液倒入1 L 6 mol/L的 HNO_3 中(切不可将硝酸倒入溶液中)。最初生成白色钼酸沉淀,然后再溶解,将溶液静置48 h后,取上清液使用
氟化铵	NH_4F	3	将111 g NH_4F 溶于适量水中,加水稀释至1 L
氯化钙	$CaCl_2$	0.5	将109.5 g $CaCl_2 \cdot 6H_2O$ 溶于水中,加水稀释至1 L
氯化钴	$CoCl_2$	1.5×10^{-3}	将0.2 g $CoCl_2$ 溶于1 L 0.5 mol/L HCl溶液中
硫酸铜	$CuSO_4$	0.12	将31 g $CuSO_4 \cdot 5H_2O$ 溶于水中,加水稀释至1 L
硝酸铁	$Fe(NO_3)_3$	0.18	将72 g $Fe(NO_3)_3 \cdot 9H_2O$ 加入20 mL $HNO_3(1+1)$ 溶液中,用水稀释至1 L
铬酸钾	K_2CrO_4	0.25	将48.5 g K_2CrO_4 溶于适量水中,加水稀释至1 L
亚铁氰化钾	$K_4[Fe(CN)_6]$	0.25	将106 g $K_4[Fe(CN)_6] \cdot 9H_2O$ 溶于适量水中,加水稀释至1 L
铁氰化钾	$K_3[Fe(CN)_6]$	0.25	将82.3 g $K_3[Fe(CN)_6]$ 溶于适量水中,加水稀释至1 L
碘化钾	KI	1	将166 g KI溶于适量水中,加水稀释至1 L
高锰酸钾	$KMnO_4$	0.01	将1.6 g $KMnO_4$ 溶于适量水中,加水稀释至1 L
醋酸钠	NaAc	3	将408 g $NaAc \cdot 3H_2O$ 溶于适量水中,加水稀释至1 L
碳酸钠	Na_2CO_3	2	将212 g Na_2CO_3 溶于适量水中,加水稀释至1 L

续表

名 称	化学式	$c/(mol \cdot L^{-1})$	配制方法
硫化钠	Na_2S	2	将 480 g $Na_2S \cdot 9H_2O$ 和 40 g NaOH 溶于适量水中，加水稀释至 1 L(临用前配制)
亚硫酸钠	Na_2SO_3	—	将约 23 g Na_2SO_3 溶于 100 mL 水中(临用前配制)
氯化亚锡	$SnCl_2$	0.5	将 115 g $SnCl_2 \cdot 2H_2O$ 溶于 500 mL 12 mol/L 的 HCl 溶液中，加水稀释至 1 L 并加入几粒锡粒(或将 Sn 溶于浓 HCl 中，用时加水稀释一倍)
乙酸铅	$Pb(Ac)_2$	0.25	将 95 g $Pb(Ac)_2 \cdot 2H_2O$ 溶于 500 mL 水中并加入 10 mL 17 mol/L 的 HAc 中，用水稀释至 1 L

注：表中“—”表示该溶液为饱和溶液，由于浓度不稳定，使用时取其上清液。

附录 5　常用指示剂的配制方法

1.酸碱指示剂

指示剂名称	配制方法	变色范围(pH 值)	颜　色	
			酸式色	碱式色
甲酚红 (第一变色范围)	0.04 g 甲酚红溶于 100 mL 50%乙醇中	0.2~1.8	红	黄
百里酚蓝(麝香草酚蓝) (第一变色范围)	0.1 g 百里酚蓝溶于 100 mL 20%乙醇中	1.2~2.8	红	黄
二甲基黄	0.1 g 或 0.01 g 二甲基黄溶于 100 mL 90%乙醇中	2.9~4.0	红	黄
甲基橙	0.1 g 甲基橙溶于 100 mL 水中	3.1~4.4	红	橙黄
溴酚蓝	0.1 g 溴酚蓝溶于 100 mL 20%乙醇中	3.0~4.6	黄	蓝
刚果红	0.1 g 指示剂溶于 100 mL 水中	3.0~5.2	蓝紫	红
溴甲酚绿	0.1 g 溴甲酚绿溶于 100 mL 20%乙醇中	3.8~5.4	黄	蓝
甲基红	0.1 g 或 0.2 g 甲基红溶于 100 mL 20%乙醇中	4.4~6.2	红	黄
溴酚红	0.1 g 或 0.04 g 溴酚红溶于 100 mL 20%乙醇中	5.0~6.8	黄	红

续表

指示剂名称	配制方法	变色范围(pH 值)	颜色	
			酸式色	碱式色
溴甲酚紫	0.1 g 溴甲酚紫溶于 100 mL 20%乙醇中	5.2~6.8	黄	紫红
溴百里酚蓝	0.05 g 溴百里酚蓝溶于 100 mL 20%乙醇中	6.0~7.6	黄	蓝
中性红	0.1 g 中性红溶于 100 mL 20%乙醇中	6.8~8.0	红	亮黄
酚红	0.1 g 酚红溶于 100 mL 20%乙醇中	6.8~8.0	黄	红
甲酚红(第二变色范围)	0.1 g 甲酚红溶于 100 mL 20%乙醇中	7.2~8.8	亮黄	紫红
百里酚蓝(麝香草酚蓝)(第二变色范围)	0.1 g 百里酚蓝溶于 100 mL 20%乙醇中	8.0~9.0	黄	蓝
酚酞	0.1 g 酚酞溶于 90 mL 乙醇,加水至 100 mL	8.0~9.8	无色	红
百里酚酞	0.1 g 百里酚酞溶于 90 mL 乙醇,加水至 100 mL	9.4~10.6	无色	蓝

2.混合酸碱指示剂

指示剂名称	配制方法	变色点(pH 值)	颜色	
			酸式色	碱式色
甲基橙-靛蓝(二磺酸)	一份 1 g/L 甲基橙溶液,一份 2.5 g/L靛蓝(二磺酸)水溶液	4.1	紫	黄绿
溴百里酚绿-甲基橙	一份 1 g/L 溴百里酚绿钠盐水溶液,一份 2 g/L 甲基橙水溶液	4.3	黄	蓝绿
溴甲酚绿-甲基红	三份 1 g/L 溴甲酚绿乙醇溶液,二份 2 g/L 甲基红乙醇溶液	5.1	酒红	绿
甲基红-亚甲基蓝	一份 2 g/L 甲基红乙醇溶液,一份 1 g/L 亚甲基蓝乙醇溶液	5.4	红紫	绿
溴甲酚紫-溴百里酚蓝	一份 1 g/L 溴百里酚紫钠盐水溶液,一份 1 g/L 溴百里酚蓝钠盐水溶液	6.7	黄	蓝紫
中性红-亚甲基蓝	一份 1 g/L 中性红乙醇溶液,一份 1 g/L 亚甲基蓝乙醇溶液	7.0	紫蓝	绿

续表

指示剂名称	配制方法	变色点(pH 值)	颜色	
			酸式色	碱式色
溴百里酚蓝-酚红	一份 1 g/L 溴百里酚蓝钠盐水溶液,一份 1 g/L 酚红钠盐水溶液	7.5	黄	绿
甲酚红-百里酚蓝	一份 1 g/L 甲酚红钠盐水溶液,三份 1 g/L 百里酚蓝钠盐水溶液	8.3	黄	紫

3.金属离子指示剂

指示剂名称	变色范围(pH 值)	颜色变化		配制方法
		In	MIn	
铬黑 T(EBT)	6.0~11.0	蓝	红	将 1 g 铬黑 T 与 100 g NaCl 研细混匀
钙指示剂(N.N)	12~13	蓝	酒红	0.5 g 钙指示剂与 100 g NaCl 研细混匀
二甲酚橙(XO)	<6	亮黄	红	0.5 g 二甲酚橙溶于 100 mL 去离子水中
酸性铬兰 K	8~13	蓝	红	将 1 g 铬黑 T 与 100 g NaCl 研细混匀
磺基水杨酸(Ssal)	1.5~2.5	无色	紫红	5 g 磺基水杨酸溶于 100 mL 水中
PAN 指示剂	2~12	黄	紫红	0.1 g 或 0.2 g PAN 溶于 100 mL 乙醇中

4.氧化还原指示剂

指示剂名称	$E^{\ominus}$/V(pH=0)	颜色变化		配制方法
		氧化态	还原态	
二苯胺	0.76	紫	无色	将 1 g 二苯胺在搅拌下溶于 100 mL 浓硫酸和 100 mL 浓磷酸中,储于棕色瓶中
二苯胺磺酸钠	0.85	紫	无色	将 0.5 g 二苯胺磺酸钠溶于 100 mL 水中,必要时过滤
邻二氮杂菲-亚铁	1.06	浅蓝	红	将 0.5 g $FeSO_4 \cdot 7H_2O$ 溶于 100 mL 水中,加 2 滴硫酸,加 0.5 g 邻二氮杂菲
邻苯氨基苯甲酸	0.89	紫红	无色	将 0.2 g 邻苯氨基苯甲酸加热溶解于 100 mL 0.2%的 Na_2CO_3 溶液中,必要时过滤

5.沉淀及吸附指示剂

指示剂名称	被测离子	滴定剂	滴定条件(pH)	颜色变化	配制方法
荧光黄	Cl^-,Br^-,I^-,SCN^-	$AgNO_3$	中性或者弱酸性	黄绿~粉红	0.5 g 荧光黄溶于乙醇,用乙醇稀释至 100 mL

续表

指示剂名称	被测离子	滴定剂	滴定条件(pH)	颜色变化	配制方法
二氯荧光黄	Cl^-,Br^-,I^-	$AgNO_3$	4.4~7	黄绿~粉红	0.1 g 二氯荧光黄溶于 100 mL 水中
曙红	Br^-,I^-,SCN^-	$AgNO_3$	1~2	橙色~紫红	0.5 g 曙红溶于 100 mL 水中

附录6　常用缓冲溶液的配制方法

pH 值	配制方法
0	1 mol/L HCl 溶液(当不允许有 Cl^-时,用硝酸)
1	0.1 mol/L HCl 溶液(当不允许有 Cl^-时,用硝酸)
2	0.01 mol/L HCl 溶液(当不允许有 Cl^-时,用硝酸)
3.6	将 8 g $NaAc \cdot 3H_2O$ 溶于适量水中,再加 6 mol/L HAc 溶液 134 mL,用水稀释至 500 mL
4	将 60 mL 冰醋酸和 16 g 无水醋酸钠溶于 100 mL 水中,用水稀释至 500 mL
4.5	将 30 mL 冰醋酸和 30 g 无水醋酸钠溶于 100 mL 水中,用水稀释至 500 mL
5.0	将 30 mL 冰醋酸和 60 g 无水醋酸钠溶于 100 mL 水中,用水稀释至 500 mL
5.4	将 40 g 六次甲基四胺溶于 90 mL 水中,加入 20 mL 6 mol/L 的 HCl 溶液
5.7	取 100 g $NaAc \cdot 3H_2O$ 溶于适量水中,加 6 mol/L 的 HAc 溶液 13 mL,用水稀释至 500 mL
7	取 77 g NH_4Ac 溶于适量水中,用水稀释至 500 mL
7.5	取 66 g NH_4Cl 溶于适量水中,加浓氨水 1.4 mL,用水稀释至 500 mL
8.0	取 50 g NH_4Cl 溶于适量水中,加浓氨水 3.5 mL,用水稀释至 500 mL
8.5	取 40 g NH_4Cl 溶于适量水中,加浓氨水 8.8 mL,用水稀释至 500 mL
9.0	取 35 g NH_4Cl 溶于适量水中,加浓氨水 24 mL,用水稀释至 500 mL
9.5	取 30 g NH_4Cl 溶于适量水中,加浓氨水 65 mL,用水稀释至 500 mL
10	取 27 g NH_4Cl 溶于适量水中,加浓氨水 175 mL,用水稀释至 500 mL
11	取 3 g NH_4Cl 溶于适量水中,加浓氨水 207 mL,用水稀释至 500 mL
12	0.01 mol/L NaOH 溶液(当不允许有 Na^+时,用 KOH)
13	0.1 mol/L NaOH 溶液(当不允许有 Na^+时,用 KOH)

附录7 部分特殊试剂的配制方法

试剂名称	可鉴定的离子或分子	配制方法
溴水	I^-	取3.2 mL溴以注入有1 L水的具塞磨口瓶中,振荡至饱和(临用前配制)
碘水	AsO_3^{3-}	将1.3 g I_2和3 g KI混合均匀,加少量水调成糊状,再加水稀释至1 L
氯水	Br^-、Cl^-	将Cl_2通入蒸馏水中至饱和(临用前配制)
铝试剂	Al^{3+}	将1 g铝试剂溶于1 L水中
镁试剂	Mg^{2+}	将0.01 g镁试剂Ⅰ溶于1 L 1 mol/L NaOH溶液中
镍试剂	Ni^{2+}	将10 g铝试剂溶于1 L 95%的乙醇中
EDTA(乙二胺四乙酸)	Mg^{2+}、Ca^{2+}、Mn^{2+}、Fe^{2+}	将37.2 g EDTA溶于水中,加水稀释至1 L
丁二酮肟	Ni^{2+}	将10 g丁二酮肟溶于1 L乙醇中
奈氏试剂	NH_4^+	将115 g HgI_2和80 g KI溶于适量蒸馏水中,稀释至500 mL,再加入500 mL 6 mol/L的NaOH溶液,搅拌后静置,取其清液使用(储于棕色瓶中)
品红溶液	SO_3^{2-}	将1 g品红试剂溶于1 L水中
淀粉	I_2	将1 g淀粉用水调成糊状,倾入100 mL沸水中,再煮沸几分钟。冷却后使用(临用时配制)
对氨基苯磺酸	NO_2^-	将4 g对氨基苯磺酸溶于100 mL 17 mol/L HAc和900 mL水中
醋酸铀酰锌	Na^+	①10 g $UO_2(Ac)_2 \cdot 2H_2O$和15 mL 6 mol/L HAc溶于75 mL蒸馏水中,加热使其充分溶解;②30 g $Zn(Ac)_2 \cdot 2H_2O$和15 mL 6 mol/L HAc溶于50 mL水中,加热至70 ℃;③将①、②两种溶液混合,静置24 h后,取清液使用(储存于棕色瓶中)
镁混合试剂	PO_4^{3-}、AsO_4^{3-}	将100 g $MgCl_2 \cdot 6H_2O$和100 g NH_4Cl溶于水中,加入50 mL浓$NH_3 \cdot H_2O$中,再用水稀释至1 L

附录8 常用洗液的配制和应用

洗液名称	配制方法	应 用
铬酸洗液	将 10 g $K_2Cr_2O_7$ 溶于 20 mL 水中，加热溶解，冷却后在搅拌下慢慢加入 200 mL 浓 H_2SO_4	清洗玻璃器皿：浸润或浸泡数小时，再用水冲洗。此洗液可以反复多次使用，如洗液变成黑绿色，即不能再用。此洗液有强烈腐蚀作用，不得与皮肤、衣物接触
氢氧化钠的乙醇溶液	将 120 g NaOH 固体溶解于 120 mL 水中，用 95%乙醇稀释至 1 L	在铬酸洗液洗涤无效时，用于清洗各种油污。但由于碱对玻璃的腐蚀，此洗液不得与玻璃长期接触
高锰酸钾的氢氧化钠溶液	将 4 g $KMnO_4$ 固体溶于少量水中，再加入 100 mL 10%的 NaOH 溶液	清洗玻璃器皿内的油污或其他有机物质：将洗液倒入待洗的玻璃器皿，5~10 min 后倒出，在玻璃的污染处即析出一层二氧化锰。再倒入适量的浓硫酸，使之与二氧化锰反应，而产生的氯气则起清除污垢的作用
合成洗涤剂	可用洗洁精或者洗衣粉配成 0.1%~0.5%的水溶液	适合洗涤被油脂或者某些有机物沾污的容器，此洗液可以反复多次使用
硝酸-过氧化氢洗液	15% ~ 20% 的 HNO_3 和 5% 的 H_2O_2 等体积混合	清洗特殊难洗的化学污物。久存容易分解，应存放于棕色瓶中
硫代硫酸钠洗液	将 10 g 硫代硫酸钠溶于 90 mL 水中	清洗衣物上的碘斑，浸泡后刷洗

附录9 常见阴离子、阳离子的鉴定方法

离 子	鉴定方法及现象
NH_4^+	加入 NaOH 后，加热，释放出氨气，用湿润的石蕊试纸或 pH 试纸检验，石蕊试纸由红色变为蓝色或 pH 试纸显蓝色
Fe^{2+}	与铁氰化钾反应生成蓝色沉淀： $K^++Fe^{2+}+[Fe(CN)_6]^{3-}=\!=\!=KFe[Fe(CN)_6]\downarrow$
Fe^{3+}	(1)Fe^{3+}与硫氰酸钾反应生成血红色的配位化合物 (2)Fe^{3+}与亚铁氰化钾反应生成蓝色沉淀： $K^++Fe^{3+}+[Fe(CN)_6]^{4-}=\!=\!=KFe[Fe(CN)_6]\downarrow$

续表

离　子	鉴定方法及现象
Cu^{2+}	(1) Cu^{2+}在中性或稀酸溶液中与亚铁氰化钾反应,生成红棕色沉淀: $2Cu^{2+}+[Fe(CN)_6]^{4-}$ ══ $Cu_2[Fe(CN)_6]\downarrow$ (2) Cu^{2+}与过量氨水反应,生成$[Cu(NH_3)_4]^{2+}$,溶液呈深蓝色
Pb^{2+}	Pb^{2+}与铬酸钾溶液反应生成黄色沉淀: $Pb^{2+}+CrO_4^{2-}$ ══ $PbCrO_4\downarrow$ $PbCrO_4$沉淀溶于 NaOH 溶液,然后加 HAc 酸化,$PbCrO_4$沉淀又重新析出: $PbCrO_4+4OH^-$ ══ $PbO_2^{2-}+CrO_4^{2-}+2H_2O$ $PbO_2^{2-}+CrO_4^{2-}+4HAc$ ══ $PbCrO_4\downarrow+4Ac^-+2H_2O$
Ca^{2+}	Ca^{2+}与草酸铵反应生成白色沉淀: $Ca^{2+}+C_2O_4^{2-}$ ══ $CaC_2O_4\downarrow$
Co^{2+}	Co^{2+}与 NH_4SCN 在酸性条件下生成蓝绿色络离子: $Co^{2+}+4SCN^-$ ══ $[Co(SCN)_4]^{2-}$
Mn^{2+}	在酸性条件下,与 $NaBiO_3$ 生成紫红色的高锰酸根离子: $2Mn^{2+}+5BiO_3^-+14H^+$ ══ $2Mn4^-O_+5Bi^{3+}+7H_2O$
Ni^{2+}	Ni^{2+}在醋酸钠溶液(pH=5~10)中与丁二酮肟生成鲜红色沉淀
S^{2-}	S^{2-}与酸反应生成 H_2S 气体,用湿润 $Pb(Ac)_2$ 试纸检验,试纸呈黑色: $S^{2-}+2H^+$ ══ $H_2S\uparrow$ $H_2S+Pb(Ac)_2$ ══ $PbS\downarrow+2HAc$
NO_3^-	棕色环法:将 2 滴试液放于点滴板上,放上一粒 $FeSO_4\cdot7H_2O$ 或 $FeSO_4\cdot(NH_4)_2SO_4\cdot6H_2O$,再加入 2 滴浓 H_2SO_4,勿搅动。片刻后,结晶周围呈棕色: $6Fe^{2+}+2NO_3^-+8H^+$ ══ $6Fe^{3+}+4H_2O+2NO$ $Fe^{2+}+NO$ ══ $[Fe(NO)]^{2+}$
PO_4^{3-}	Ag^+与 PO_4^{3-} 反应生成黄色沉淀: $3Ag^++PO_4^{3-}$ ══ $Ag_3PO_4\downarrow$
SO_4^{2-}	在酸性条件下(主要是排除碳酸根、亚硫酸根的影响)加入 $BaCl_2$ 溶液,产生白色沉淀: $SO_4^{2-}+Ba^{2-}$ ══ $BaSO_4\downarrow$

附录10 常用基准物质的干燥条件和应用

标定对象	基准物质		干燥后组成	干燥条件/℃
	名 称	化学式		
酸	碳酸氢钠	$NaHCO_3$	Na_2CO_3	270~300
	十水合碳酸钠	$Na_2CO_3 \cdot 10H_2O$	Na_2CO_3	270~300
	无水碳酸钠	Na_2CO_3	Na_2CO_3	270~300
	碳酸氢钾	$KHCO_3$	K_2CO_3	270~300
	硼砂	$Na_2B_4O_7 \cdot 10H_2O$	$Na_2B_4O_7 \cdot 10H_2O$	保存于装有 NaCl 和蔗糖饱和溶液的干燥器中
碱	邻苯二甲酸氢钾	$KHC_8H_4O_4$	$KHC_8H_4O_4$	110~120
碱或 $KMnO_4$	二水合草酸	$H_2C_2O_4 \cdot 2H_2O$	$H_2C_2O_4 \cdot 2H_2O$	室温空气干燥
还原剂	重铬酸钾	$K_2Cr_2O_7$	$K_2Cr_2O_7$	140~150
	溴酸钾	$KBrO_3$	$KBrO_3$	180
	碘酸钾	KIO_3	KIO_3	105~110
	铜	Cu	Cu	室温干燥器中保存
氧化剂	草酸钠	$Na_2C_2O_4$	$Na_2C_2O_4$	105~110
	三氧化二砷	As_2O_3	As_2O_3	硫酸干燥器中保存
EDTA	碳酸钙	$CaCO_3$	$CaCO_3$	110
	氧化锌	ZnO	ZnO	800~1 000
	锌	Zn	Zn	室温干燥器中保存
$AgNO_3$	氯化钠	NaCl	NaCl	500~550
	氯化钾	KCl	KCl	500~550

附录11 常见混合物的分离和提纯方法

1.混合物的物理分离方法

物质形态	方法	适用范围	主要仪器	注意点	实 例
固+液	蒸发	分开易溶固体与液体	酒精灯、蒸发皿、玻璃棒	①不断搅拌;②最后用余热加热;③液体体积不超过仪器容积的2/3	$NaCl(H_2O)$
固+固	结晶	分开溶解度差别大的溶质			$NaCl(NaNO_3)$
	升华	分开能升华固体与不升华固体	酒精灯	—	$I_2(NaCl)$
固+液	过滤	分开易溶物与难溶物	漏斗、烧杯	①一角、二低、三碰;②沉淀要洗涤;③定量实验要“无损”	$NaCl(CaCO_3)$
液+液	萃取	溶质在互不相溶的溶剂里,利用溶解度的不同,把溶质分离出来	分液漏斗	①先查漏;②对萃取剂的要求;③使漏斗内外大气相通;④上层液体从上口倒出	从溴水中提取 Br_2
	分液	分离互不相溶液体	分液漏斗		乙酸乙酯与饱和 Na_2CO_3 溶液
	蒸馏	分离沸点不同的混合溶液	蒸馏烧瓶、冷凝管、温度计、牛角管	①温度计水银球位于支管处;②冷凝水从下口通入;③加碎瓷片	乙醇和水、I_2 和 CCl_4
	渗析	分离胶体与混在其中的分子、离子	半透膜	更换蒸馏水	淀粉与 NaCl
	盐析	加入某些盐,使溶质的溶解度降低而析出	烧杯	要使用固体盐或浓溶液	蛋白质溶液、硬脂酸钠和甘油
气+气	洗气	分开易溶气体与难溶气体	洗气瓶	长进短出	$CO_2(HCl)$
	液化	分开沸点不同的气体	U形管	常用冰水	$NO_2(N_2O_4)$

2.混合物的化学分离法

方 法	热分解法	沉淀分离法	酸碱分离法	水解分离法	氧化还原法
实例	$NH_4Cl(NaCl)$	$NaCl(BaCl_2)$	$MgCl_2(AlCl_3)$	$Mg^{2+}(Fe^{3+})$	$Fe^{2+}(Cu^{2+})$

附录12 弱电解质的解离常数

名　称	化学式	解离常数 K	pK
醋酸	HAc	1.76×10^{-5}	4.75
碳酸	H_2CO_3	$K_1=4.30\times10^{-7}$	6.37
		$K_2=5.61\times10^{-11}$	10.25
草酸	$H_2C_2O_4$	$K_1=5.90\times10^{-2}$	1.23
		$K_2=6.40\times10^{-5}$	4.19
亚硝酸	HNO_2	4.6×10^{-4}(285.5 K)	3.37
磷酸	H_3PO_4	$K_1=7.52\times10^{-3}$	2.12
		$K_2=6.23\times10^{-8}$	7.21
		$K_3=2.2\times10^{-13}$(291 K)	12.67
亚硫酸	H_2SO_3	$K_1=1.54\times10^{-2}$(291 K)	1.81
		$K_2=1.02\times10^{-7}$	6.91
硫酸	H_2SO_4	$K_2=1.20\times10^{-2}$	1.92
硫化氢	H_2S	$K_1=9.1\times10^{-8}$(291 K)	7.04
		$K_2=1.1\times10^{-12}$	11.96
氢氰酸	HCN	4.93×10^{-10}	9.31
铬酸	H_2CrO_4	$K_1=1.8\times10^{-1}$	0.74
		$K_2=3.20\times10^{-7}$	6.49
* 硼酸	H_3BO_3	5.8×10^{-10}	9.24
氢氟酸	HF	3.53×10^{-4}	3.45
过氧化氢	H_2O_2	2.4×10^{-12}	11.62
次氯酸	HClO	2.95×10^{-5}(291 K)	4.53
次溴酸	HBrO	2.06×10^{-9}	8.69
次碘酸	HIO	2.3×10^{-11}	10.64
碘酸	HIO_3	1.69×10^{-1}	0.77
砷酸	H_3AsO_4	$K_1=5.62\times10^{-3}$(291 K)	2.25
		$K_2=1.70\times10^{-7}$	6.77
		$K_3=3.95\times10^{-12}$	11.40
亚砷酸	H_3AsO_3	6×10^{-10}	9.22
铵离子	NH_4^+	5.56×10^{-10}	9.25

续表

名 称	化学式	解离常数 K	pK
氨水	$NH_3 \cdot H_2O$	1.79×10^{-5}	4.75
联氨	N_2H_4	8.91×10^{-7}	6.05
羟氨	NH_2OH	9.12×10^{-9}	8.04
氢氧化铅	$Pb(OH)_2$	9.6×10^{-4}	3.02
氢氧化锂	LiOH	6.31×10^{-1}	0.2
氢氧化铍	$Be(OH)_2$	1.78×10^{-6}	5.75
氢氧化铝	$Al(OH)_3$	5.01×10^{-9}	8.3
氢氧化锌	$Zn(OH)_2$	7.94×10^{-7}	6.1
氢氧化镉	$Cd(OH)_2$	5.01×10^{-11}	10.3
*乙二胺	$H_2NC_2H_4NH_2$	$K_1=8.5\times10^{-5}$	4.07
		$K_2=7.1\times10^{-8}$	7.15
*六亚甲基四胺	$(CH_2)_6N_4$	1.35×10^{-9}	8.87
*尿素	$CO(NH_2)_2$	1.3×10^{-14}	13.89
*质子化六亚甲基四胺	$(CH_2)_6N_4H^+$	7.1×10^{-6}	5.15
甲酸	HCOOH	1.77×10^{-4}(293 K)	3.75
氯乙酸	$ClCH_2COOH$	1.40×10^{-3}	2.85
氨基乙酸	NH_2CH_2COOH	1.67×10^{-10}	9.78
*邻苯二甲酸	$C_6H_4(COOH)_2$	$K_1=1.12\times10^{-3}$	2.95
		$K_2=3.91\times10^{-6}$	5.41
柠檬酸	$(HOOCCH_2)_2C(OH)COOH$	$K_1=7.1\times10^{-4}$	3.14
		$K_2=1.68\times10^{-5}$(293 K)	4.77
		$K_3=4.1\times10^{-7}$	6.39
酒石酸	$(CH(OH)COOH)_2$	$K_1=1.04\times10^{-3}$	2.98
		$K_2=4.55\times10^{-5}$	4.34
*8-羟基喹啉	C_9H_6NOH	$K_1=8\times10^{-6}$	5.1
		$K_2=1\times10^{-9}$	9.0
苯酚	C_6H_5OH	1.28×10^{-10}(293 K)	9.89
*对氨基苯磺酸	$H_2NC_6H_4SO_3H$	$K_1=2.6\times10^{-1}$	0.58
		$K_2=7.6\times10^{-4}$	3.12

续表

名　称	化学式	解离常数 K	pK
*乙二胺四乙酸(EDTA)	$(CH_2COOH)_2NH^+CH_2CH_2NH^+(CH_2COOH)_2$	$K_5=5.4\times10^{-7}$	6.27
		$K_6=1.12\times10^{-11}$	10.95

*近似浓度 0.01~0.003 mol/L,温度 298 K。

附录13　常用有机溶剂的处理

有机化学反应离不开溶剂,溶剂不仅作为反应介质,在产物的纯化和后处理中也经常使用。市售的有机溶剂有工业纯、化学纯和分析纯等各种规格,纯度愈高,价格愈贵。在有机合成中,常常根据反应的特点和要求,选用适当规格的溶剂,以便反应能够顺利地进行而又符合勤俭节约的原则。某些有机反应(如 Grignard 反应等),对溶剂要求较高,即使存在微量杂质或水分,也会对反应速率、产率和纯度带来一定的影响。因此掌握有机溶剂的纯化方法,是十分重要的。有机溶剂的纯化,是有机合成工作的一项基本操作。在此介绍一些实验室中常用的纯化方法。

1.无水乙醇

市售的无水乙醇一般只能达到99.5%的纯度,在许多反应中需用纯度更高的绝对乙醇,所以常需自已制备。通常工业用的95.5%的乙醇不能直接用蒸馏法制取无水乙醇,因95.5%的乙醇和4.5%的水形成恒沸混合物。要把水除去,第一步是加入氧化钙(生石灰)煮沸回流,使乙醇中的水与生石灰作用生成氢氧化钙,然后再将无水乙醇蒸出。这样得到的无水乙醇,纯度最高约99.5%。纯度更高的无水乙醇可用金属镁或金属钠进行处理。

(1)95.5%的乙醇初步脱水制取99.5%的乙醇

在250 mL 圆底烧瓶中,加入45 g 生石灰、100 mL 工业乙醇,装上回流冷凝管,在水浴上回流2~3 h,然后改装为蒸馏装置,进行蒸馏,收集产品70~80 mL。

(2)用99.5%的乙醇制取绝对无水乙醇

用金属镁制取,反应按下式进行:

$$2C_2H_5OH+Mg = (C_2H_5O)_2Mg+H_2$$

乙醇中的水分,即与乙醇镁作用形成氧化镁和乙醇。

$$(C_2H_5O)_2Mg+H_2O = 2C_2H_5OH+MgO$$

在250 mL 的圆底烧瓶中,加入0.8 g 干燥纯净的镁条,7~8 mL 99.5%乙醇,装上回流冷凝管,并在冷凝管上端附加一只无水氯化钙干燥管(以上所用仪器都必须是干燥的)。在沸水浴上或用火直接加热使其微沸,移去热源,立刻加入几滴碘甲烷和几粒碘片(注意此时不要振荡),顷刻即在碘粒附近发生作用,最后可达到相当剧烈的程度。有时作用太慢则需加热,如果在加碘之后,作用仍不开始,则可再加入数粒碘(一般来讲,乙醇与镁的作用是缓慢的,如所用乙醇含水量超过0.5%,则作用尤其困难)。待全部镁已经作用完毕后,加入100 mL 99.5%乙醇和几粒沸石。回流1 h,蒸馏,产物收存于玻璃瓶中,用橡皮塞塞住,这样制备的乙醇纯度超过 99.99%。无水乙醇的沸点为 78.32 ℃。

2.无水乙醚

普通乙醚中含有少量水和乙醇，在保存乙醚期间，由于与空气接触和光的照射，除了上述杂质外通常还含有二乙基过氧化物$(C_2H_5)_2O_2$。这对要求用无水乙醚作溶剂的反应（如 Grignard 反应）不仅影响反应，且易发生危险。因此，在制备无水乙醚时，首先须检验有无过氧化物存在。为此取少量乙醚与等体积的 2%碘化钾溶液，再加入几滴稀盐酸一起振摇，振摇后的溶液若使淀粉显蓝色，即证明有过氧化物存在。此时应按下述步骤处理。

在分液漏斗中加入普通乙醚，再加入相当于乙醚体积 1/5 的新配制的硫酸亚铁溶液（在 55 mL 水中加入 3 mL 浓硫酸，然后加入 30 g 硫酸亚铁。此溶液必须在使用时配制，放置过久易氧化变质），剧烈摇动后分去水层。醚层在干燥瓶中用无水氯化钙干燥，间隙振摇，放置 24 h，这样可除去大部分水和乙醇。蒸馏，收集 34～35 ℃馏分，在收集瓶中加入钠丝，然后用带有氯化钙干燥管的软木塞塞住，或者在木塞中插入一端拉成毛细管的玻璃管，这样可使产生的气体逸出，并可防止潮气侵入。放置 24 h 以上，待乙醚中残留的痕量水和乙醇转化为氢氧化钠和乙醇钠后，才能使用。

3.无水甲醇

市售甲醇是合成的，含水量不超过 0.5%～1%。由于甲醇和水不能形成共沸物，为此可用高效的精馏柱将少量水除去。精制甲醇含有 0.02%的丙酮和 0.1%的水，一般已可应用。如要制得无水甲醇，可用镁精制的方法（见无水乙醇）。若含水量低于 0.1%，亦可用 3A 或 4A 型分子筛干燥。甲醇有毒，处理时应避免吸入其蒸气。

4.无水无噻吩的苯

普通苯含有少量的水（可达 0.02%），由煤焦油加工得来的苯还含有少量噻吩（沸点为 84 ℃），不能用分馏或分步结晶等方法分离除去。为制得无水、无噻吩的苯可采用下列方法。在分液漏斗内将普通苯及相当苯体积 15%的浓硫酸一起摇荡，摇荡后将混合物静置，弃去底层的酸液，再加入新的浓硫酸，这样重复操作直至酸层呈现无色或淡黄色，且检验无噻吩为止。分去酸层，苯层依次用水、10%碳酸钠溶液、水洗涤，用氯化钙干燥，蒸馏，收集 80 ℃的馏分。若要高度干燥可加入钠丝进一步除去水。由石油加工得来的苯一般可省去除噻吩的步骤。

噻吩的检验：取 5 滴苯于小试管中，加入 5 滴浓硫酸及 1～2 滴 1%α，β 吲哚醌-浓硫酸溶液，振荡片刻。如溶液呈墨绿色或蓝色，表示有噻吩存在。

5.正丁醇

用无水碳酸钾或无水硫酸钙进行干燥。过滤后，分馏滤液，收集纯品。

6.氯仿

普通氯仿含有 1%的乙醇（它是作为稳定剂而加入的）。除去乙醇可用其 1/2 体积的水洗涤氯仿 5~6 次，然后用无水氯化钙干燥 24 h，进行蒸馏。纯品要放置于暗处，以免受光分解而形成光气，氯仿不能用金属钠干燥，否则会发生爆炸。

7.甲苯

用无水氯化钙对甲苯进行干燥，过滤后加入少量金属钠片，再进行蒸馏，即得无水甲苯。普通甲苯可能含有少量甲基噻吩。除去甲基噻吩可将 1 000 mL 甲苯加入 100 mL 浓硫酸，摇荡约 30 min（温度不要超过 30 ℃）除去酸层，然后再分别用水、10%碳酸钠水溶液和水洗涤，以无水氯化钙干燥过滤，过滤后进行蒸馏，收集纯品。

8.乙酸乙酯

市售乙酸乙酯通常含有微量水、乙醇和醋酸,用5%碳酸钠水溶液洗涤后,再用饱和氯化钙水溶液洗涤数次,以无水碳酸钾或无水硫酸镁进行干燥。过滤后,进行蒸馏,即得纯品。

9.呋喃

用粒状氢氧化钠或氢氧化钾干燥过滤,然后进行蒸馏,即得无水呋喃。呋喃容易吸水,蒸馏时要注意防潮。

10.四氢呋喃

四氢呋喃含水久存后,可能含有过氧化物,检验方法是将四氢呋喃加入等体积的2%碘化钾溶液或淀粉溶液中,再加入几滴酸摇匀,若呈蓝色或紫色,证明有过氧化物。一般加入硫酸亚铁溶液(6 mL浓硫酸用100 mL水稀释,加入60 g硫酸亚铁)和100 mL水充分摇匀,分出四氢呋喃。

无水四氢呋喃可用氢化铝锂在隔绝潮气下回流(一般1 000 mL用2~4 g氢化铝锂),直至在处理过的四氢呋喃中加入钠丝和二苯酮,出现深蓝色的二苯酮钠,且加热回流蓝色不褪去为止。在氮气保护下蒸出,备用。

11.二噁烷

普通二噁烷中含有少量乙醛、缩醛和水。在保存时缩醛水解产生乙醛,游离的乙醛会导致过氧化物的生成。通常用下列方法精制:

在500 mL二噁烷中加入7 mL浓盐酸和50 mL水,在通风柜中加热回流12 h,回流时缓慢地将氮气通入溶液以除去乙醛。待溶液冷却后加入粒状氢氧化钾直至不再溶解。分去水层,有机层中再加入粒状氢氧化钾振摇除去痕量水。将有机层放入干燥的圆底烧瓶中,加入金属钠加热回流10~12 h,使金属钠最终保持光亮。最后蒸馏收集101 ℃馏分。

12.N,N-二甲基甲酰胺(DMF)

普通的N,N-二甲基甲酰胺中含有少量的水、胺和甲醛等杂质。在常压蒸馏时有些分解产生二甲胺和一氧化碳。若有酸或碱存在时分解加快,如用固体氢氧化钾或氢氧化钠干燥数小时,会发生部分分解。因此它的提纯最好是用硫酸钙、硫酸镁、氧化钡、硅胶或分子筛干燥,然后减压蒸馏收集76 ℃,5.200 kPa的馏分。精制后的N,N-二甲基甲酰胺最好放入分子筛保存。

13.二氯甲烷

使用二氯甲烷比氯仿安全,因此常常用它来代替氯仿作为比水重的萃取溶剂,普通的二氯甲烷一般能直接作萃取剂使用。如需纯化,可用5%碳酸钠溶液洗涤,再用水洗涤,然后用无水氯化钙干燥,蒸馏收集40~41 ℃的馏分。

14.丙酮

普通丙酮中常含有少量水及甲醇、乙醛等还原性杂质,分析纯的丙酮中即使有机杂质含量已少于0.1%,而水的含量仍达1%。它的纯化采用如下方法。

在500 mL丙酮中加入2~3 g高锰酸钾加热回流,以除去少量还原性杂质。若高锰酸钾的紫色很快消失,则需再加入少量高锰酸钾继续回流,直至紫色不再消失为止。蒸出丙酮,然后用无水碳酸钾和无水碳酸钙干燥,蒸馏收集56~57 ℃馏分。

附录14 危险化学品的使用知识

化学工作者经常使用各种各样的化学药品进行工作。常用化学药品的危险性,大体可分为易燃、易爆和有毒三类,现分述如下。

1.易燃化学药品

可燃气体:氢、乙胺、氯乙烷、乙烯、氢气、硫化氢、甲烷、氯甲烷、二氧化硫等。

易燃液体:汽油、乙醚、乙醛、二硫化碳、石油醚、苯、甲苯、二甲苯、丙酮、乙酸乙酯、甲醇,乙醇等。

易燃固体:红磷、三硫化二磷、萘、镁、铝粉等。黄磷为自燃固体。

可以看出,大部分有机溶剂为易燃物质,若使用或保管不当,极易引起燃烧事故,故需特别注意。

2.易爆炸化学药品

气体混合物的反应速率因成分而异,当反应速率达到一定限度时,即会引起爆炸。

经常使用的乙醚,不但其蒸气能与空气或氧混合,形成爆炸混合物,久置的乙醚被氧化生成的过氧化物在蒸馏时也会引起爆炸。此外,四氢呋喃等环醚也会产生过氧化物而引起爆炸。

某些以较高速率进行的放热反应,因生成大量气体也会引起爆炸并伴随着发生燃烧。

一般说来,易爆物质大多含有以下结构或官能团:

—O—O—	臭氧、过氧化物
—O—Cl—	氯酸盐、高氯酸盐
=N—Cl—	氮的氯化物
—N=O	亚硝基化合物
—N=N—	重氮及叠氮化合物
—N=C	雷酸盐
$—NO_2$	硝基化合物(三硝基甲苯、苦味酸盐)

自行爆炸的有高氯酸铵、硝酸铵、浓高氯酸、雷酸汞、三硝基甲苯等。

混合发生爆炸的有:

①高氯酸+酒精或其他有机物;

②高锰酸钾+甘油或其他有机物;

③高锰酸钾+硫酸或硫;

④硝酸+镁或碘化氢;

⑤硝酸铵+酯类或其他有机物;

⑥硝酸+锌粉+水;

⑦硝酸盐+氯化亚锡;

⑧过氧化物+铝+水;

⑨硫+氧化汞;

⑩金属钠或钾+水。

氧化物与有机物接触,极易引起爆炸。在使用浓硝酸、高氯酸及过氧化氮等时,必须特别注意。

此外还必须注意以下几点：

①进行可能爆炸的实验时，必须在特殊设计的防爆炸的地方进行。使用可能发生爆炸的化学药品时，必须做好个人防护，戴面罩或防护眼镜，在不碎玻璃通风橱中进行操作；并设法减少药品用量或浓度，进行小量实验。对不了解性能的实验，切勿大意。

②苦味酸需保存在水中，某些过氧化物（如过氧化苯甲酰）必须加水保存。

③易爆炸残渣必须妥善处理，不得随意乱丢。

3.有毒化学药品

日常接触的化学药品，有的是剧毒，使用时必须十分小心。有的药品长期接触或接触过多，也会引起急性或慢性中毒，影响健康。但只要掌握有毒化学药品的特性并且加以防护，就可避免中毒或把中毒概率降到最低。

有毒化学药品通常由下列途径侵入人体。

①由呼吸道侵入。故有毒实验必须在通风橱内进行，并注意保持室内空气流畅。

②由皮肤黏膜侵入。眼睛的角膜对化学药品非常敏感，故进行实验时，必须戴防护眼镜，进行实验操作时，勿使药品直接接触皮肤，手或皮肤有伤口时须特别小心。

③由消化道侵入。这种情况不多。为防止中毒，任何药品不得用口尝味，严禁在实验室进食，实验结束时必须洗手。

常见的有毒化学药品如下：

①有毒气体。氯、氟、氰氢酸、氟化氢、溴化氢、氯化氢、二氧化硫、硫化氢、光气、氨、一氧化碳等均为窒息性或具有刺激性气体。在使用以上气体或进行有以上气体产生的实验时，必须在通风良好的通风橱中进行，并设法吸收有毒气体减少对环境的污染。如遇大量有害气体逸至室内，应立即关闭气体发生装置，迅速停止实验，关闭火源、电源，离开现场。如发生伤害事故，应视情况及时处理。

②强酸和强碱。硝酸、硫酸、盐酸、氢氧化钠、氢氧化钾等均刺激皮肤，有腐蚀作用，易造成化学烧伤。若吸入强酸烟雾，会刺激呼吸道，使用时应加倍小心，并严格按规定的操作进行。

③无机化学药品。

氰化物及氰氢酸：毒性极强、致毒作用极快，空气中氰化氢含量达0.3‰，数分钟内即可致人死亡，使用时须特别注意。氰化物必须密封保存，要有严格的领用保管制度，取用时必须戴口罩、防护眼镜及手套，手上有伤口时不得进行要用到氰化物的实验。研碎氰化物时，必须用有盖研钵，在通风橱中进行（不抽风）；使用过的仪器、桌面均得亲自收拾，用水冲净，手及脸也应仔细洗净；实验服可能污染，必须及时换洗。

汞：室温下即能蒸发，毒性极强，能导致急性或慢性中毒。使用时必须注意室内通风；提纯或处理，必须在通风橱内进行。如果打翻，可用水泵减压收集，并尽可能收集完全。无法收集的细粒，可用硫黄粉、锌粉或三氯化铁溶液清除。

溴：液溴可致皮肤烧伤，蒸气刺激黏膜，甚至可使眼睛失明。使用时必须在通风橱中进行。盛溴的玻璃瓶须密闭后放在金属罐中，妥善存放，以免撞倒或打翻；如打翻或打破，应立即用沙掩盖。如皮肤灼伤立即用稀乙醇冲洗或用大量甘油涂抹，然后涂硼酸凡士林。

金属钠、钾：遇水即发生燃烧、爆炸，使用时须小心。钠、钾应保存在液体石蜡或煤油中，并装入铁罐中盖好，放在干燥处。

④有机化学药品。

有机溶剂:有机溶剂均为脂溶性液体,对皮肤黏膜有刺激作用,对神经系统有选择作用。如苯,不但刺激皮肤,易引起顽固湿疹,还对造血系统及中枢神经系统有严重损害。再如甲醇对视神经特别有害。在条件许可情况下最好用毒性较低的石油醚、醚、丙酮、甲苯、二甲苯代替二硫化碳、苯和卤代烷类。

硫酸二甲酯:鼻吸入及皮肤吸收均可中毒,且有潜伏期,中毒后感到呼吸道灼痛,对中枢神经影响大,滴在皮肤上能引起坏死、溃疡,恢复慢。

芳香硝基化合物:化合物所含硝基越多毒性越大,在硝基化合物中增加氯原子,也将增加毒性。此类化合物的特点是能迅速被皮肤吸收,中毒后引起顽固性贫血及黄疸病,刺激皮肤引起湿疹。

苯酚:能够灼伤皮肤,引起坏死或皮炎,沾染后应立即用温水及稀酒精洗。

生物碱:大多数生物碱具强烈毒性,皮肤亦可吸收,少量可导致危险中毒甚至死亡。

致癌物:很多烷基化剂长期摄入人体内有致癌作用,应予注意。其中包括硫酸二甲酯、对甲苯磺酸甲酯、N-甲基-N-亚硝基脲、亚硝基二甲胺、偶氮乙烷以及一些丙烯酯类等。一些芳香胺类,由于在肝脏中经代谢而生成N-羟基化合物而具有致癌作用,其中包括2-乙酰氨基芴、4-乙酰氨基联苯、2-乙酰氨基苯酚、2-萘胺、4-二甲氨基偶氨苯等。部分稠环芳香烃化合物,如3,4-苯并蒽、1,2,5,6-二苯并蒽、9-甲基-1,2-苯并蒽和10-甲基-1,2-苯并蒽等都是致癌物,而9,10-二甲基-1,2-苯并蒽则属于强致癌物。

使用有毒药品时需了解其性质与使用方法并小心使用。不要沾污皮肤、吸入蒸气及溅入口中。最好在通风橱内操作,必要时戴防护眼镜及手套,小心开启瓶塞以免破损散出。使用过的仪器,应亲自冲洗干净,残渣废料丢在废物缸内。经常保持实验室及台面整洁,也是避免发生事故的重要措施。养成实验结束后洗手的习惯。

参考文献

[1] 金向军,梅泽民,王文举.化学实验教程[M].北京:化学工业出版社,2013.
[2] 夏玉宇.化学实验室手册[M].3 版.北京:化学工业出版社,2015.
[3] 古风才.基础化学实验教程[M].3 版.北京:科学出版社,2010.
[4] 王腾,李保庆.基础化学实验[M].北京:化学工业出版社,2014.
[5] 慕慧,关放.基础化学实验[M].北京:科学出版社,2013.
[6] 曹凤岐,刘静.无机化学实验与指导[M].南京:东南大学出版社,2013.
[7] 刘晓燕.无机化学实验[M].北京:科学出版社,2014.
[8] 牟文生.无机化学实验[M].3 版.北京:高等教育出版社,2014.
[9] 北京大学化学与分子工程学院分析化学教研组.基础分析化学实验[M].3 版.北京:北京大学出版社,2010.
[10] 浙江大学.无机及分析化学[M].2 版.北京:高等教育出版社,2008.
[11] 李红英,全晓塞.分析化学实验[M].北京:化学工业出版社,2018.
[12] 南京大学《无机及分析化学》编写组.无机及分析化学[M].4 版.北京:高等教育出版社,2006.
[13] 蔡明招,刘建宇.分析化学实验[M].2 版.北京:化学工业出版社,2010.
[14] 庄京,林金明.基础分析化学实验[M].北京:高等教育出版社,2007.
[15] 华中师范大学,东北师范大学,陕西师范大学,等.分析化学实验[M].3 版.北京:高等教育出版社,2001.
[16] 周宁怀,王德琳.微型有机化学实验[M].北京:科学出版社,1999.
[17] 武汉大学化学与分子科学学院实验中心.有机化学实验[M].武汉:武汉大学出版社,2004.
[18] 周忠强.有机化学实验[M].北京:化学工业出版社,2015.
[19] 顾可权,陈光沛.半微量有机制备[M].北京:高等教育出版社,1990.
[20] 吴美芳,李琳,等.有机化学实验[M].北京:科学出版社,2013.
[21] 兰州大学、复旦大学化学系有机化学教研室.有机化学实验[M].2 版.北京:高等教育出版社,1994.
[22] 北京大学化学与分子工程学院有机化学研究所.有机化学实验[M].3 版.北京:北京大学

出版社,2015.
[23] 周科衍,高占先.有机化学实验[M].3 版.北京:高等教育出版社,1996.
[24] 奚关根,赵长宏,赵中德.有机化学实验[M].上海:华东理工大学出版社,1995.
[25] 李述文,范如霖.实用有机化学手册[M].上海:上海科学技术出版社,1981.
[26] 单尚,强根荣,金红卫.新编基础化学实验(Ⅱ):有机化学实验[M].北京:化学工业出版社,2009.
[27] 张秀华.物理化学实验[M].哈尔滨:哈尔滨工程大学出版社,2015.
[28] 李楠,宋建华.物理化学实验[M].2 版.北京:化学工业出版社,2016.
[29] 邱金恒,孙尔康,吴强.物理化学实验[M].北京:高等教育出版社,2010.
[30] 傅献彩,沈文霞,姚天扬,等.物理化学[M].5 版.北京:高等教育出版社,2006.
[31] 北京大学化学系物理化学教研室.物理化学实验[M].3 版.北京:北京大学出版社,1995.
[32] 武汉大学化学与分子科学学院实验中心.物理化学实验[M].武汉:武汉大学出版社,2004.
[33] 东北师范大学等校.物理化学实验[M].2 版.北京:高等教育出版社,1989.
[34] 复旦大学,等.物理化学实验[M].3 版.北京:高等教育出版社,2011.
[35] 印永嘉.物理化学简明手册[M].北京:高等教育出版社,1988.